清华社会调查

中国软件工程师

Their Work, Life and Values

工作、生活与观念

王天夫 闫泽华 孙百承 等 — 著

社会科学文献出版社
SOCIAL SCIENCES ACADEMIC PRESS (CHINA)

感谢：

中国科学技术协会

清华大学社会科学学院当代中国研究中心

清华大学社会科学学院中国社会调查与研究中心

北京工业大学北京市社会建设研究基地

中国社会科学院社会发展与战略研究院

厦门大学马克思主义学院

华中师范大学社会学院

厦门市高新技术发展协会

厦门市技术创新协会

出版者的话

> 调查研究是谋事之基、成事之道。没有调查，就没有发言权，更没有决策权。研究、思考、确定全面深化改革的思路和重大举措，刻舟求剑不行，闭门造车不行，异想天开更不行，必须进行全面深入的调查研究。①

改革开放四十多年来，我们对于中国历史和现状的研究都取得了重大进步，获得了丰硕成果，对于民众、决策层、学者从多个角度了解国情、制定政策、发展学术发挥了实实在在的作用。但必须看到，当代中国发生的巨变是结构性、整体性、全方位、多层面、多纵深的，再加上国际形势和全球化趋势的深刻影响，数字化和新技术的迅猛发展，中国的经济发展、社会结构、产业运行、组织机制、日常生活、群体身份、文化认同等方面都正在发生巨大变迁，这增加了认知的难度。

在这一背景下，重拾调查研究，对于我们深刻准确地了解国情无疑是一条重要的渠道。在诸种调查研究中，基于学术和学科的专题调查研究具有特别重要的意义。它能够提供对某个问题较为透彻、深入的理解，是把握国情的重要保障。有鉴于此，从 2018 年起，我们开始推出“中国社会调查报告”系列。

“中国社会调查报告”是面向整个社会科学界征稿的开放性系列图书，分主题定期或不定期连续出版。每部报告的出版都需经过严格的专家评审、

① 中共中央文献研究室编《习近平关于全面建成小康社会论述摘编》，北京：中央文献出版社，2016，第 191 页。

专业的编辑审稿，并辅以定制式的学术传播，其目标是促进调查报告的社会影响、学术影响和市场影响的最大化。

报告的生产应立基专业学术，强调学理性，源于专业群体的专门调研，是学界同人合作研创成果。

报告应拥有明确的问题意识、科学严谨的方法、专业深度的分析、完善的内容体系，遵循严格的学术规范。

每部报告均面向边界清晰的调研对象，全面深入展现该对象的整体特征和局部特征。

报告的写作应基于来源统一的数据，数据的收集、分析、呈现遵循相应规范。数据既可以是定量的，也可以是定性的，可以通过问卷、参与观察、访谈等方式获得。

报告应提供相应结论，结论既可以呈现事实，也可以提供理解框架，还可以提供相应建议。

报告应按照章节式体例编排。内容应包括三部分，一是交代调查问题、调查对象和调查背景，二是交代调查方法、调查过程、数据获得方式、调查资助来源，三是分主题呈现调查结果。

报告应具有充分的证据性和清晰性，提供充足的证据证明结果和结论的正确性，报告的写作应清晰、一目了然，前后具有明确一致的逻辑。

报告应提供一个内容摘要，便于读者在不阅读整个报告的情况下掌握其主要内容。

“中国社会调查报告”将按照每部报告的篇幅分为两个系列，一为小报告系列，二为常规报告系列。前者为 10 万字以内的报告，后者为 10 万字以上甚至三五十万字的报告。

希望“中国社会调查报告”能为理解变动的世界提供另一扇窗口，打开另一个视界。借着这些调研成果，我们可以建设更美好的社会。

社会科学文献出版社群学分社

“清华社会调查”序

社会变迁与社会调查

王天夫

社会调查可以被定义为，针对选定的社会议题，运用现代社会科学的研究方法与技术，收集相应的社会过程与社会事件的数据与资料，以备随后更进一步地整理分析，为社会理论的建构与社会政策的制定提供经验材料支撑的学术活动。

社会调查之于中国社会学，从来都不是简简单单的研究方法与研究过程。从一开始，社会调查就是一种社会思想，是近代中国风起云涌的社会思潮的重要组成部分，是一种根本性与基础性地理解社会的哲学视角与价值观念。社会调查由此出发，成为研究中国社会的最重要的切入点，也成为中国社会学学科发展壮大的知识积累的重要内容。

今天的中国仍然处于快速的社会变迁进程之中，同时又处于百年未有之国际社会大变局之中。随着数字社会的来临，人们的职业工作与日常生活发生着巨大的变化。怎样去准确了解社会实情，怎样去理解社会变迁的进程，以及怎样去探索社会变迁的趋势等，都是具体而迫切的任务。社会调查提供了回答这些问题的观念基础、方法过程与技术工具。毫无疑问，在这样的历史关口，社会调查仍然应当是理解社会的重要途径。

一　近代社会思想转变与社会调查

在 19 世纪末与 20 世纪初的“国族救亡”运动中，中国知识分子认识到，真正的改革图强需要的是整个社会的变革，是每一个人思想观念的改造，是群体道德与文化的改造，需要“鼓民力，开民智，新民德”。[①] 而国民教育与社会改造的基础，就在于通过社会调查了解社会实情，厘清社会问题。同一时期，一些外来的接受过社会科学高等教育的社会改良者，为达社会服务之目的，需要了解平民的日常生活与精神状态。

传统中国社会的肌理，沉浸在由相对静止的时间与浓缩孤立的空间所构建的乡土社会之中；在密集充盈的社会交往之中，产生了稠密复杂的社会关系与差序格局的伦理规范。[②] 人们的社会行为与社会运行的过程，都是在这些社会关系与伦理规范的限制和指导之下完成的。在这些社会关系与伦理规范之外的，则往往被定义为失范与礼崩，需要规训与纠正。因此，传统社会的运行并不需要精确了解社会实情，社会治理的过程更多是对经典文本的精细解读与贯通教化（例如，《三字经》《论语》，以及诗书礼乐等文化典籍的批注与传授）；再辅以各种遵从或是违反伦理规范的个案列举（例如，“忠臣孝子”以及与之相对的“叛臣逆子”的人物评传），用来指导与警醒人们的实际社会行为。

所以，传统中国社会治理的过程缺乏社会实情等基础信息。近代中国社会调查旨在记录描述平民百姓的生活过程，是一种认识社会、理解社会的基本思想观念的转变，从精英文化转向平民视角，从宏大叙述转向日常生活。这样的思想转变开启了中国社会治理与社会建设的现代理性之路，也奠定了社会调查在社会研究中的基础性地位。

二　社会变迁中的社会调查

早期的社会调查，大都是收集数字化测量社会事实的资料，旨在发现特定社会议题在更大范围的具体状况。这些社会调查使用了一些新近的数

① 严复：《原强》（修订稿），载《严复集》第一册《诗文卷》（上），北京：中华书局，［1895］1986，第15～32页。

② 费孝通：《乡土中国》，北京：生活·读书·新知三联书店，1985。

据收集方法与工具，也运用了统计汇总分析的过程与技术。步济时（John S. Burgess）在1914年，组织北平的青年学生，开展了近代中国第一个系统的社会调查——北平人力车夫调查，旨在了解车夫的日常疾苦，提供社会帮助，改善车夫的生活状况。[①] 陶孟和在后期加入其中，承担了数据分析与调查报告的撰写等工作。[②]

社区研究是稍晚于此开始的另一派社会调查的传统。研究者将研究收拢在一个有限区域内的社区，但是花费更多的时间与精力，聚焦更具体更细致的社会关系与社会过程，挖掘更详细更全面的全社区范围的资料，旨在揭示社区内人们行为的起源与动机，解释发生在社区内的社会过程与社会事件。从吴文藻在燕京大学极力倡导开始，社区研究在抗战前取得了一系列非凡成就；在战时的昆明，“魁阁工作站”又承继了社区研究的传统，同样得到了一系列举世瞩目的成果。

学科重建中的中国社会学，直接面对社会转型翻天覆地的变化，记录与解释社会变迁的进程成为最重要的任务与内容。学科重建以来的第一次大规模收集数据的社会调查，是1979年开启的“北京与四川两地青年生育意愿调查”，记录了社会转型带来的人们社会生活与社会心态的变化。[③] 作为学科重建的领导者，费孝通从一开始就大力推动大规模收集数据的社会调查。他特意吩咐身为自动化与计算机专家的弟弟费奇，参与社会调查的计算机统计分析工作。[④]

传承社区研究的实地社会调查持续发挥其重要角色。费先生持续关注农村基层的社会经济变迁，将研究的重心转到了“小城镇研究”，探讨在地工业化的发展前景。这一研究思路与研究方法契合当时的战略步骤，带动了不同

---

① 阎明：《中国社会学史：一门学科与一个时代》，北京：清华大学出版社，2010，第14~15页。

② 陶孟和：《北平人力车夫之生活情形》，载《北平生活费之分析》，北京：商务印书馆，［1925］2011，第119~132页。

③ 张子毅等：《中国青年的生育意愿：北京、四川两地城乡调查报告》，天津：天津人民出版社，1982。

④ 沈崇麟：《五城市调查最终调查数据产生始末》，载《社会研究方法评论》第2卷，重庆：重庆大学出版社，2022，第1~21页。

地点的实地社会调查，将“社区变迁”拓展成“区域经济发展”模式研究。①

到现在，社会调查已经成为中国社会学科建设的重要内容：众多学术机构设立了专门的常设社会调查机构，定期实施综合性与专题性的社会调查；社会调查人才也随着时间的推移更新换代；也学习积累了社会调查的方法技术与设施工具。而众多国内社会调查机构定期开展大型调查，“中国社会状况综合调查”“中国综合社会调查”等已经成为引领性社会调查项目，为社会科学的研究提供了基础性支持。

作为近代社会思潮的重要内容，社会调查的确立与接受，成为推动中国社会学学科发展的重要动力源泉。这不仅仅表现在社会调查转变了理解社会的哲学思想原则，并进而催生了社会学学科的起源；还在于社会调查形成的研究成果，带来了巨大的社会舆论与政策咨询的影响力；同时也在于社会调查的实施引进了社会科学研究方法与技术，培训了社会学学科人才，获得了学科的话语权与学术地位。首先，社会调查呈现了详细明确的社会实情的数据与资料，也成就了众多经典的社会调查范例。其次，社会调查为社会学学科的发展争取了学术话语，拓展了学科生态的发展环境。再次，社会调查创立了另一条知识生产的范式，将社会形态作为实然事实加以分析研究。接下来，社会调查的实施与推广，介绍引入了现代社会科学研究的现代方法与技术。最后，社会调查是学科本土化的重要支撑点，是产生扎根中国本土的社会学概念与理论框架的必经之路。

三　数字社会中的社会调查

进入 21 世纪，数字技术正在改变社会连接方式、社会生产与生活的组织方式，从而根本地改变社会样态。② 如果说农业社会向工业社会转型的过程，孕育了社会学并推动了其发展；那么如今数字社会的到来，同样也将

---

① 费孝通：《农村、小城镇、区域发展——我的社区研究历程的再回顾》，《北京大学学报》（哲学社会科学版）1995 年第 2 期。

② 王天夫：《数字时代的社会变迁与社会研究》，《中国社会科学》2021 年第 12 期，第 73～88 页。

带来社会思潮的涌现与社会理论的繁荣。与两百年前的先贤们所面对的社会巨变极为类似，只是当前我们面对着更为精深的技术、更为快速的步调、更为彻底的与过去的决裂，以及更难把握的未来。

毫无疑问，社会调查能够描述记录这些社会巨变，积累准备数据资料素材，发现定义社会问题，寻求社会变迁的解释框架。更为具体的，在数字社会逐渐成形的过程中，社会调查至少可以从以下这些方面，着手记录数字时代新的社会变迁趋势。

- 在社会互动与社会交往中，数字技术的应用带来的方式与流程的改变
- 日常生活中，人们对于数字技术的使用，并由此带来的社会分化过程
- 生产过程中，特定的生产过程的改变
- 数据的生产过程与使用，以及产权与收益的社会性后果
- 劳动过程中，新的职业群体的产生与群体特征和属性
- 社会生活中，新的社会群体产生的过程与群体凝聚力的维系机制
- 数字技术推进过程中，被忽略与受到损害的社会群体特征与属性，以及潜在的社会后果与应对的社会政策
- 沿着数字技术逻辑产生的新旧群体之间的差异，以及潜在的社会后果与社会分化过程
- 在城乡社区生活中，数字技术带来的城乡生活方式与社区公共事务的改变
- 数字技术逻辑带来的社会秩序与伦理规范的震荡与重新整合
- 在虚拟社会中，数字社会群体的形成过程、特征属性与认同机制
- 虚实社会之间群体身份的对应嫁接与交叉错位
- 数字社会群体的内外冲突与空间争夺
- 虚拟社会中，社会秩序的成形与演化进程
- 对于以上社会事实的概念提炼与理论概括的尝试性工作
- 其他时代变迁之下相关与拓展的社会现象的描述与挖掘等

所有的这些调查结果，都可以与以往的社会调查结果相比较，以此来凸显数字时代社会变迁的独特过程与特征。

随着数字社会中人与人之间的沟通交流方式的变化，社会调查的方法也发生巨大的变化。[①] 数据（包括数字化的文本文字资料）是数字社会中最重要的资源，也是数字社会研究中的最重要素材。数据可以从社会经济过程中自动产生，也可以做有针对性的同步收集。[②] 传统的社会调查方法，通过数字化的改造，也正在被更为广泛地使用。[③] 线上调查（online survey）将传统的统计调查搬到网络上，网络民族志（cyberethnography/digital ethnograph）将观察对象拓展到线上社区，挣脱了传统民族志在当地地理范围的局限。

当然，现在应用于数字时代的社会调查方法与技术，还处于探索与不断改进的过程中。调查样本的代表性、调查内容的取舍选择、调查资料的效度与信度、调查过程的质量控制、调查的伦理规范以及其他各个方面，在现阶段都存在一些难以绕开与解决的问题。因此，在实际的调查中，为了弥补这样的不足，研究者们更多地采用多种研究方法融合使用的方式。令人感到乐观的是，社会调查方法改变的进程朝着更为完善成熟的目标飞速迈进。

四　从社会调查到社会理论

社会调查在准确记录与展示社会变迁历程的同时，应当成为建构理论的起点。所有的社会调查都不应当仅仅是调查结果的呈现，更不应当是大篇幅数据表格的罗列。沈原老师经常用浅白的语言概括，社会学的研究就是要“讲个故事，说个道理”。在我看来，“讲个故事”是指，运用社会过

---

① Matthew J. Salganik, *Bit by Bit: Social Research in the Digital Age* (Princeton, NJ: Princeton University Press, 2018).

② David Lazer & Jason Radford, “Data ex Machina: Introduction to Big Data,” *Annual Review of Sociology* 43 (2017): 19 - 39.

③ Keith N. Hampton, “Studying the Digital: Directions and Challenges for Digital Methods,” *Annual Review of Sociology* 43 (2017): 167 - 188.

程本身的发展逻辑脉络，通过构思和组织，将调查资料呈现出来；“说个道理”是指，以这些资料呈现为基础，抽象提炼出更具普适性的通用概念与中观理论。诚如斯言，社会调查一定是材料与理论缺一不可。没有经验资料与个人体验支撑的理论，宛然犹如深秋的浮萍，干瘪无根基；没有概念提炼与理论归纳升华的资料，最多只是仲夏的繁花，鲜活无长日。

从社会调查材料到建构理论特别重要。第一，这是社会学学科本土化的要求。社会调查收集资料，只有归纳抽象到社会理论，才能构成对中国社会的系统理解与阐释，才能成为学科本土化知识的一部分。第二，这是抓住学科发展历史性机遇的要求。过去二十年中国经济社会的发展与数字技术的发展与应用高度重合，产生丰富的数据与案例，成为学科研究的重要资源。第三，这是参与理论对话并对社会变迁一般理论的发展做出贡献的要求。社会调查的资料丰富多彩，只有上升到理论才能够相互对照交流，才能够对社会变迁的一般理论做出修正与补充。第四，这是建构自主知识体系的要求。只有从中国社会实践中的基础资料出发，提炼出通则性的概念与理论，才能够在对话中真正获得话语权，才能够建立起立足中国社会实践的自主知识体系。第五，这是成为中国式现代化的理论阐释组成部分的要求。社会调查记录的社会变迁过程，正是对经济高速增长、社会长期稳定的伟大成就的展现。只有上升到理论高度，才能够从学理的角度更好地阐释中国现代化。

在工业化生产时代，中国更多的是学习与追赶。用社会调查记录社会变迁的进程，也是一个学习、借鉴并本土化的过程。如今在数字技术发展与应用的诸多方面，中国走在世界前列，成为引领者，中国社会学也已积累了人才与本土研究的经验与经历。因此，中国社会学应当从“借鉴者”“学习者”，变成主动的“创造者”“引领者”。

五　延续社会调查的学术传统

回顾中国社会学与社会调查的历史，一百多年前的先贤们的困惑是，当时的中国为什么落后？而一百多年后的今天，我们需要回答的理论问题是，为什么中国经济能够长期迅猛增长，同时社会能够长期保持稳定？这既需要了解当前的社会转型过程，也需要理解近两百年间的社会历史变迁。只有这样，才能够承接百年来的社会调查历史，才能够完整记录社会变迁历程，才能够充分认识百年来的伟大历史成就。

一直以来，清华社会学有着光辉灿烂的社会调查传统。早在 1914 年，狄特莫（C. G. Dittmer）就组织学生调查了清华校园周围的近 200 户居民的家计生活。[①] 1926 年创系之后，陈达先生将社会调查作为立系之根本，及至费孝通先生一代，为中国社会学贡献众多经典社会调查范例，哺育了一代又一代社会学学人。2000 年清华社会学系复建之后，李强老师与沈原老师身体力行，“新清河试验”与“中国卡车司机调查”也注定将成为 21 世纪的经典社会调查。

如今，数字社会带来了中国哲学社会科学的历史性发展机遇。作为社会研究的基础性过程，社会调查收集资料的对象已经完全不同，记录的方式方法也发生了巨大的变化，但是记录社会变迁的宗旨没有改变。

在当前，社会调查的基本任务应该是，冷静面对当前的中国社会变迁过程，敏锐捕捉并设定此一转型过程中的真实社会议题，积极实施深入实践的社会调查，精准提炼合乎实际的抽象观念，谨慎尝试初步的理论概括，大胆参与国际前沿理论对话，努力构建本土化的社会学学科知识体系。

“清华社会调查”系列，正是要延续百年来清华社会学的社会调查传统，记录社会变迁历程，“面对中国社会真问题，关注转型期实践逻辑，推动本土化理论研究”。

王天夫

清华大学社会学系

① Dittmer, C. G. , “An Estimates of the Standard of Living in China,” *The Quarterly Journal of Economics* 33, No. 2 (1918): 107 - 128.

目　录

前言

对于普通人来讲，“软件工程师”显得既熟悉又陌生。

在平常生活中，人们离不开数字电子产品，需要打开手机使用各种应用软件，完成社交、购物、交通出行、金融交易甚至办公等各种事务。人们也知道，所有这些数字技术应用所带来的便利，都离不开软件工程师，是他们将技术与社会连接起来。与此同时，通过文字、影像作品，人们可能形成了关于“程序猿”的特定刻板印象：不修边幅，戴黑框眼镜，多穿格子衬衫、卡其裤子、运动球鞋，背双肩背包等，可能还知道他们的作息习惯是喜欢熬夜、晚睡晚起、不吃早饭等，甚至还可能认定他们木讷内向、专攻技术而不善其他等。但在另一方面，沉下心来仔细想想，我们对于他们具体的技术使用、工作内容、工作方式、日常生活、社会交往、所思所想、观念立场、谈论话题和未来理想等，可能算不上了解，更谈不上熟悉。

数字社会的来临

当前，数字技术的革命性创新正带领着人类社会以坚实的步伐走进数字时代。这样的社会变迁，是一种与200多年以来的工业技术革命所带来的现代社会的割裂，形成了一种全新的社会样态，即数字社会。

数字技术改变了人与人之间联结方式、重构社会结构的进程，完全可以媲美当初工业技术革命解构传统农业社会并建立工业社会的进程。与现代工业社会相比，正在形塑的数字社会呈现根本性的不同特征与属性。这是因为，身处其中的人们相互之间的联结方式与互动方式不同，形成了不同的社会行为模式与社会结构形态，当然数字社会的社会运转逻辑与机制也有根本性的不同。

人类社会已经发生了翻天覆地的变化。数字社会的到来是如此之迅猛，很多时候我们身处其中将其视为当然。然而，我们对这样的社会变迁的动力机制还需进一步深究，其中出现的众多社会问题召唤应对方案。事实上，这些根本性的社会变迁对认识与理解社会的整个知识体系提出了挑战，也再一次提供了两个世纪以来难得的机遇。面对全新的社会样态，数字时代的社会研究所面对的是研究对象的改变，因此也面临着研究议题方向性的改变。

软件工程师的特殊地位

在这一次数字技术革命中，软件算法成为社会发展前所未有的主导力量。相伴而生的，软件工程师作为一个新社会职业和社会群体，规模日益壮大，已经成为当前社会的重要组成部分。据统计，截至 2021 年，我国的软件业从业人数已经达到 809 万。事实上，软件工程师特别重要。他们是人类社会掌握数字技术的先锋，是构建未来数字社会的重要力量。他们的工作关乎数字技术在社会上的直接应用，关乎数字技术引领的世界到底将是一个怎样的世界。

数字技术全方面影响和渗透日常生活。但是，我们日益感受到的却是社会大众对于技术的认识和想象已经无法跟上技术的发展脚步。技术与社会分离得越来越远，技术已经超越了日常生活。在这样的情形之下，垄断性技术权力能够把社会大众排除于社会发展体系之外。软件工程师一方面作为数字技术的主要实现力量，具有很强的技术性；另一方面作为社会成员，具有社会和个体的属性。因此，软件工程师无疑是连接人与技术的重要桥梁。

数字技术事实上也是一种现代性和理性思维对于社会生活的改造。以编程语言为代表的形式逻辑，往往与伦理道德、与社会情境推动的社会生活过程发生冲突与矛盾。而软件工程师正好是处于这些交叉地带的群体。

他们的所思所想与所作所为，毫无疑问地对于认识、理解、协调与解决上述冲突与矛盾有着至关重要的作用。很多时候，他们可能也是解决矛盾的实际操作者。

研究软件工程师意义重大

技术的“以人为本”不仅仅是以人为目的，不仅仅是将人作为一个“神圣人”进行“服侍”，而是要让人发挥出自己的能动价值。因此，要让社会具有参与到数字技术的路径。软件工程师无疑是人与技术连接的重要桥梁。因此，动员这一群体，不仅在于激发技术创新的活力，也在于引领他们站在社会的立场，帮助社会认识技术，让技术亲近社会，实现技术与社会的同步发展。

人类社会已经离不开数字技术的作用。一方面，数字技术已经渗透到社会生活的方方面面，细微的数字故障就会对社会生活造成巨大影响。另一方面，数字技术也已经成为当下经济发展的重要推动力。软件工程师作为其中的算法生产者，直接参与到了这一进程中。因此，关心和保障软件工程师群体的工作生活条件，优化他们的工作生活环境，有助于促进我国在数字时代的社会稳定和发展。

以编程语言为代表的形式逻辑是科学发展的源头和市场经济的文化基础，而以马克思主义为代表的辩证逻辑和中国传统文化为代表的伦理逻辑则是历史文化和社会生活的体现。在社会发展迈入数字时代的当下，不同文化之间也必须实现对接调和。因此，了解和引领软件工程师的价值观念，建设适应数字时代的社会文化，有助于实现中国传统文化在数字时代，与马克思辩证唯物主义的结合与升级，实现文化创新。

数字技术的从业者是数字治理的重要抓手。一方面，社会治理需要借助于数字技术，在人文性中增添数字性，即需要有技术的社会主体参与。引导和激发软件工程师参与社会治理的热情，可以增进社会治理的效率。另一方面，面临当前出现的“技术作恶”“信息茧房”等问题，软件算法本身也需要进行治理，需要在数字性中注入人文性。调查软件工程师，动员软件工程师，进而提高他们的社会责任感，有助于增进社会稳定和谐。

调查研究软件工程师

通过调查研究中国软件工程师，我们希冀能够总结他们当下的人口特征和工作状况，了解他们的生活状态，理解他们在当前社会转型中的想法观念。

从 2023 年初夏开始，“清华社会调查”团队选择中国软件工程师开展了一次社会调查。本次“2023 年中国软件工程师调查”得到了中国科学技术协会与清华大学社会科学学院的大力支持。具体方法上，我们采用了线上问卷调查与线下深度访谈两种收集数据与资料的方式。其中，线上问卷调查采用了判别抽样与配额抽样的方法。首先，通过软件行业研究报告与企业数据库中的软件企业名录整理了企业抽样框；然后，根据地区分布、企业规模、资产属性、所属领域、业务类型、社会知名度与影响力等因素，选取 147 家企业；更进一步，依据企业规模大小，确定每家企业被抽取最终进入调查的样本数。线上调查毫无疑问要面对问卷回收率并不高的问题。本次问卷调查最终获得了 14511 份有效问卷，其实也殊为不易。

在线下深度访谈过程中，在北京、上海、杭州、广州、深圳、成都等软件行业较为集中并领先的城市里，调查组成员访谈了 40 多位软件工程师。事实上，访谈还在继续进行，访谈人数也还在增长中，访谈的资料将为后续的分析提供素材。

本书是在此项调查的基础上的第一本专著，旨在给出关于中国软件工程师在工作、生活与观念上的全景扫描，并总结归纳他们在这些领域的基本特征与属性。后续更深入的分析与讨论将带来关于中国软件工程师的更多著作。

参与本次调查、数据与资料整理分析、书籍撰写的人员包括王天夫、罗婧、王欧、闫泽华、许弘智、孙百承、孙静含、吴英发、才旦珍满、李正新、刘宪本等，游睿山、訾新宇与余鸿飞提供了网络服务支持并参与一些辅助事项。在整个调查过程中，中国科学技术协会组织人事部的同志们给予我们大力支持，没有他们的鼎力相助，我们不可能完成这次大规模的线上调查。

最后，感谢软件工程师这样一个在数字技术应用过程中的重要社会群体。没有他们，无法想象身处数字社会中的我们该如何生活。没有这些接受我们调查与访谈的软件工程师们，本次调查的开展与本书的写作也就没有任何可能实现。

作者谨记

二〇二三年十二月

第一章

数字社会中的软件工程师：缘起与概况

数字技术从根本上改变了人与人相互连接的方式。这种改变浸透于个体的生产、生活中，也扩散于整个社会的组织、运行，打破了既有的边界，解构了既定的规范，带来了处处充满张力的数字社会。一方面，数字技术以自身的逻辑强势创建出全新的秩序，从产业革命到职业迭代，从认知方式到交往行为，其有如造化一般，不可阻挡地重塑着人类社会。另一方面，社会具有自身的运转基础和发展逻辑，无论是制度的路径依赖，还是文化的延续传承，数字技术必然源自其中、嵌于其内。这两方面的交错引发了难以调和的张力，让我们更自由也更受限，更多元也更集中，更开放也更狭隘。而这两个方面也交汇在一个群体身上，那就是将数字技术与各类社会场景衔接起来的工作者——软件工程师。

自互联网大潮席卷而来，软件工程师的数量就在不断攀升。根据埃文斯数据公司（Evans Data Corporation）的统计，2022 年全球已有 2690 万名软件开发人员。[①]而 2021 年工业和信息化部公布的《2021 年软件和信息技术服务业统计公报》显示，截至 2021 年我国软件业从业人员达到 809 万人。[②]并

① 《全世界到底有多少软件开发人员？》，2022，https://c.m.163.com/news/a/HEILHG3G0531F2QN.html，最后访问日期：2023 年 10 月 30 日。

② 工业和信息化部：《2021 年软件和信息技术服务业统计公报》，2022，https://www.gov.cn/xinwen/2022-01/28/content_5670905.htm，最后访问日期：2023 年 10 月 30 日。

且，从对我国大学生就业趋势的分析来看，软件、信息技术相关行业已逐渐成为大学生眼中新晋的“金饭碗”。①这使得软件工程师这个群体看上去颇为寻常——他们就在我们身边，每个人可能总会认识几位“程序猿”朋友，或有个“码农”亲属；可是，这个群体又很神秘——除了人们心中“爱穿格子衫”“技术宅”“爱熬夜”这样的刻板印象，若是不熟悉相关的专业技术，常人很难了解他们工作的具体内容，也无从理解他们的生活状态、观念想法。

这愈加引发了大众对软件工程师的好奇。对他们的探讨最早集中在职业模式、劳动形态的层面。无疑，数字技术的发展创造了巨大的市场空间，也极大地改变了既有的就业格局，由此催生的新职业群体既是大量新型就业的开拓者或受益者，也是引发大量失业的“始作俑者”。②因此，从职业、劳动的视角切入，让我们得以通过总结软件工程师的工作特点来预测未来的生产方式。相关研究已经注意到，类似软件工程师这样以数字技术为内容的职业具有一个显著的特征，那就是以“智力”作为主要生产要素进行知识产品的生产和分配，因而软件工程师被归结为“知识劳工”。③更有观点将这样的高科技从业者称为“创意劳工”，强调他们在劳动中的自主性、创造性。④不过，与这种积极的描绘相对的是，有研究则着重关注了数字技术从业者的内部分

---

① 根据北京大学教育经济研究所、教育学院“全国高校毕业生就业状况调查”课题组进行的2003～2021年全国高校毕业生就业状况调查数据显示，信息传输、软件和信息技术服务业吸纳高校毕业生的比例从2009年的10.7%增长至2019年的13.1%，基本一直位处就业热门行业的前三位。而麦可思研究院主编的《2023年中国本科生就业报告》显示，2022届本科毕业生从业的十大高薪专业，几乎都与数字技术紧密相关。以上参见岳昌君、冯沁雪、辛晓佳等《中国高校毕业生就业趋势研究报告：来自2003—2021年调查数据》，《华东师范大学学报》（教育科学版）2023年第9期；麦可思研究院主编《2023年中国本科生就业报告》，北京：社会科学文献出版社，2023。

② 卡尔·贝内迪克特·弗雷：《技术陷阱：从工业革命到AI时代，技术创新下的资本、劳动与权力》，贺笑译，北京：民主与建设出版社，2021，第324页。

③ 文森特·莫斯可、凯瑟琳·麦克切尔：《信息社会的知识劳工》，曹晋、罗真、林曦、吴冬妮译，上海：上海译文出版社，2013。

④ 夏冰青：《依码为梦：中国互联网从业者生产实践调查》，上海：上海社会科学院出版社，2021。

化，批判性地指出其中底层从业者工作的单一性、重复性。[①] 这显示了截然不同的图景。那么在实践中，两者究竟哪个更为真实？他们究竟是虚拟空间的操控者，还是逐流者、顺从者？或者两者同时存在，只是指向了不同岗位、不同地域的群体？抑或显现于同一个体生命历程的不同阶段？这亟待进一步的探索。

不仅如此，各界对于软件工程师的研究兴趣，并不只是出于其所处产业的前沿性和影响力。伴随数字时代的来临，社会的各个维度都已然显示一系列看似矛盾的发展趋向。比如，经由数字网络，我们打破物理空间，能够触及所有人和所有信息，却同时因为信息传递的算法逻辑，很难突破固有的认知体系、交往圈子。[②]再比如，在网络空间中，公共和私人总是相互交织，一切的私人活动痕迹皆可能被收集、利用，而公众可见的信息时常只有特定的人群才对其含义了然于中。[③]追根究底，这些矛盾正是数字技术逻辑与既定的社会规范碰撞产生的——软件程序总是同时带来便利与麻烦，解决老问题也带来新问题，突破边界也带来枷锁。这种数字逻辑和社会属性同时左右着软件工程师的观念和行为，其间的张力可能更为明显地体现在他们的生活中，尤其在他们现实场景的活动中。那么，现实生活中的他们和虚拟网络中的他们在行动逻辑、表现方式上有何异同？更进一步，在这些背后，体现了他们怎样的价值观念？透过这些分析，我们也许可以更真切地感通未来，承载起万般的可能性，接纳诸多的不确定性。

本书正是立足于上述对软件工程师的浓厚的研究兴趣，以及试图通过了解他们以迈向数字社会的“野心”而展开写作的。在当前，以软件工程师为代表的高科技从业人员是我国加快建设现代产业体系、推进高质量发展的关键人才，[④]

---

① A. Arora, V. S. Arunachalam, J. Asundi & R. Fernandes, “The Indian Software Services Industry”, *Research Policy* 30, no. 8 (2001): 1267 - 1287；项飚：《全球“猎身”：世界信息产业和印度的技术劳工》，王迪译，北京：北京大学出版社，2012。

② 王天夫：《数字时代的社会变迁与社会研究》，《中国社会科学》2021 年第 12 期。

③ 让 - 保罗 · 富尔芒托等：《数字身份认同：表达与可塑性》，武亦文、李洪峰译，北京：中国传媒大学出版社，2021，第 92 页。

④ 参见工业和信息化部发布的《“十四五”软件和信息技术服务业发展规划》，工业和信息化部、科技部、国家能源局、国家标准化管理委员会发布的《新产业标准化领航工程实施方案（2023—2035 年）》。

也同样是国际竞争、国际秩序构建中所争夺的重要人力资源。在中国式现代化的道路上，实现高水平科技自立自强的总体目标需要对关键人才进行大力培育、支持。因此，全方位认识和把握软件工程师群体的核心特征，有利于完善相应的制度体系，更高效地推进政策引导作用，能将对个人效能的激发和对大局的服务统筹、协调起来。

除了“知识劳工”“创意劳工”，或“底端代码搬砖者”等劳动形象、产业身份的设定，软件工程师同样是芸芸众生中的一员。他们的身份有同事、朋友，也有父/母或孩子，他们也会操心生活的柴米油盐，感受喜怒哀乐，历经悲欢离合。作为承载数字技术、懂得机器语言的人，他们有着自己的骄傲，也有着自己的孤单。为了将他们丰富的面向、多样的维度展现一二，受中国科学技术协会组织人事部的委托，清华大学社会科学学院中国社会调查与研究中心面向我国广大的软件工程师群体开展了一系列调查，并将相关分析结果集结成本书。

一　调查安排

本次调查始于 2023 年 5 月。基于相应的准备工作，即通过已有研究和初步访谈了解软件工程师的职业基本状况、群体特征等，以及对我国信息技术产业发展进程的梳理，课题组编制了调查问卷（见附录 1）。自 2023 年 7 月 26 日到 2023 年 8 月 31 日，课题组面向 24 个省份累计回收问卷 67267 份。鉴于我们通过网络平台来下发、回收问卷，结合填答时间、填答完整程度等筛选条件，课题组剔除 48711 份问卷，保留下来的问卷的平均填写用时为 10.27 分钟（616.2 秒）；并且，基于对工作岗位问题的设置，课题组继续剔除选择为“产品经理岗位（如：软件功能梳理、客户需求分析、开发过程跟进等）”（1495 份）和“其他岗位（如：产品销售、行政管理、市场渠道等）”（2550 份）的问卷；最终，课题组保留有效问卷 14511 份，作为统计分析的资料。与此同时，课题组自 2023 年 6 月至 10 月在北京、上海、广州、深圳、杭州、成都、西安、厦门等地开展了半结构化的访谈调查，对受访对象个人的学习经历、工作经历、生活状况、价值观念等予以了解，相关资料在整理和编码后作为总体分析的依据。

（一） 抽样情况

问卷调查的过程主要以判别抽样的方法来展开。课题组主要以工业和信息化部发布的《2022年软件和信息技术服务业统计公报》作为考量抽样分布的基础，然后参考有关机构针对软件行业的研究报告以及企业数据库中软件信息企业的名录整理出抽样框，进而综合考虑地区分布、企业规模与资产属性、所属领域与业务类型、社会知名度与影响力等具体因素，选择147家具体企业和分布于19个城市的57座软件园、科技园或孵化器，将其纳入问卷发放的名单，并按照企业的总人数来分配相应的问卷发放数量。

按照《2022年软件和信息技术服务业统计公报》，东部、中部、西部和东北地区，四个区域软件业务收入在全国总收入中的占比分别为82.0%、5.0%、10.7%和2.3%。因此，课题组在这四个区域分别选择163个（79.90%）、16个（7.84%）、23个（11.27%）和2个（0.98%）机构，并分别匹配问卷60630份（81.71%）、5090份（6.86%）、7420份（10%）、1060份（1.43%），与软件业务收入在全国总收入中的分布基本吻合（见表1－1）。

表1－1　问卷发放机构、份数的地域分布

区域	机构数（个）	问卷发放（份）
东部	163	60630
中部	16	5090
西部	23	7420
东北	2	1060
共计	204	74200

发放问卷的四个区域所对应的城市如下所列。

东部：北京，福建（福州、厦门），广东（广州、深圳、珠海、东莞、中山），江苏（南京、无锡、苏州），山东（济南、青岛），上海，天津，浙江（杭州、湖州）。

中部：安徽（合肥），河南（郑州），湖北（武汉），湖南（长沙），江西（南昌），山西（太原）。

西部：贵州（贵阳），青海（西宁），陕西（西安），四川（成都），西藏（拉萨），重庆，广西（南宁），新疆（乌鲁木齐）。

东北：吉林（长春）、辽宁（大连）。

从工作机构的类型来看，国有企业有16家（10.9%），计划填写问卷数为7725份；民营企业（上市）有76家（51.7%），计划填写问卷数为28160份；民营企业（未上市）55家（37.4%），计划填写数为10215份；个体经营机构主要是经向57座软件园、科技园或孵化器发放问卷加以覆盖，在软件园、科技园或孵化器总体下发的问卷数为28100份（详细情况见附录2）。

1. 样本的空间分布

经过相应的筛选，最终保留的有效问卷与计划问卷发放的分布情况基本一致（见图1-1）。参照中国电子信息产业发展研究院、信息化与软件产业研究所发布的《关键软件领域人才白皮书（2020年）》对于软件人才分布的比较，课题组将有效问卷按照华东、华北、华南、华中、西南、东北、

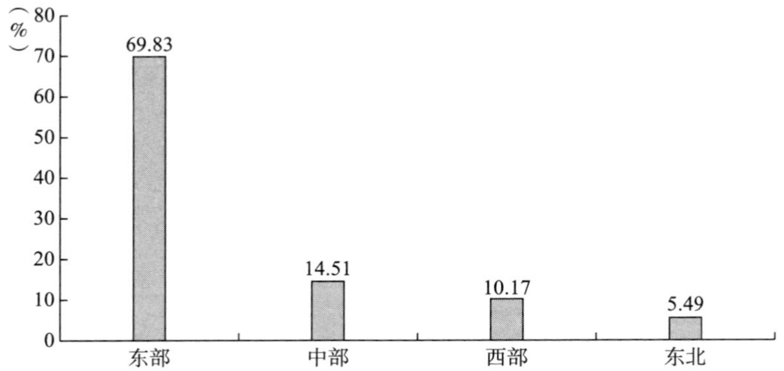

图1-1 样本在东部、中部、西部、东北地区的分布情况

西北进行了划分，[①] 各区域样本的比例见图 1－2。样本分布排名前三的地区为华东（47.95%）、华北（14.77%）、华南（12.79%），这与《关键软件领域人才白皮书（2020 年）》所公布的近八成的软件人才分布于华东（37.2%）、华北（22.7%）、华南（19.6%）三大区域基本一致。

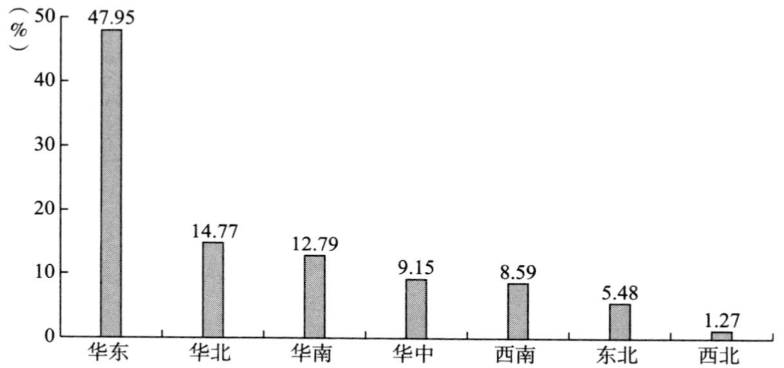

图 1－2　样本在华东、华北、华南、华中、西南、东北、西北地区的分布情况

2. 样本的机构类型

工作机构方面，样本在国有企业或事业单位、民营企业（上市）、民营企业（未上市）、个体经营机构的分布分别为 40.82%、23.15%、29.56%、6.47%（见图 1－3）。

基于对不同地区的比较来看，东部地区纳入的工作于民营企业（上市与未上市）的样本偏多，占比 56.23%，高于 52.71% 的平均情况；中部、西部、东北地区工作于国有企业或事业单位的样本偏多，分别为 51.02%、46.47%、52.20%，高于 40.82% 的平均情况。此外，西部地区工作于民营企业（未上市）的样本明显偏多，占比 40.35%，高于 29.56% 的平均情况（见图 1－4）。

① 华东：上海，江苏（南京、无锡、苏州），浙江（杭州、湖州），安徽（合肥），福建（福州、厦门），江西（南昌），山东（济南、青岛）。华北：北京，天津，山西（太原）。华南：广东（广州、深圳、珠海、东莞、中山），广西（南宁）。华中：河南（郑州），湖北（武汉），湖南（长沙）。西南：重庆，四川（成都），贵州（贵阳），西藏（拉萨）。东北：辽宁（大连），吉林（长春）。西北：陕西（西安），青海（西宁），新疆（乌鲁木齐）。

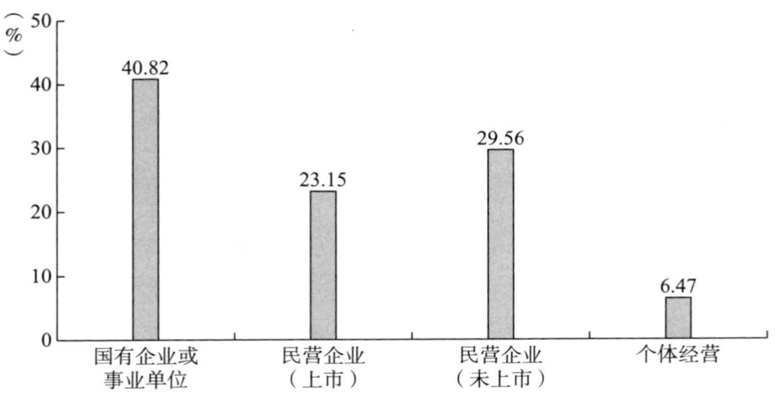

图 1－3　样本的工作机构分布情况

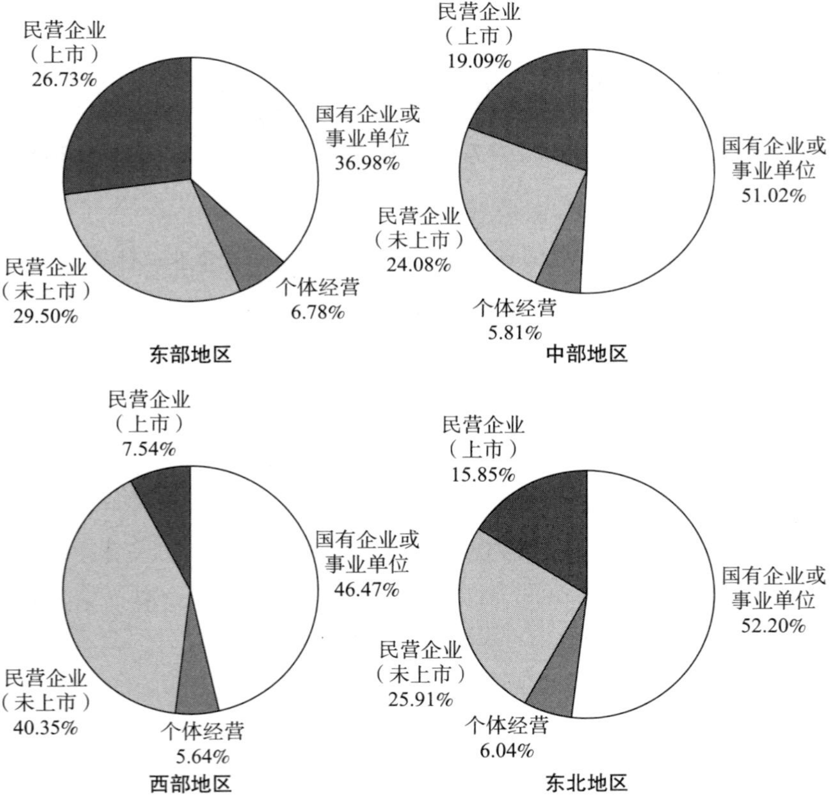

图 1－4　不同地区样本的工作机构分布情况

3. 样本的岗位分布

从岗位来看，样本目前所在岗位以后端开发岗位（如：系统开发与调试、环境搭建等）和前端开发岗位（如：前端 Web 框架组件开发、页面研发等）为最多，分别占比 32.29% 和 22.53%，其余情况为：运营维持岗位（如：软件安装调试、系统运维、软件或服务器维护与维修等）占比 12.61%，测试类岗位（如：项目环境部署与测试、软件性能测试等）占比 8.55%，艺术视觉岗位（如：动画建模、图像处理、美工设计等）占比 7.07%，数据类岗位（如：数据采集挖掘、数据分析、数据库维护等）占比 6.11%，统筹架构岗位（如：应用架构搭建与优化、软件工程等）占比 4.76%，人工智能岗位（如：机器学习相关的调研和工程等）占比 3.82%，算法类岗位（如：实证研究、论文复现、算法创新等）占比 2.27%（见图 1－5）。

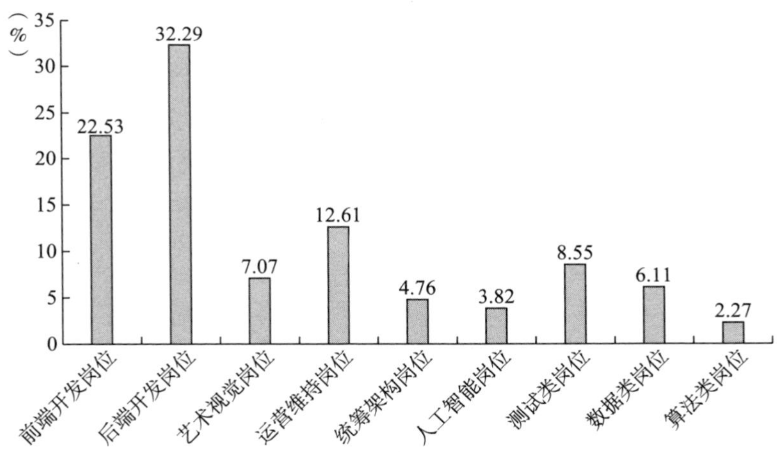

图 1－5　样本在不同岗位的分布情况

（二）访谈情况

课题组围绕软件工程师的个人背景（基本信息、入行选择）、工作经历（劳动过程、技能培养）、日常生活（生活方式、社会关系）、思想观念（职业认知、价值判断）和未来需求这五个方面编制了访谈提纲，依据此开展半结构式的访谈。截至 2023 年 10 月，课题组共计访谈 42 人，具体所在地和企业类型见表 1－2。

表 1－2 受访机构所在地、类型与受访人数情况

所在地	企业类型	企业数（个）	受访人数（人）
北京	国有企业	1	4
	民营企业（上市）	2	7
	民营企业（未上市）	2	2
	个体经营	1	1
上海	民营企业（未上市）	1	2
广州	民营企业（未上市）	1	1
深圳	民营企业（上市）	1	3
	民营企业（未上市）	1	1
	个体经营	1	2
杭州	民营企业（上市）	2	5
	民营企业（未上市）	1	2
厦门	国有企业（上市）	2	6
	个体经营	1	2
成都	国有企业（上市）	1	1
西安	民营企业（上市）	1	3
共计		19	42

由于软件工程师在从业经历中，其所涉及的工作岗位通常不是单一的，而是具有多个岗位的体验，在访谈中课题组对于同一访谈对象的不同岗位经历都予以了解，统计情况如表 1－3。并且，课题组同样安排了对于“产品经理岗位”和“其他岗位”从业者的访谈。这两类岗位不属于“软件工程师”范畴，但与其在工作中有一定交集。一方面，对这两类岗位从业者的访谈涉及了对其他属于软件工程师岗位人员的了解，可以提供他人的、近距离的观察视角；另一方面，了解他们本身的情况之后，也有助于与软件工程师的情况进行比较。

表 1－3　受访者岗位类型与人次情况

岗位类型	人次
前端开发岗位（如：前端 Web 框架组件开发、页面研发等）	9
后端开发岗位（如：系统开发与调试、环境搭建等）	8
艺术视觉岗位（如：动画建模、图像处理、美工设计等）	3
运营维持岗位（如：软件安装调试、系统运维、软件或服务器维护与维修等）	5
统筹架构岗位（如：应用架构搭建与优化、软件工程等）	9
人工智能岗位（如：机器学习相关的调研和工程等）	6
测试类岗位（如：项目环境部署与测试、软件性能测试等）	3
数据类岗位（如：数据采集挖掘、数据分析、数据库维护等）	7
算法类岗位（如：实证研究、论文复现、算法创新等）	9
产品经理岗位（如：软件功能梳理、客户需求分析、开发过程跟进等）	3
其他岗位（如：产品销售、行政管理、市场渠道等）	2
共计	64

注：受访者在职业生涯中往往历经不同岗位，访谈中对不同的岗位情况均予以了解，此表报告岗位类型所对应的从业人次，数量会多于受访人数。

二　样本概况

（一）人口特征

性别上，样本中男性软件工程师占比较高，为 71.44%，女性偏低，为 28.56%（见图 1－6）。年龄上，样本的平均情况为 35.17 岁（标准差为 10.19），最小值为 15，最大值为 68。由图 1－7 可以看出，调查中软件工程师群体主要集中在 26～35 岁，占比 50.41%。

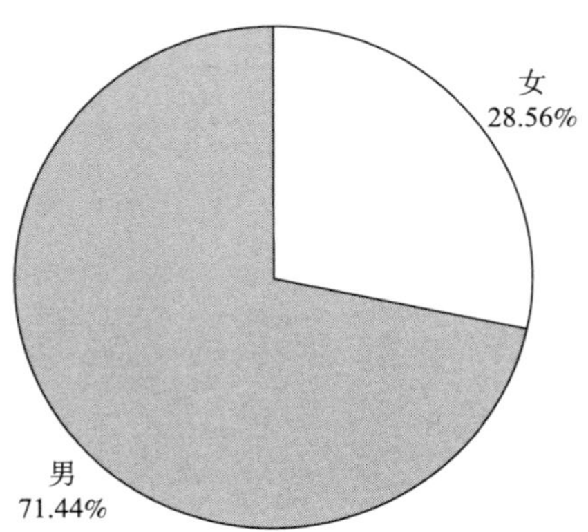

图 1-6　样本性别的分布情况

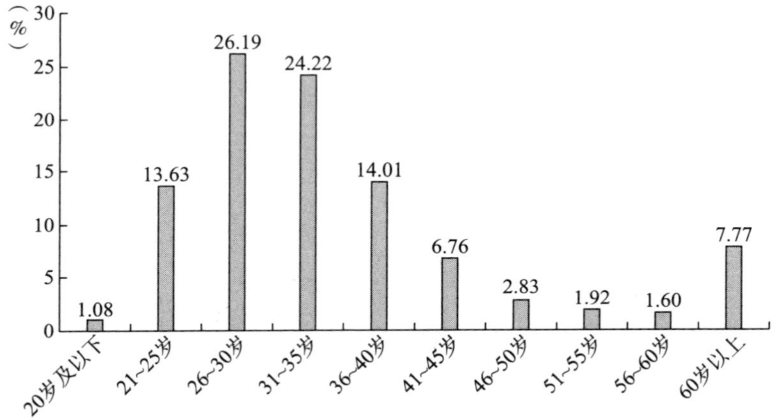

图 1-7　样本在不同年龄段的分布情况

而从不同机构中样本的年龄情况来看，民营企业（未上市）的样本平均年龄偏小，离散程度也最低，而个体经营的样本平均年龄最大，离散程度也最高（见表 1-4）。此外，在不同工作机构中样本的年龄均为右偏分布，主要集中在 26~35 岁：民营企业（未上市）的样本在这一年龄段分布的占比最高，达到 54.56%；个体经营样本在这一年龄段分布的占比最低，但也达到 39.08%（见图 1-8）。

表 1－4　不同机构样本的年龄离散情况

	均值	标准差	最小值	最大值
国有企业或事业单位	35.810	10.086	15	68
民营企业（上市）	36.083	11.962	15	68
民营企业（未上市）	33.339	9.615	15	68
个体经营	37.625	13.655	15	68

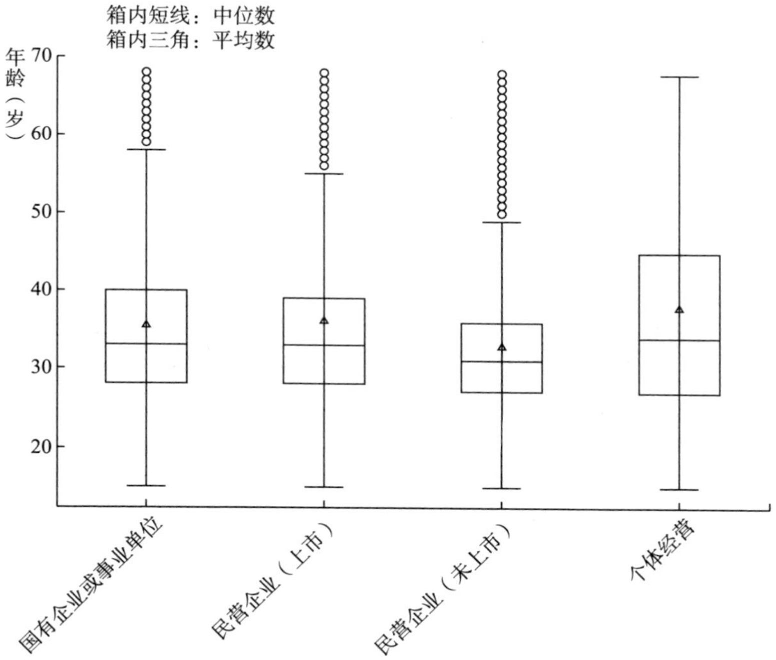

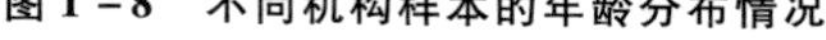

图 1－8　不同机构样本的年龄分布情况

样本的户口类型主要为本地城镇户口，占比为 44.72%；非本地的城镇户口的样本占比为 12.38%；本地农村户口的样本占比为 18.17%；非本地农村户口的样本占比为 24.73%。总结而言，拥有城镇户口的样本占比为 57.10%，拥有农村户口的样本占比为 42.90%（见图 1－9）。

以工作机构为区分，工作于国有企业或事业单位的样本拥有本地城镇户口的比例更高，为 52.31%；而个体经营和民营企业（未上市）的样本拥有农村户口的比例较高，分别为 53.89% 和 48.03%（见图 1－10）。

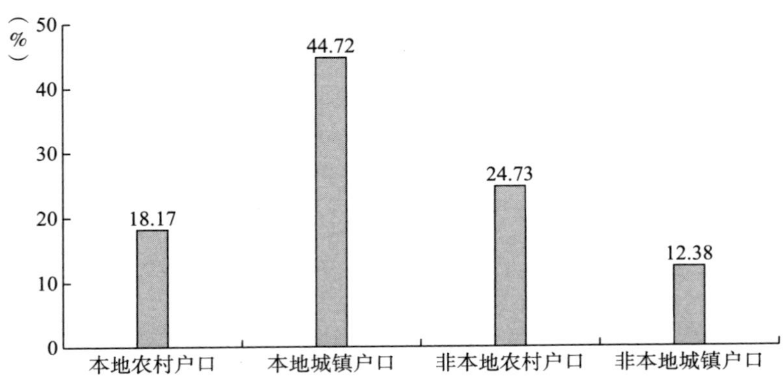

图 1－9　样本的户口类型分布情况

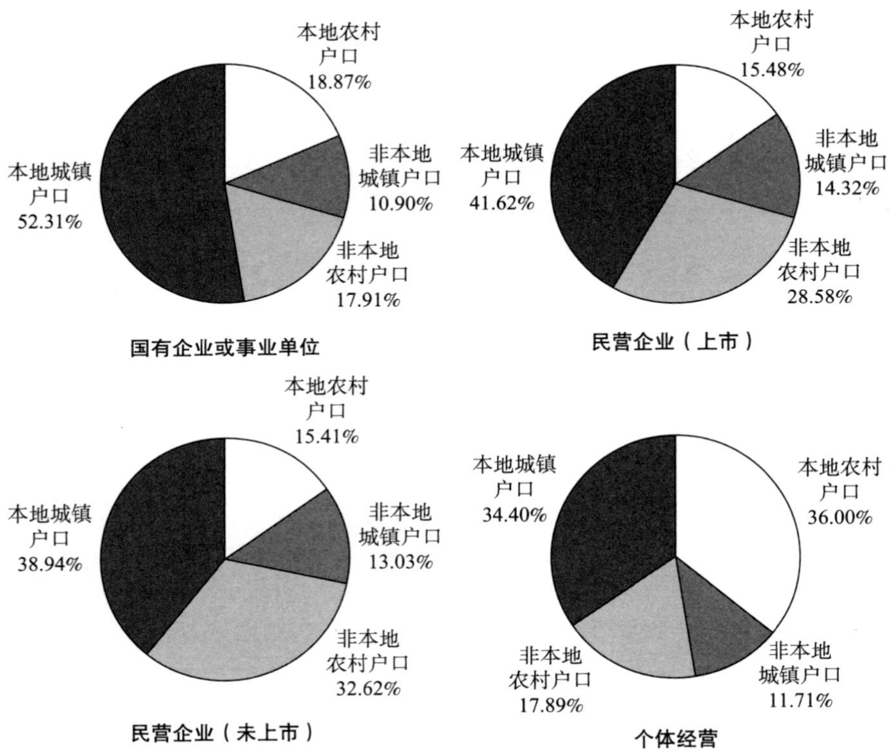

图 1－10　不同工作机构的样本户口类型情况

政治面貌方面，样本为中共党员的占比 23.72%，为共青团员的占比

27.56%，为民主党派成员的占比 4.50%，而为群众的占比为 44.22%（见图 1－11）。

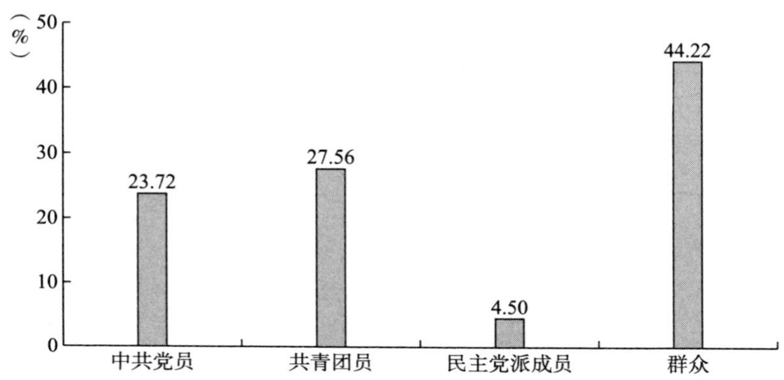

图 1－11　样本政治面貌的分布情况

（二）教育背景

从最高学历的情况可以看出，样本的受教育程度普遍较高，具有大学本科及以上学历的占 69.63%（见图 1－12）。

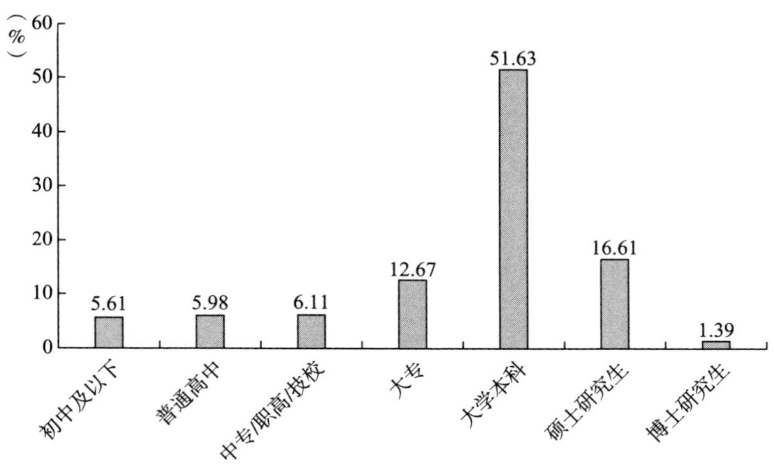

图 1－12　样本最高学历的分布情况

以不同机构为区分，可以看出工作于国有企业或事业单位的样本的教育程度较高，硕士研究生占比 25.44%，高于整体样本的 16.61% 的平均占比水平。而个体经营机构中样本的受教育程度偏低，具有大学本科及以上的学历的占 41.01%，最高学历为初中及以下、普通高中、中专/职高/技校、大专的样本占比均高于平均情况（见图 1-13）。

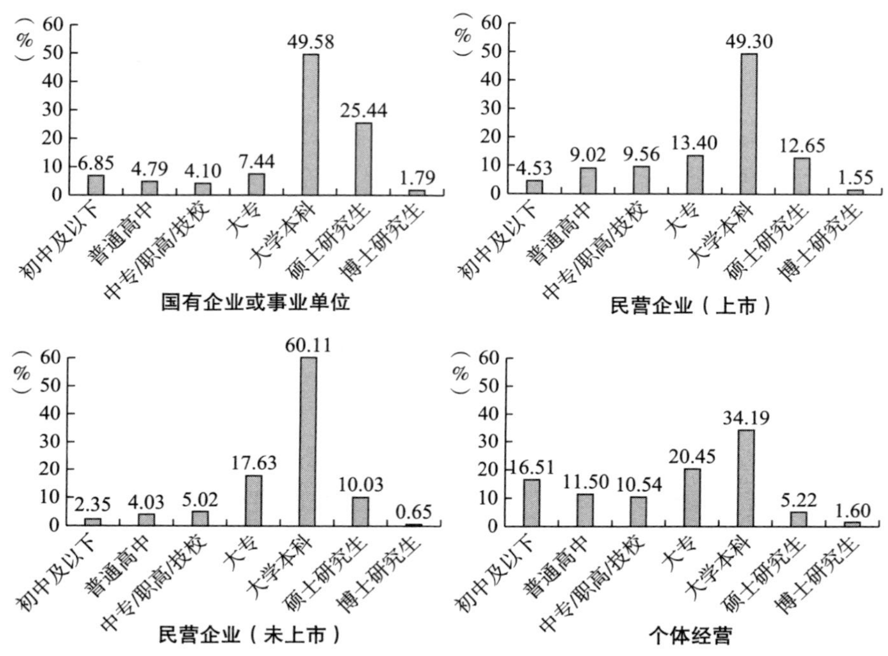

图 1-13　不同工作机构的样本最高学历分布情况

从样本最高学历的专业类别来看，77.60% 的样本均为工程学科专业。其中，以计算机软件相关的工程学科作为最高学历专业的样本占比为 59.15%。除此之外，最高学历为自然科学专业的样本占比为 7.75%，为人文学科、经济管理和社会科学专业的占比为 7.05%（见图 1-14）。

以不同机构为区分，样本里工作机构为国有企业或事业单位、民营企业（未上市）的最高学历以计算机软件相关工程学科为专业的占比较高，分别为 63.35% 和 60.81%。工作机构为个体经营的最高学历以自然科学，人文学科、经济管理和社会科学，以及其他类别作为专业的情况都高于平均水平（见图 1-15）。

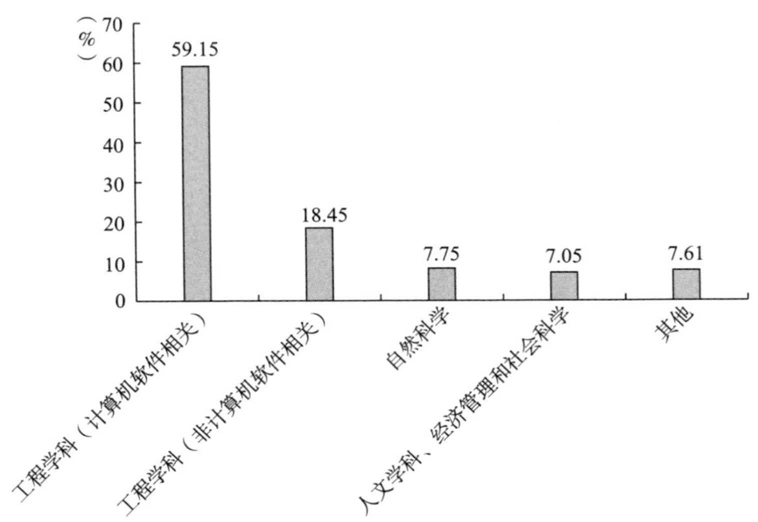

图 1－14　样本最高学历所学专业的分布情况

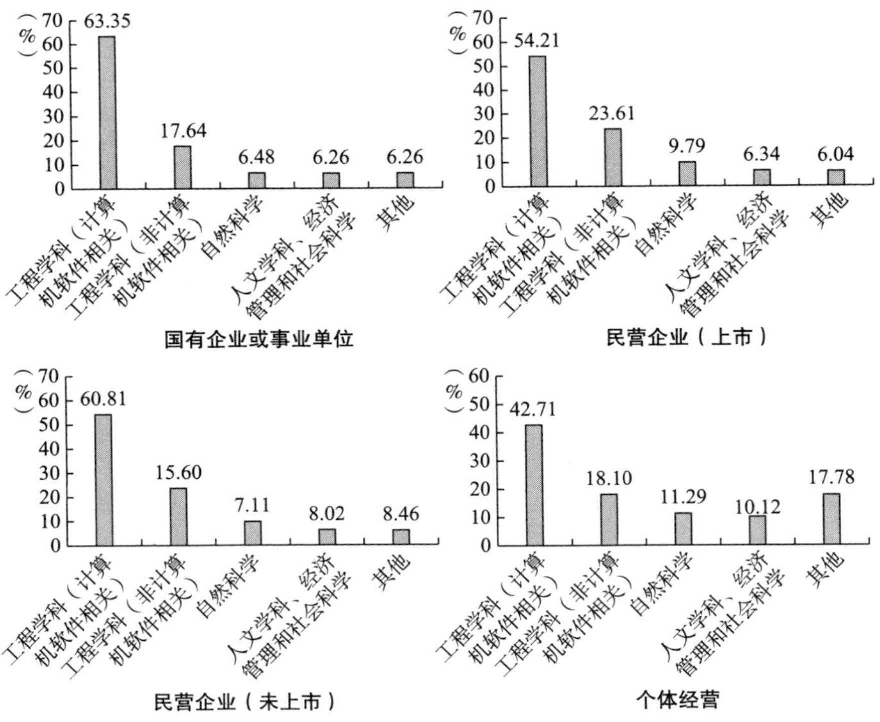

图 1－15　不同工作机构的样本最高学历所学专业分布情况

（三）工作情况

1. 工作时间

样本的每周平均工作时间为46.95小时，最少为9小时，最多达到84小时（约为“997工作制”）。图1－16展示了每周工作时间的分段情况，其中42.13%的样本每周工作不超过40小时，71.94%的样本每周工作时间不超过50小时（约为“975工作制”）。只有3.8%的样本每周工作时间超过72小时（约为“996工作制”）。

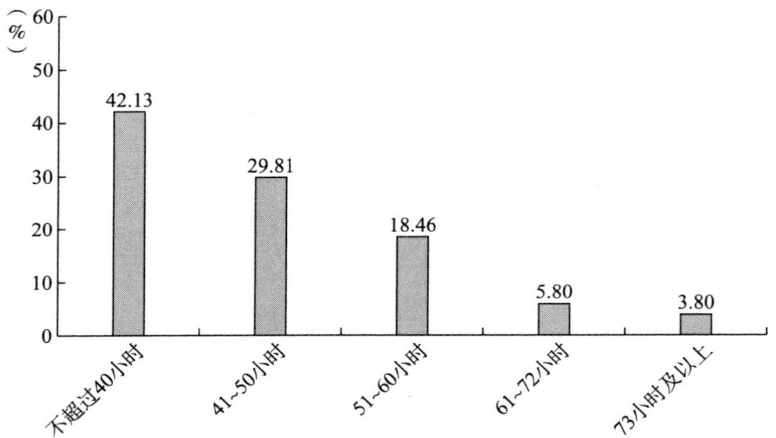

图1－16　样本每周工作小时数分段分布情况

以不同岗位为区分，9类岗位的每周工作时间的均值和中位数相差不明显。其中，艺术视觉岗位的样本每周平均工作45.37小时，相对最少；统筹架构岗位的样本每周平均工作48.46小时，相对最多；两者相差3.09小时。位处统筹架构岗位和算法类岗位的样本每周工作时间四分位差最大、中位数最大，且分布上最接近正态分布。此外，后端开发、运营维持、人工智能、测试类和数据类岗位每周工作时间的平均数明显大于中位数，均为右偏分布，多数样本的每周平均工作时间小于平均数（见图1－17）。

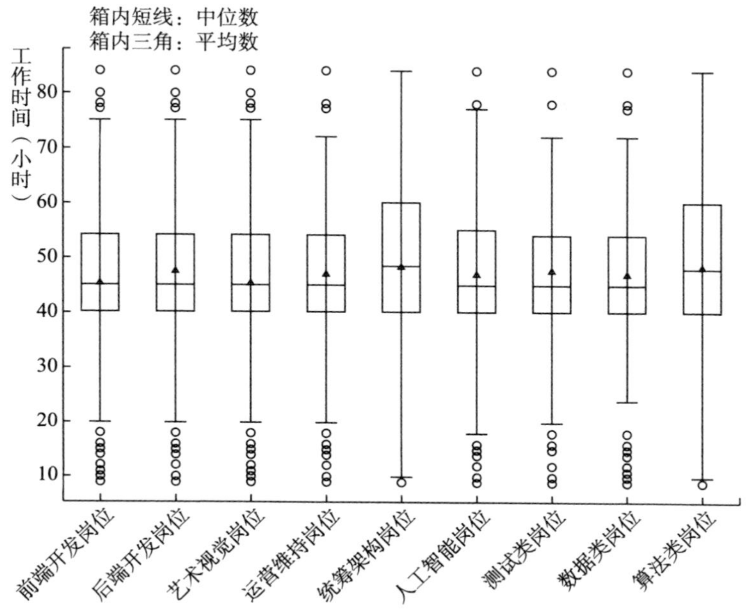

图 1－17　不同岗位样本的每周工作小时数分布情况

2. 从事软件相关工作的累计年份

在从事软件相关工作的累计年份方面，工作年限在 3 年以内的样本占比 45.5%，工作年限在 9 年以内的样本占比 82.44%。超过半数（50.87%）的样本的工作累计年份集中在 1～6 年（见图 1－18）。

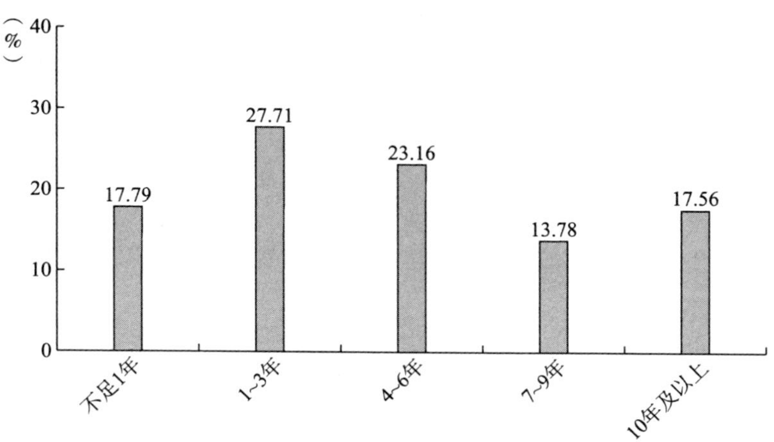

图 1－18　样本从事软件相关工作的累计年份分布情况

以不同机构为区分，工作机构为国有企业或事业单位的样本从事软件相关工作的累计年份在分布上相对均匀，不足 1 年和 10 年及以上的样本占比均超过总体的平均情况，而工作累计年份在 1 ~ 9 年的中坚力量占比为 56.85%。工作机构为民营企业（上市）和民营企业（未上市）的样本工作累计年份分布相似，工作不足 1 年和 10 年及以上的样本占比均低于总体的平均情况，工作累计年份在 1 ~ 9 年的中坚力量占比均超过七成，分别为 73.05% 和 71.53%。此外，工作机构为个体经营的样本的分布情况较为特殊，从事软件相关工作的累计年份偏少，10 年及以上的样本仅占 8.52%，而工作不足 1 年的样本占比则远高于其他机构类型，达到 39.08%（见图 1 – 19）。

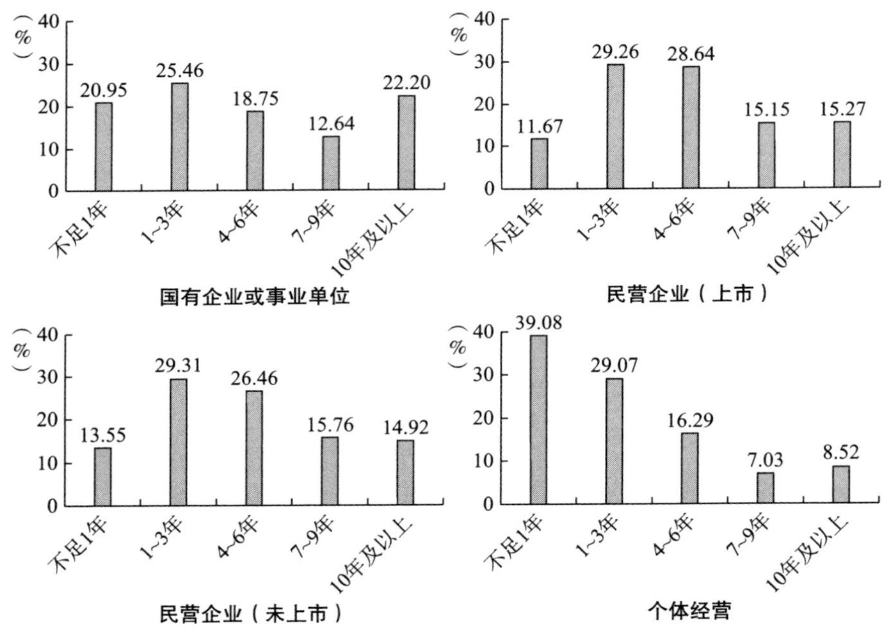

图 1 – 19　不同工作机构的样本从事软件相关工作的年份分布情况

3. 职称认定情况

从样本的职称情况来看，32.04% 的样本未进行职称认定或不了解职称认定等情况（见图 1 – 20）。在进行了职称认定的样本中，中级程序员居多，占进行职称认定的样本的40.04%。[①]

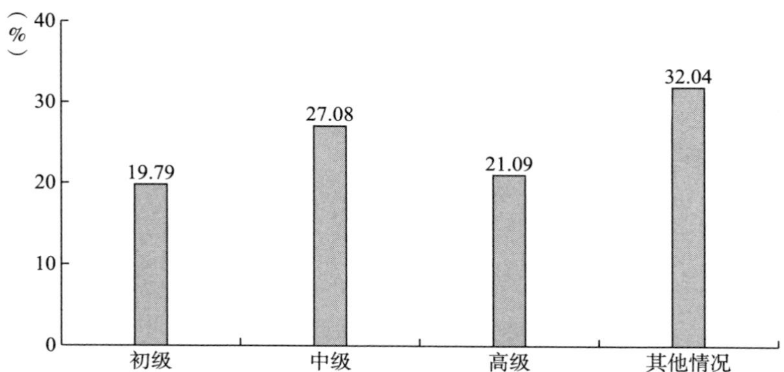

图1－20　样本职称等级分布情况

注：其他情况包含未认定、不了解职称认定等。

总体上，有9.39%的样本不清楚职称认定的情况。而以不同机构为区分，工作机构为个体经营的样本知晓职称认定情况的比例最低，而工作机构为民营企业（上市）的样本知晓职称认定情况的比例最高，为91.57%（见图1－21）。

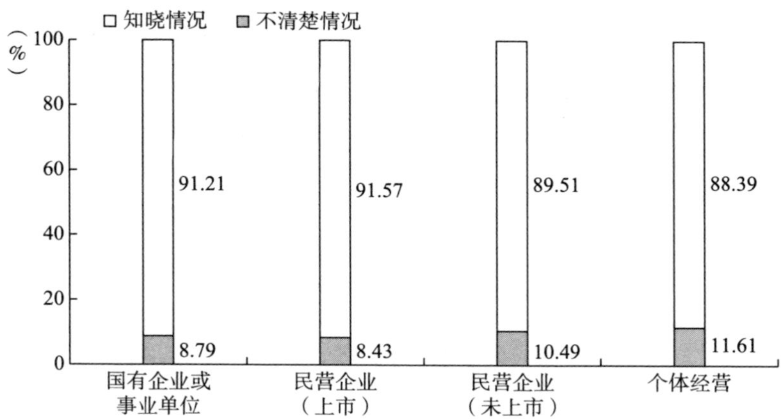

图1－21　不同工作机构是否知晓职称认定的分布情况

① 在样本中，中级程序员3930人，进行职称认定的样本为9815人，前者占后者的40.04%。

（四）家庭情况

1. 婚恋情况

婚恋情况方面，67.26%的样本已婚或已有伴侣，单身的样本占比30.27%（见图1－22）。

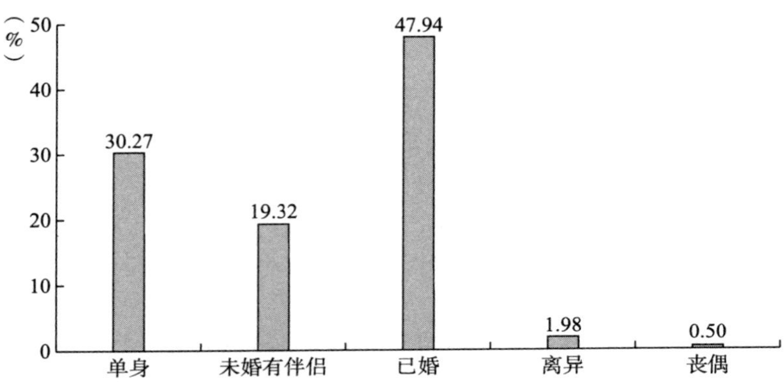

图1－22 样本的婚恋情况

2. 子女情况

子女情况方面，图1－23显示49.1%的样本没有子女，而15.68%的样本拥有超过一个子女。图1－24显示了样本的婚恋情况与子女数量情况的分布。在单身样本中，有89.85%没有子女；而在已婚样本中，拥有至少一个子女的样本占比82.36%，表明大多数已婚样本平均育有至少一个子女。

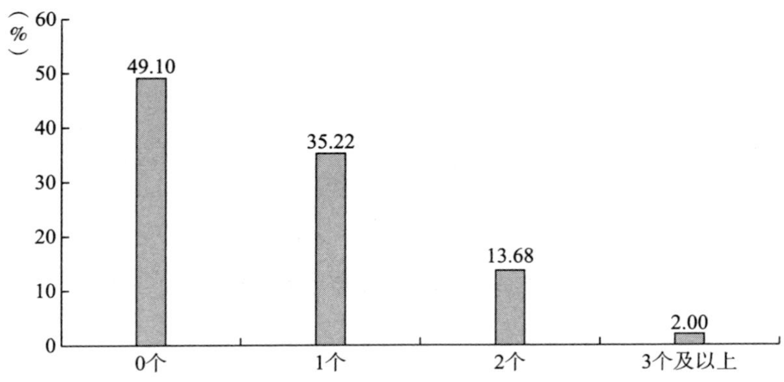

图1－23 样本的子女数量分布情况

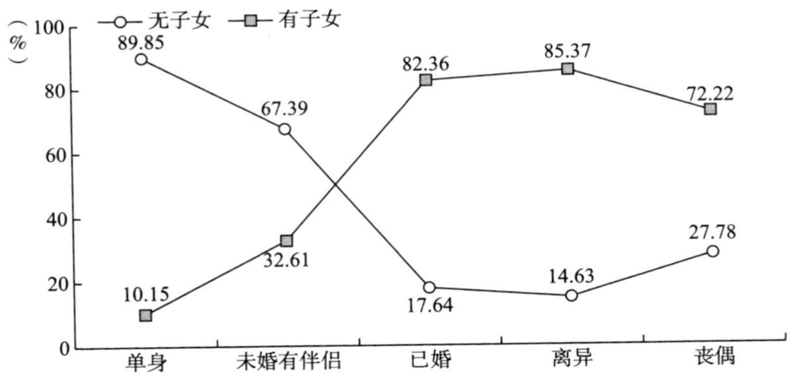

图 1－24　样本的婚恋与生育子女情况

3. 父母学历情况

从样本的父母学历来看，父母学历在分布上大体相似。样本的父亲的学历状况整体上要略高于样本的母亲的情况，样本的父亲中 42.97% 的人学历停留在义务教育阶段（初中及以下）（见图 1－25），而样本的母亲的这类学历情况占比为 48.47%（见图 1－26）。与样本自身普遍较高的受教育程度不同，样本的父亲接受过大学本科及以上教育的占比 11.68%，样本的母亲接受过大学本科及以上教育的占比则为 9.03%。

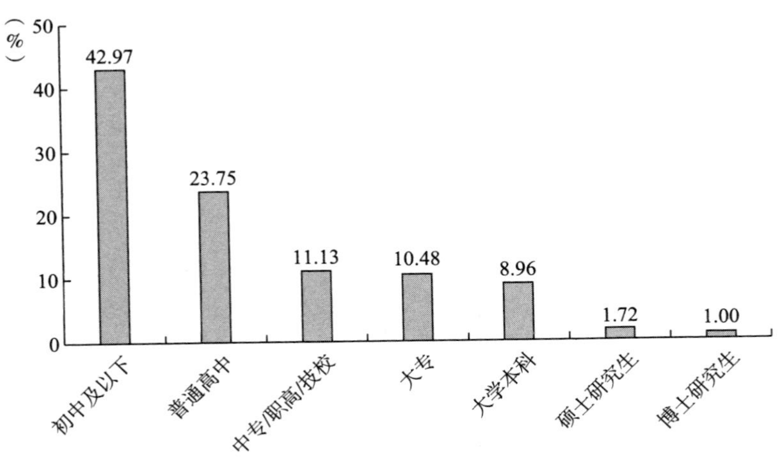

图 1－25　样本的父亲的最高学历分布情况

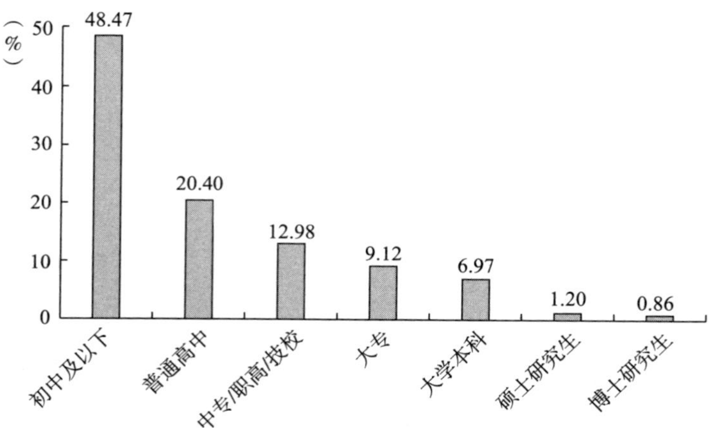

图 1－26　样本的母亲的最高学历分布情况

（五）收入和财产情况

1. 收入情况

收入情况方面，大多数样本的年收入集中在 6 万～24 万元，占比 58.39%；21.14% 的样本的年收入位于 6 万元及以下；年收入百万元以上的情况为极少数，占比为 1.3%（见图 1－27[①]）。

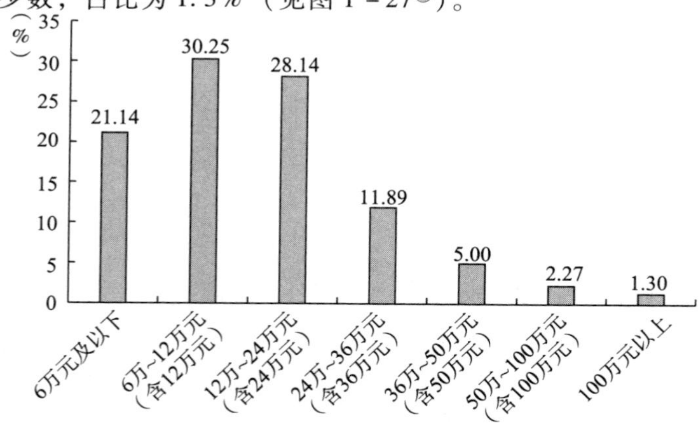

图 1－27　样本的年收入分布情况

① 本书内提及收入划分区间均以此图中形式为准，之后展现中省去括号中的内容。

图 1－28 显示了样本每周工作时间与年收入的对应情况，年收入 6 万元及以下的样本呈 U 形分布，在每周工作时长最长的样本中占比最高。年收入 6 万～12 万元的样本也基本呈 U 形分布，其间略有波动，在每周工作时长最短的样本中占比最高，但在每周工作时长最长的样本中的占比比前一个时长段有所下降。年收入 12 万～24 万元的样本基本呈倒 U 形分布，在每周工作时长 41～50 小时和 51～60 小时中占比较高，两端相对较低。

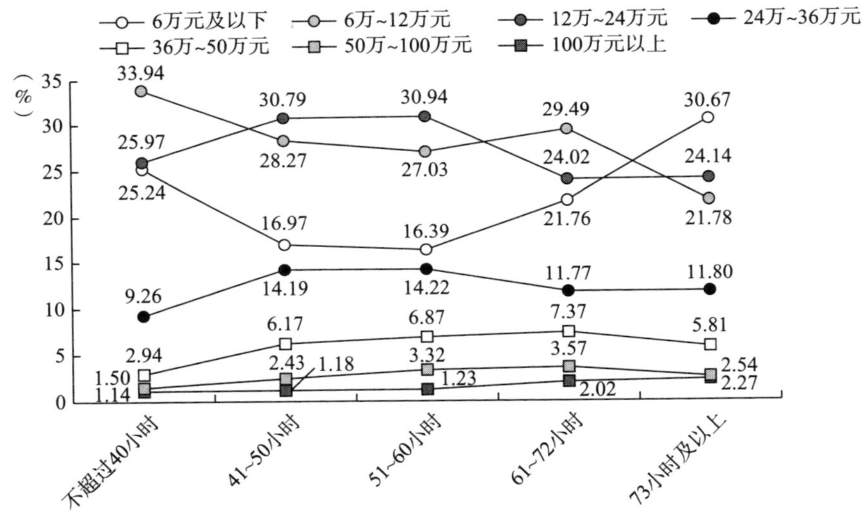

图 1－28　样本的每周工作时间与年收入对应情况

2. 在工作所在地购置房产和机动车的情况

从样本在工作所在地购置房产和机动车的情况来看，没有在工作所在地购置房产或机动车的占比 37.05%，在工作所在地同时购买了房产和机动车的占比 30.75%（见图 1－29）。

三　报告概览

本书共分为七个章节。本章对课题组面向软件工程师开展调查的缘起和调查的概况进行了介绍，尤其是对调查的方法、样本的具体特征进行了

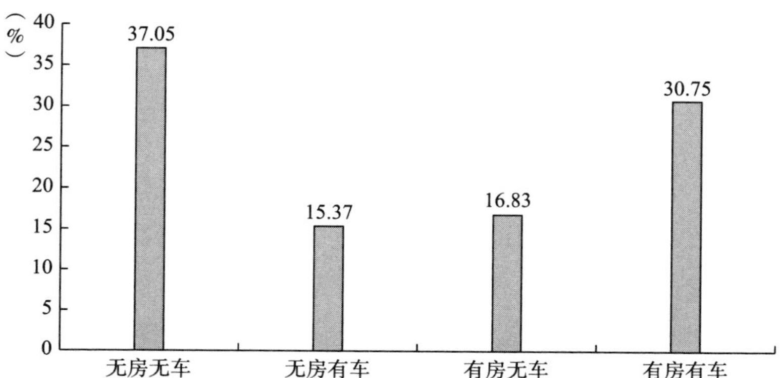

图1－29　样本在工作所在地购置房产和机动车的分布情况

详细说明。第二章、第三章和第四章将借助调查所得的分析资料，呈现软件工程师工作情况、生活状态和价值观念。

第二章聚焦于软件工程师这一职业的特征和工作过程，发现软件工程师的择业动力主要是自我驱动，工作的过程则显示出模块化劳动的特征。这使得软件工程师在职业生涯中面临持续的挑战，时常需要学习新知识。而且由于这种劳动模块化、技术迭代快的特征，软件工程师难以被纳入现有的职业评定体系中。

第三章围绕软件工程师的生活而展开，基于对他们在现实生活场景和虚拟生活场景的特征分析可以发现，软件工程师的社交圈子相对封闭，对于个人化的信息格外谨慎，更感兴趣外在于自身所处环境的信息和活动，社会信任的构建以理性为基础，总体上呈现一种“自我抽离”的情形。

第四章对软件工程师的价值观念予以具体剖析，发现他们以科技理性为本位，在对自身的认识、对人际交往的认识、对行业发展的认识和对社会发展的认识上都贯穿着以科技为支撑的理性思维、逻辑秩序。

第五章对于世界信息技术产业的发展历程和经验进行了梳理，尤其以信息技术产业世界体系为基础，介绍了各个国家、地区中国家主体、市场主体、社会主体发挥的作用，从而描绘出世界信息技术人才发展背景和情况的图景。

在对国际情况进行梳理后，第六章则回到国内，对我国信息技术产业和相关政策的发展演化历程进行梳理，尤其是围绕不同发展阶段的建设路径和机制进行探讨，阐明在当前迈向高质量的信息技术产业发展阶段，应当加深对于相关人才的了解，并以此为基础制定相应的培育和支持政策。

第七章对于本书的发现进行了总结和提炼，指出软件工程师所面临的发展困境，并提出相应的政策建议。

第二章

模块劳动：软件工程师的工作过程

软件工程师身处前沿数字技术和新兴经济部门交互的工作领域。与传统经济部门的职业群体相比，工作领域的特殊性使得软件工程师具有鲜明的工作特点。信息技术产业通常处在技术创新前沿，需要面对变化迅速的市场环境，在一定程度上形成“去科层化”、跨部门合作的工作组织结构，以及追求技术创新、强调工作投入和工作自主性的工程师工作文化。[①] 经过20余年的大发展，我国的信息技术产业也出现了明显的内部分层，巨型企业、中等规模企业和小型企业之间出现分化，造成软件工程师内部高度等级化的特点，也加剧了劳动力市场中的竞争与流动。[②] 与传统经济部门相比，信息技术产业在技术创新、市场环境、组织结构、工作文化和劳动力市场等方面的特点，为我们理解软件工程师的工作过程提供了背景。

本章将利用清华大学社会科学学院中国社会调查与研究中心进行的“2023年中国软件工程师调查”所收集的资料，从职业获得、劳动过程、职

---

① 梁萌：《技术变迁视角下的劳动过程研究——以互联网虚拟团队为例》，《社会学研究》2016年第2期；侯慧、何雪松：《“不加班不成活”：互联网知识劳工的劳动体制》，《探索与争鸣》2020年第5期。

② 佟新、梁萌：《致富神话与技术符号秩序——论我国互联网企业的劳资关系》，《江苏社会科学》2015年第1期；严霞：《以自我为企业——过度市场化与研发员工的自我经营》，《社会学研究》2020年第6期；李晓天：《劳动过程视角下的信息技术产劳动者研究——理论回顾与发展方向》，《社会学评论》2023年第1期。

业生涯发展和职业声望评价四个方面，详细描述软件工程师的工作特点。本章的研究内容不仅可以从全国信息技术产业层面整体把握软件工程师的工作特点，以弥补目前学界小样本调查或单个企业研究缺乏全局视野的缺憾，还可以深入不同地区、不同企业类型和不同工作岗位，分析该职业群体内部的分化和差异。

一　自我驱动型择业

作为信息技术产业的一个重要职业群体，软件工程师在职业选择、职业准备、入职过程等职业获得方面具有突出的特点，表现为一种较强专业能力、较高学历门槛以及较大内部分化的自我驱动型择业。

（一）职业选择：高度自我驱动

调查数据显示，软件工程师最初选择从事软件相关工作的主要原因是专业对口、个人兴趣和看重软件领域的发展前景与工作回报。如图 2－1[①]所示，高达 43.34% 的软件工程师出于个人兴趣最初选择从事软件相关工作，另有接近一半的软件工程师由于专业或技能对口，以及看重软件领域发展前景而选择该类工作，还有 39.67% 的软件工程师因收入高或待遇好而入行。与之相对，因看重工作节奏与个人生活习惯相匹配、职业声望与价值感或职业地位而最初选择成为软件工程师的情况非常少，各自的比例分别仅为 9.10%、5.35% 和 3.71%。

调查数据还表明，不同学历和专业背景的软件工程师在最初选择从事软件相关工作的主要原因方面存在差异。如图 2－2 所示，大专及以上学历的软件工程师因为个人兴趣、专业或技能对口而最初选择从事软件相关工

① 该图展示的变量为多选题，图中展现的数据包括比例（Percent of Cases，即某一选项被选择的频数 ÷ 样本数）和响应率（Percent of Responses，即某一选项被选择的频数 ÷ 所有选项被选择的总数），此后章节中所有多选题均如此展现。

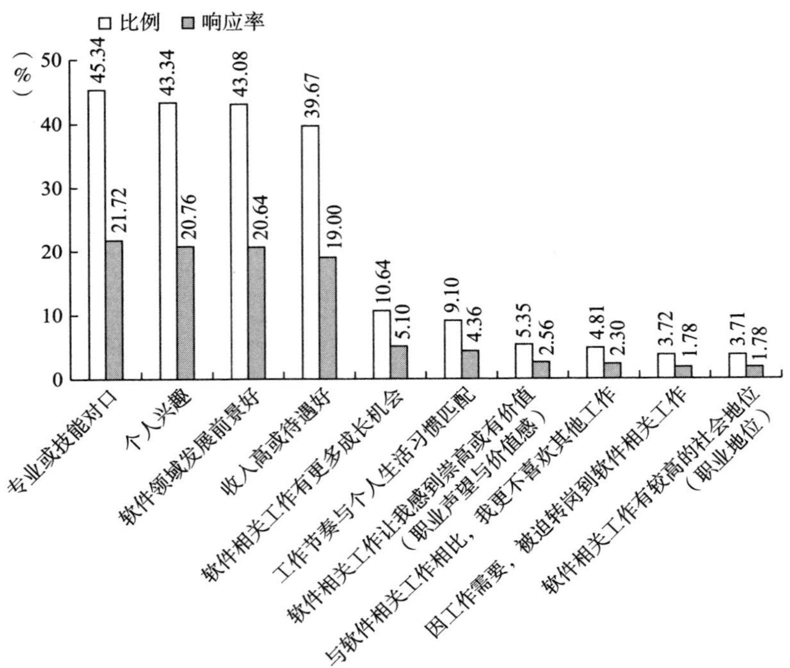

图 2－1　软件工程师最初选择从事软件相关工作的主要原因情况

作的比例更高，而普通高中及以下学历的软件工程师更会因为收入高或待遇好而最初选择从事软件相关工作。其中，大专、大学本科、硕士研究生学历的软件工程师因个人兴趣最初选择从事软件相关工作的比例分别是47.96%、46.56%和40.73%，而中专/职高/技校、普通高中和初中及以下学历的软件工程师的对应比例分别是34.17%、33.64%和33.70%；大专、大学本科、硕士研究生学历的软件工程师因专业或技能对口最初选择从事软件相关工作的比例分别是35.67%、53.02%和57.28%，明显高于中专/职高/技校、普通高中和初中及以下学历的软件工程师的对应比例，后者分别为24.06%、19.95%和13.28%；大专、大学本科、硕士研究生学历的软件工程师因收入高或待遇好而最初选择从事软件相关工作的比例分别是36.60%、37.03%和38.12%，而中专/职高/技校、普通高中和初中及以下学历的软件工程师更为看重收入或待遇，该因素之下最初选择从事软件相关工作的比例分别是38.14%、46.98%和68.27%。

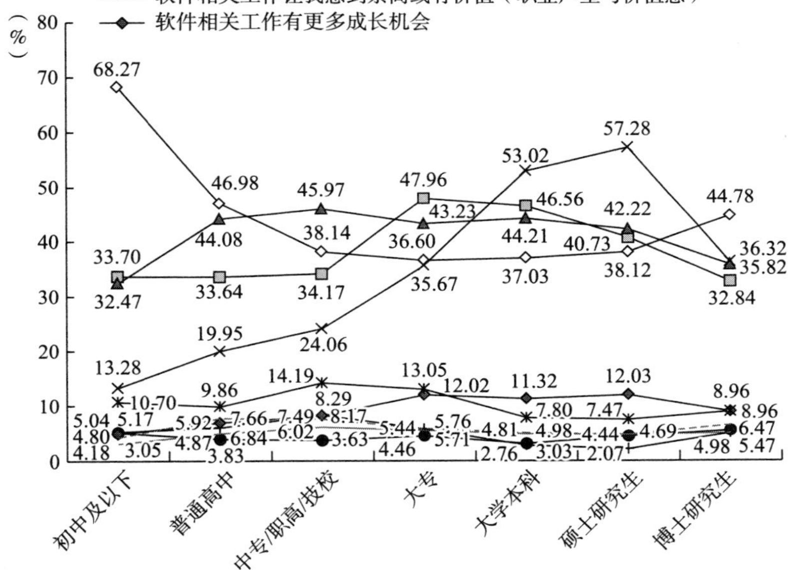

图 2－2　不同学历的软件工程师最初选择从事软件相关工作的主要原因情况

与此同时，图 2－3 的数据表明，不同专业背景的软件工程师最初选择从事软件相关工作的原因虽存在差异，但在个人兴趣驱动从事软件相关工作方面却高度一致。我们看到，计算机专业工程学科、非计算机专业工程学科和其他学科①因专业或技能对口而最初从事软件相关工作的比例分别为 55.16%、27.03% 和 26.54%，显示不同专业背景的软件工程师在入职的专业化门槛方面存在差异，但前述三个专业的软件工程师由个人兴趣驱动最初选择软件相关工作的比例分别为 43.53%、42.07% 和 43.87%，显示出高度的一致性。

① 此处其他学科包括自然科学，人文学科、经济管理和社会科学，以及其他。此后章节中，所有对受访者专业背景进行三分类划分的，其中“其他学科”均包含以上学科。

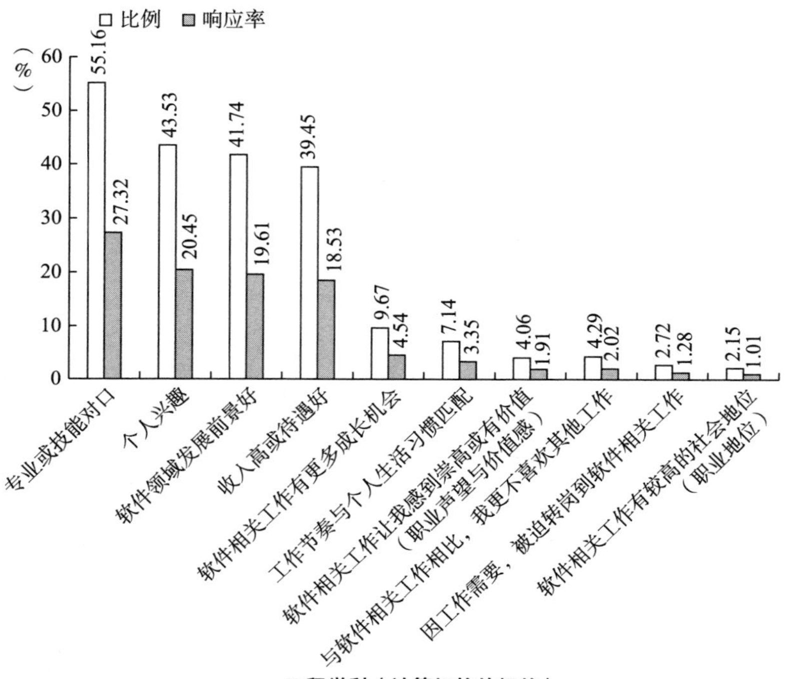

工程学科（计算机软件相关）

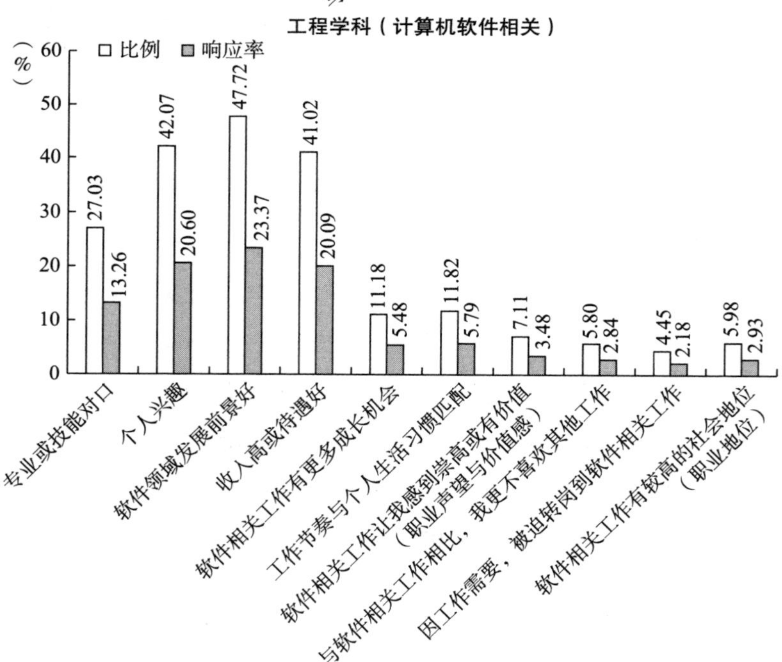

工程学科（非计算机软件相关）

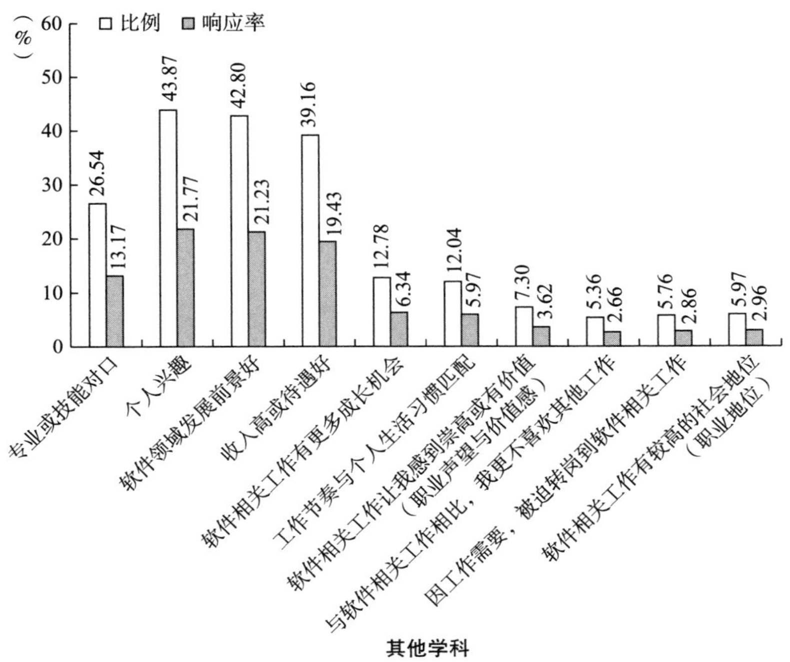

图 2-3 不同教育背景的软件工程师最初选择从事软件相关工作的主要原因情况

以上数据表明，个人兴趣、专业或技能对口、看重软件领域的发展前景或收入回报，是软件工程师最初入职的主要原因。软件工程师最初选择从事软件相关工作的原因存在一定程度的学历和专业背景差异，却体现出高度一致的个人兴趣驱动下的入职选择。其中，学历较高的软件工程师因专业或技能对口而入行的比例更高，学历较低的软件工程师更看重该行业的高收入回报而入职；计算机相关专业背景的软件工程师因专业或技能对口而入职的比例更高，但不同专业背景的软件工程师因个人兴趣而选择从事软件相关工作方面却高度一致。由此可见，在专业技能、行业发展前景、收入回报等原因之外，个人兴趣，尤其是基于个人兴趣学习相关专业是软件工程师进行职业选择的重要原因，软件工程师职业群体由此体现出高度的自我驱动择业特点。

自主选择不仅是软件工程师最初选择从事软件相关工作的主要原因，

还是驱动他们获得专业技能的主要方式。如图 2 - 4 所示，在求学期间学校开设的相关课程之外，软件工程师主要通过在工作实践中自主学习积累、在日常生活中出于个人兴趣的探索和主动参加社会培训机构的相关课程获得专业技能的，比例分别为 68.30%、33.10% 和 33.05%。我们看到，无论是在工作实践中自主学习积累，还是在工作之外主动参加社会培训机构的相关课程，都离不开软件工程师的自主选择和自我驱动，这都是以自我驱动的方式主动获得专业技能的表现。与之相对，就业单位提供的制度化培训并不是软件工程师获得专业技能的主要方式，以该方式获得专业技能的比例仅为 18.68%。

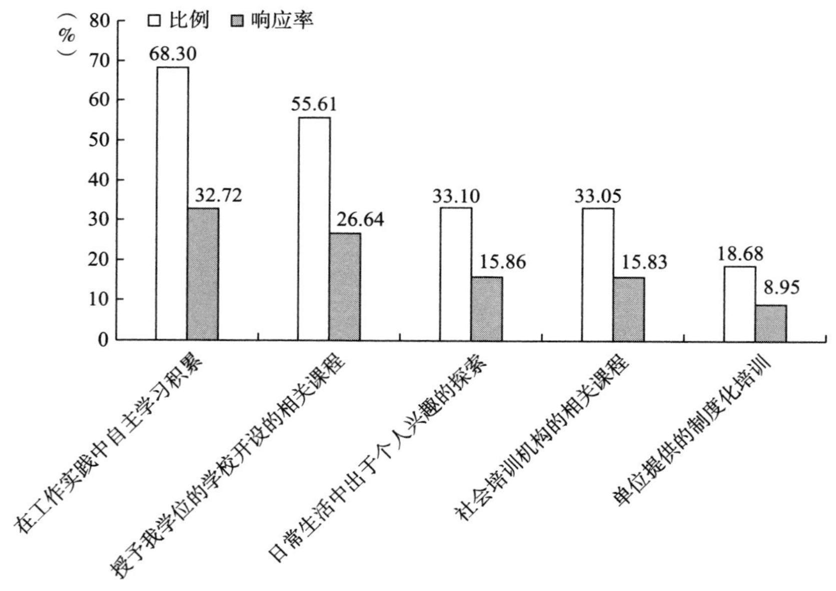

图 2 - 4 软件工程师专业技能获得的主要方式情况

调查数据还表明，不同学历、专业背景、职称等级和岗位类型的软件工程师在专业技能获得的主要方式方面存在一定程度的差异，但在求学期间学校开设的相关课程之外，软件工程师在工作实践中的自主学习积累、在日常生活中出于个人兴趣的探索和主动参加社会培训机构相关课程都是该职业群体获得专业技能的主要方式。

如图 2－5 所示，与高中及以下学历的软件工程师相比，大专及以上的软件工程师主要通过在工作实践中自主学习积累获得专业技能，大专、大学本科和硕士研究生的该比例分别为 65.13%、75.38%和 77.53%，远高于高中及以下学历的软件工程师的对应比例，中专/职高/技校、普通高中和初中及以下的对应比例分别为 47.88%、42.53%和 32.25%。与此同时，大专及以上的软件工程师在日常生活中出于个人兴趣的探索而获得专业技能的比例也更高，大专、大学本科和硕士研究生的比例分别为 31.14%、39.30%和 36.46%，远高于高中及以下学历的软件工程师的对应比例，中专/职高/技校、普通高中和初中及以下的比例分别仅为 15.41%、12.67%和 9.22%。由此可见，学历对软件工程师的专业技能获得方式具有重要影响，学历较高的软件工程师表现出更强的自主学习积累技能和出于个人兴趣探索技能的倾向。

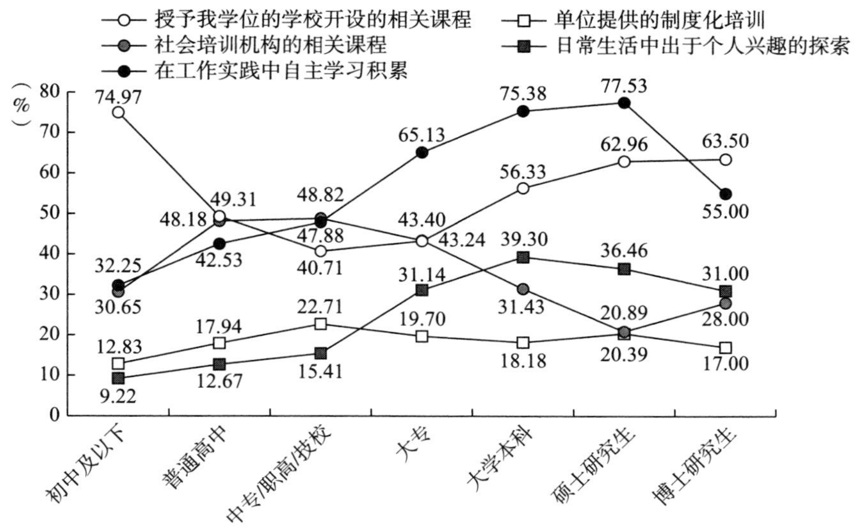

图 2－5　不同学历的软件工程师获得专业技能的主要方式情况

图 2－6 的数据显示，软件工程师的专业背景对其获得专业技能的途径

具有影响。其中，计算机软件相关专业的软件工程师主要通过在工作实践中自主学习积累、学校课程学习，以及在日常生活中的个人兴趣探索获得专业技能，三者的比例分别为 73.44%、64.76% 和 36.97%，远高于非计算机相关专业的同行。对后者而言，非计算机软件相关工程专业的软件工程师的对应比例分别是 58.49%、43.70% 和 26.73%，其他学科的软件工程师的对应比例分别是 62.64%、41.06% 和 28.03%。值得注意的是，由于是非专业出身，非计算机相关专业的软件工程师更加依赖社会培训机构的相关课程获得专业技能，其比例远高于计算机相关专业背景的软件工程师。这些数据表明，计算机软件相关专业的软件工程师在日常生活中出于个人兴趣探索专业技能或在工作实践中自主学习积累专业技能的倾向更强，而非计算机软件相关专业的软件工程师则通过社会机构的相关课程获得专业技能的倾向更强，两者在自主学习专业技能方面表现出努力方向的差异。

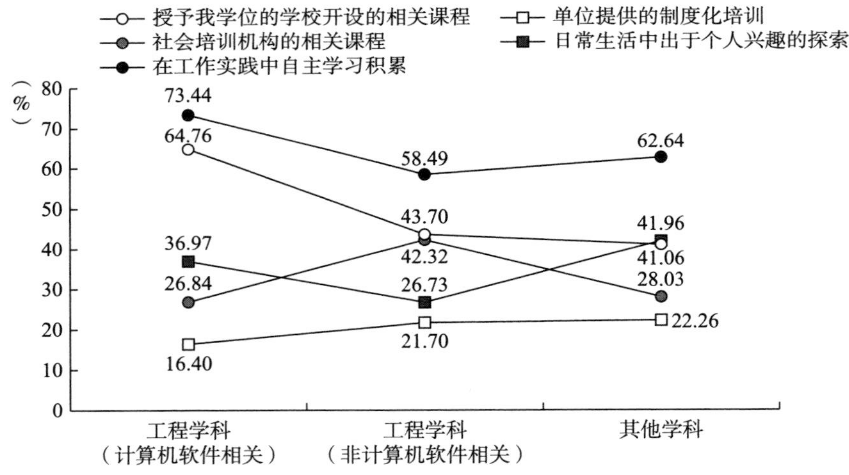

图 2－6　不同专业的软件工程师获得专业技能的主要方式情况

图 2－7 和图 2－8 的数据表明，不同岗位类型和职称等级的软件工程师在专业技能获得的途径方面也显示出一定差异。如图 2－7 所示，测试类岗位、数据类岗位、后端开发类岗位和统筹架构岗位的软件工程师通过在工

作实践中自主学习积累获得专业技能的比例更高，分别高达 79.82%、73.53%、73.00%和72.67%，超过其他岗位的软件工程师通过该方式获得专业技能的比例。与此同时，后端开发岗位和统筹架构岗位的软件工程师在日常生活中出于个人兴趣探索获得专业技能的比例也相对更高，其比例分别为40.23%和39.97%。这些数据表明，特定岗位的软件工程师（例如测试类岗位、后端开发岗位）在工作或日常生活中自我驱动学习和积累相关专业技能的倾向更强。

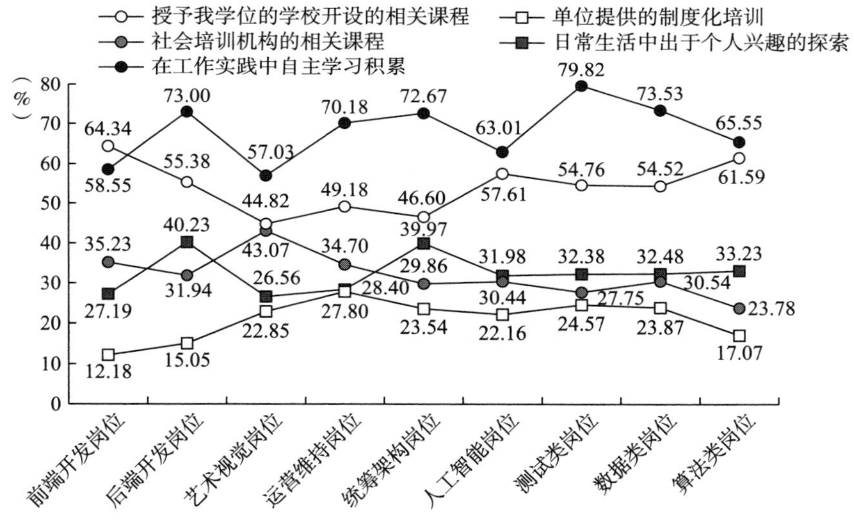

图 2-7　不同岗位类型的软件工程师获得专业技能的主要方式情况

图2-8的数据显示，职称等级的不同也会带来软件工程师专业技能获得方式的差异。其中，与初级职称和中级职称的软件工程师相比，高级职称的软件工程师通过在工作实践中自主学习积累和在日常生活中出于个人兴趣的探索获得专业技能的比例都更高，分别占比68.93%和34.03%，远高于初级职称的对应比例，后者分别占比58.75%和25.1%。由此可见，职称较高的软件工程师更倾向于在工作中自主学习或在生活中出于个人兴趣主动探索专业技能，表现出更高的专业技能学习自主性。

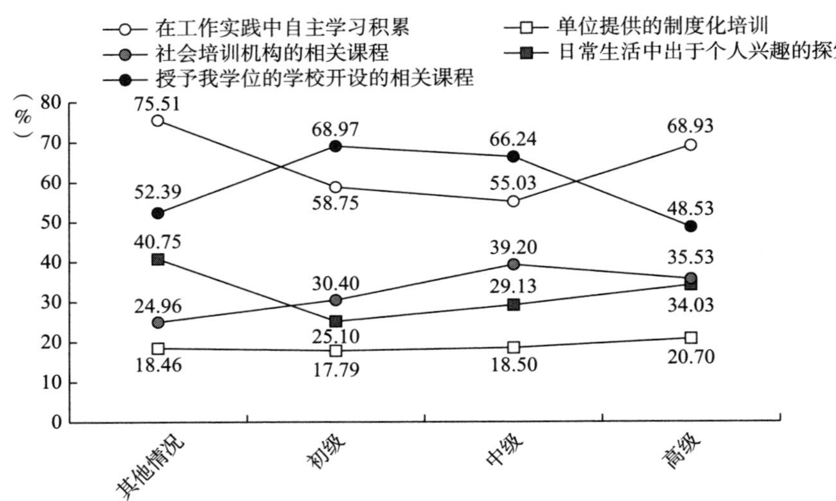

图 2－8　不同职称等级的软件工程师获得专业技能的主要方式情况

即便是在更为基础的软件领域的人才培养方面，自我驱动仍然是重要的方式之一。图 2－9 的数据表明，有 25.08% 的软件工程师认为，软件工作者的自主学习是软件领域人才培养的最重要方式，仅次于工作机构的职

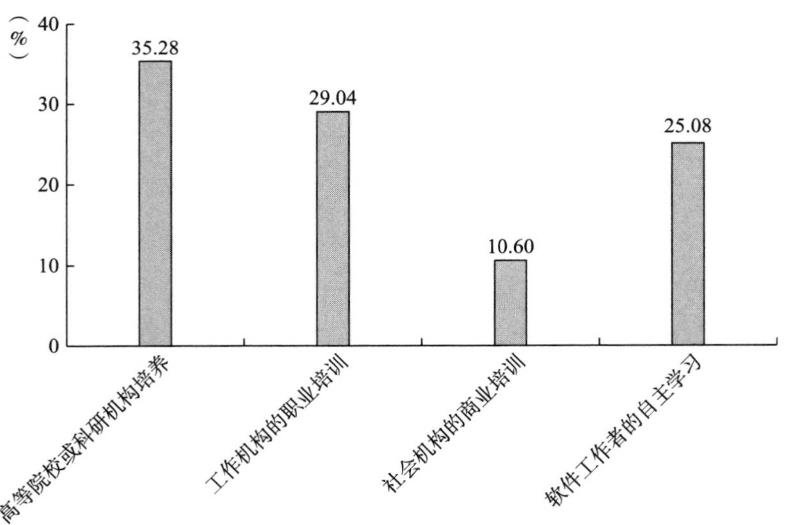

图 2－9　软件领域人才培养的最重要方式情况

业培训和高等院校或科研机构培养（比例分别为29.04%和35.28%），远高于社会机构的商业培训（比例为10.60%）。

调查数据表明，不同学历、专业背景、工作岗位和职称等级的软件工程师对软件领域人才培养方式的看法具有一定程度的差异。

如图2-10所示，大专及以上学历的软件工程师更倾向于认为高等院校或科研机构是软件人才培养的最重要方式，其次是软件工作者的自主学习，最后才是社会机构的商业培训。其中，认为高校或科研机构是软件人才培养的最重要方式的大专、大学本科和硕士研究生学历的软件工程师比例分别为35.78%、36.37%和36.71%，认为自主学习是软件人才培养的最重要方式的大专、大学本科和硕士研究生学历的软件工程师比例分别为23.00%、30.33%和28.20%，均远高于中专/职高/技校及以下学历的软件工程师的对应比例。此外，与中专/职高/技校学历的软件工程师相比，大专及以上学历的软件工程师更加不认为社会机构的商业培训是软件领域人才培养的最重要方式。由此可见，较高学历的软件工程师更偏向于认为，高等院校或科研机构培养与软件工作者的自主学习是软件领域人才培养的最重要方式。

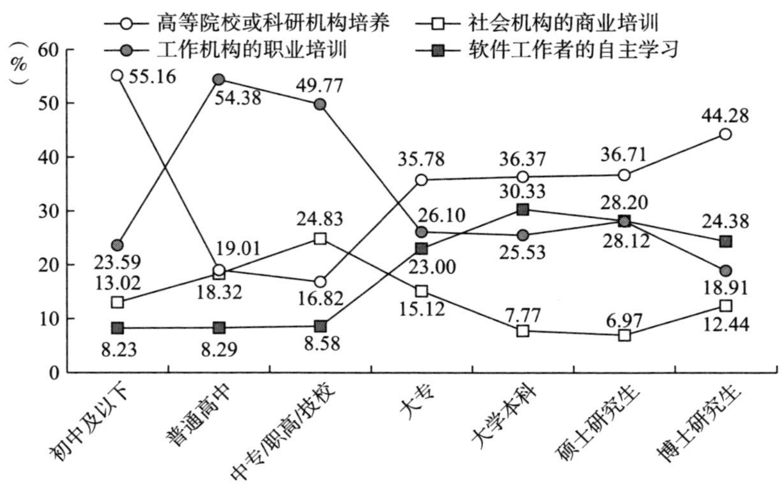

图2-10 不同学历的软件工程师认为软件领域人才培养的最重要方式情况

图2－11表明，计算机软件相关专业的软件工程师更倾向于认为高等院校或科研机构培养以及软件工作者的自主学习是软件领域人才培养的两种最主要方式，其比例分别为39.82%和29.94%。而在高等院校或科研机构培养外，非计算机软件专业的软件工程师更强调工作机构的职业培训。其中，分别有42.55%的非计算机软件相关工程学科背景的软件工程师和30.73%的其他学科背景的软件工程师，认为工作机构的职业培训是软件领域人才培养的最主要方式。不过，仍有比例不低的非计算机软件相关专业背景的软件工程师认同自主学习对人才培养的重要性，其中15.39%的非计算机软件相关专业背景的软件工程师认同前述看法，其他学科背景的软件工程师认同该看法的比例更高，达20.21%。

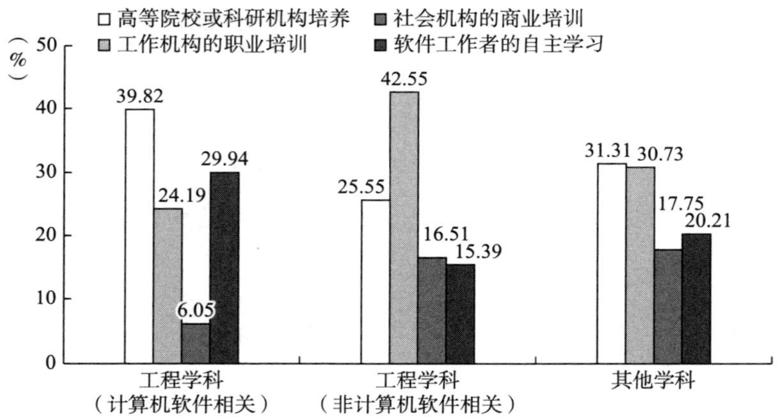

图2－11　不同专业背景的软件工程师认为软件领域人才培养的最重要方式情况

与此同时，如图2－12所示，不同岗位类型的软件工程师对软件领域的人才培养方式的看法也有所差异。其中，前端开发岗位、运营维持岗位和数据类岗位的软件工程师认同软件领域的人才该由高等院校或科研机构培养的比例最高，分别为43.30%、39.18%和39.73%；而强调软件工作者的自主学习为软件领域人才培养最主要方式的软件工程师是后端开发岗位、统筹架构岗位和算法类岗位，其比例分别为33.58%、28.84%和25.84%。

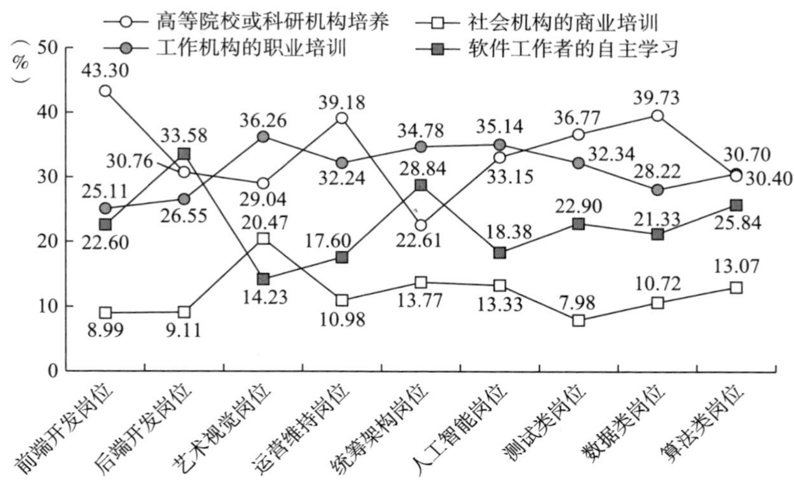

图 2-12　不同岗位类型的软件工程师认为软件领域人才培养的最重要方式的情况

以上数据表明，软件工程师无论是在最初选择进入软件相关工作方面，还是在获得职业技能方面和在人才培养渠道方面，都表现出高度的自主学习、个体兴趣驱动特点。而且，学历较高、专业背景为计算机软件相关学科、职称较高以及特定岗位类型（如统筹架构岗位、后端开发岗位等）的软件工程师具有更强的在工作中自主学习、在生活中出于个人兴趣探索的倾向，使软件工程师的入职选择、技能获得和人才培养具有更加强烈的自我驱动特点。

（二）职业获得：较高专业程度

作为信息技术产业中的一个与技术知识生产和应用高度相关的职业群体，软件工程师的职业获得通常需要较高的学历和较强的专业匹配度。

如第一章中的图 1-12、图 1-14 和本章中的图 2-13 的数据所示，绝大多数软件工程师的学历在大专及以上（比例为 82.30%），并且绝大多数要求与工作岗位相匹配的专业学位（工程学科和自然科学相关专业比例为 85.34%）。其中，本科学历的软件工程师占比最高（为 51.63%），其次为硕士研究生学历和大专学历（分别占比 16.61% 和 12.67%），还有 1.39% 的软件工程师具有博士学位。与此同时，有 59.15% 的软件工程师所学的是计算机软件类专业（如计算机科学与技术、信息与通信工程等），另有18.45%学的是与计算机软件间接相关的工科专业（如能源动力、土木工程等）。与之相对，高中及以下学历和非工科专业出身的软件工程师分别为17.70%和22.40%。

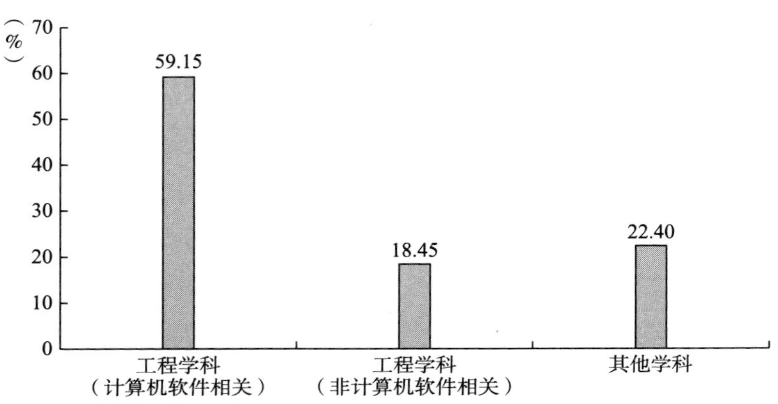

图 2－13　软件工程师所学的专业情况

进一步的分析发现，不同职称等级的软件工程师在学历准备方面都普遍有较高要求，普遍需要大专及以上学历。如图 2－14 所示，博士研究生、硕士研究生、大学本科和大专的高级职称软件工程师的比例分别为2.32%、17.32%、46.27%和11.37%，中级职称软件工程师对应的学历比例则分别为1.17%、17.30%、47.76%和11.32%，初级职称软件工程师对应的学历比例为1.01%、14.31%、49.16%和13.44%，其他职称软件工程师的学历甚至要求更高，前述对应学历的比例分别为1.18%、16.99%、59.95%和14.20%。

与此同时，不同岗位类型的软件工程师的学历准备略有差异。如图 2－15 所示，在本科层次学历方面，测试类岗位的软件工程师最多，其次是后端开发岗位的软件工程师，比例分别为65.73%和57.84%；在硕士研究生学历方面，算法类岗位的软件工程师最多，其次是人工智能岗位的软件工程师，比例分别为42.86%和27.93%；在大学专科学历方面，艺术视觉岗位的软件工程师最多，其次是人工智能岗位和数据类岗位的软件工程师，比例分别为

19.01%、14.95%和14.33%；在博士研究生方面，算法类岗位的软件工程师最多，其次是人工智能岗位的软件工程师，比例分别为6.99%和4.50%。

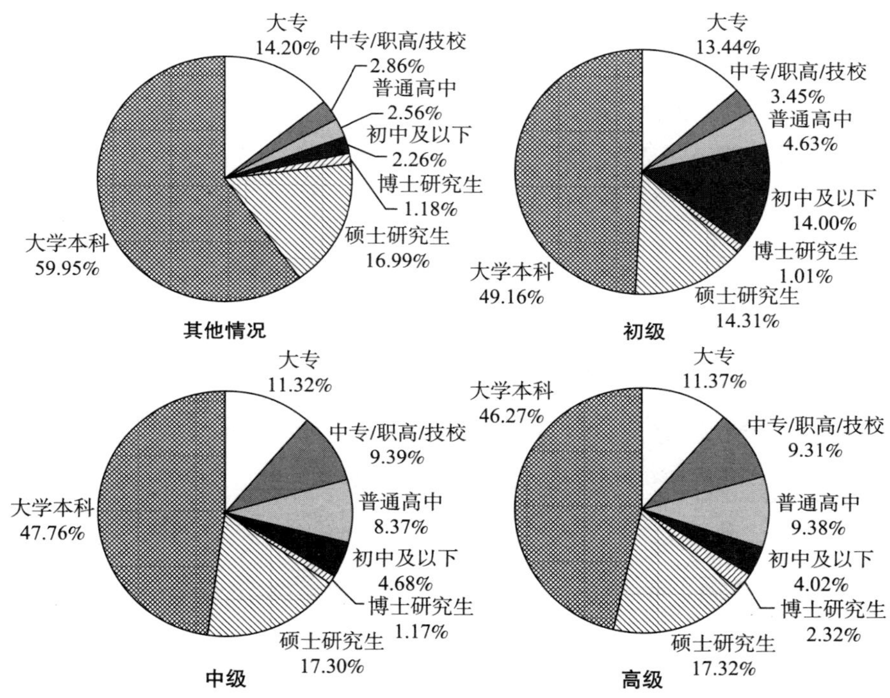

图2-14 不同职称等级软件工程师的学历情况

进一步分析发现，软件工程师的专业相关性与学历程度、职称等级和工作岗位类型密切相关。如图2-16所示，出身于计算机软件相关专业的大专、大学本科、硕士研究生及以上学历的软件工程师的比例分别为45.08%、67.65%和65.43%，高中及以下学历的软件工程师的该比例则仅为38.05%；与之相对，出身于非计算机软件工科专业的大专、大学本科、硕士研究生及以上学历的软件工程师的比例分别仅为18.54%、12.47%和16.77%，高中及以下学历的软件工程师的对应比例则高达37.54%。由此可见，学历越高的软件工程师所学专业与所从事的工作越对口，学历偏低的软件工程师，特别是高中及以下学历的软件工程师的专业相关性较弱，很大一部分属于跨专业进入软件工程师职业。

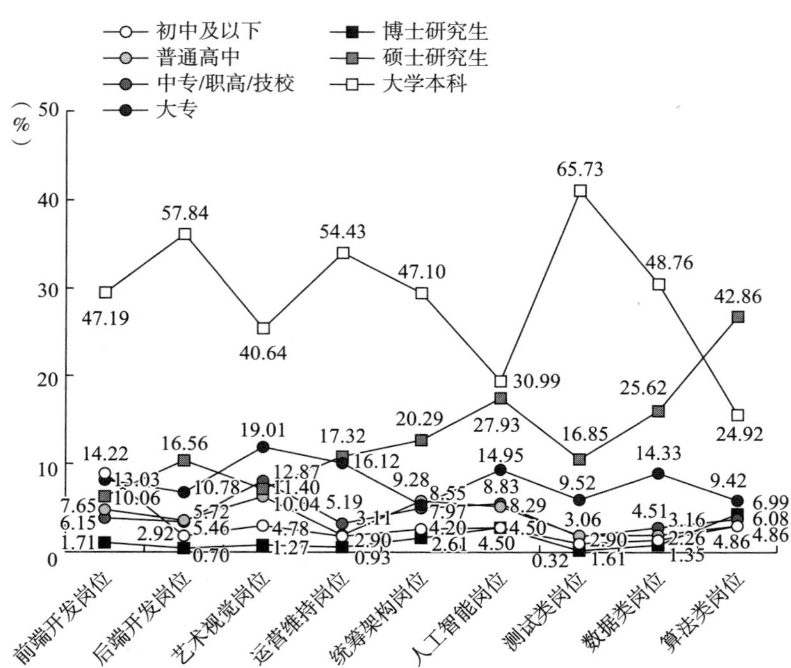

图 2－15　不同工作岗位类型软件工程师的学历情况

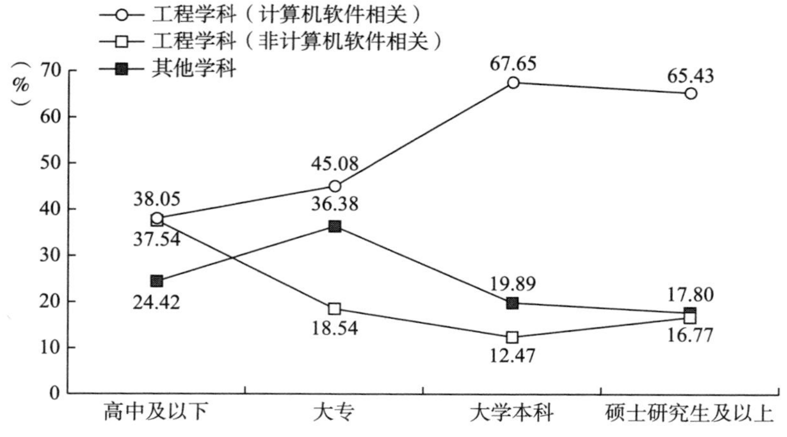

图 2－16　不同学历程度软件工程师所学的专业情况

分职称等级来看，如图 2－17 所示，高级职称和中级职称软件工程师的专业对口比例分别为 51.96% 和 55.85%，低于初级职称和其他情况的软件工程师的对应比例，其分别为 67.69% 和 61.39%。这一比例可能分别反映出近年来对新入职年轻工程师有更高的专业对口程度要求，说明软件工程师的专业学科门槛在提高。

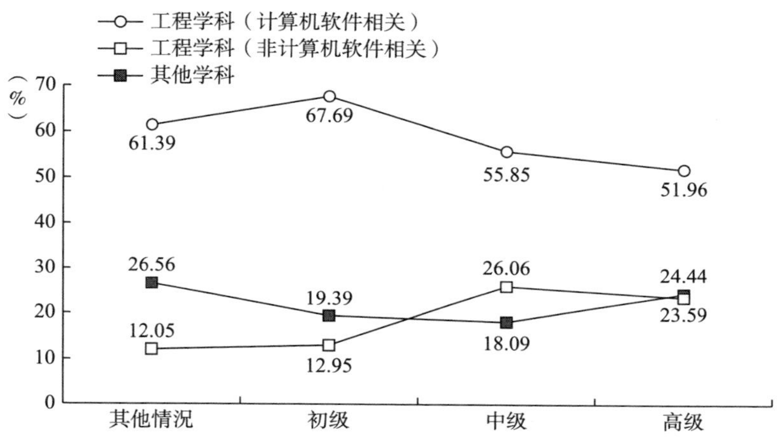

图 2－17　不同职称等级软件工程师所学的专业情况

分工作岗位来看，如图 2－18 所示，计算机软件相关专业背景的后端开发岗位、测试类岗位和前端开发岗位软件工程师占比最多，分别为 66.89%、64.84% 和 62.26%；与之相对，计算机相关专业背景的艺术视觉岗位软件工程师的比例仅为 22.61%。与此同时，其他非工科专业背景的艺术视觉岗位软件工程师的比例最高，为 47.86%，而后端开发、算法类、测试类、前端开发岗位软件工程师的对应比例较低，分别仅有 15.07%、19.45%、19.84% 和 20.24%。由此可见，艺术视觉岗位软件工程师需求的专业对口程度较低，而后端开发、前端开发、测试类、算法类岗位软件工程师则需要很高的专业对口程度。

与上述较高的学历和专业匹配度相关，收入相对较高的软件工程师也较多。如第一章中的图 1－27 的数据显示，2022 年接近一半的软件工程师的年收入在 12 万元以上，其中 11.89% 的软件工程师年收入在 24 万～36 万元，5.00% 的人年收入在 36 万～50 万元，还分别有 2.27% 和 1.30% 的人年收入在 50 万～100 万元和 100 万元以上。显然，在庞大的软件工程师内部，

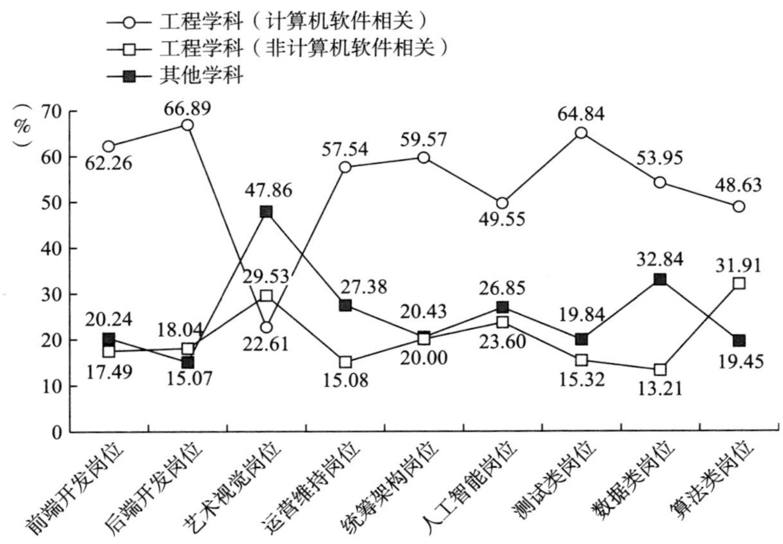

图 2－18　不同工作岗位类型软件工程师所学的专业情况

有很大一部分属于中高收入群体。

（三）职业分层：较大内部分化

尽管软件工程师是一个高学历人才较多、专业匹配度较高、收入也偏高的群体，但该职业群体内部也存在较大分化。

如第一章中的图 1－12、图 1－14 和图 1－27 所示，有一部分软件工程师学历偏低，所学专业与所从事的工作并不对口，而且收入也较低。其中，高中层次学历（含普通高中、中专/职高/技校等）软件工程师的比例为 12.09%，还有 5.61% 的软件工程师只有初中及以下学历；与此同时，有 7.05% 的人文学科、经济管理和社会科学专业毕业生入职软件工程师队伍，还有 7.61% 的其他类型专业（可能是非正规学校教育专业）毕业生也选择软件工程师工作；此外，2022 年高达 30.25% 的软件工程师的年收入在 6 万～12 万元，甚至有高达 21.14% 的软件工程师的年收入在 6 万元及以下。部分软件工程师学历偏低、专业并不对口，特别是收入严重偏低，表明软件工程师群体内部存在一定程度的分化。我们看到，该群体是一个硕士研究生及以上的高学历与高中及以下低学历并存、理工科专业对口和非正规学校教育毕业生并存，以及年收入在 50 万元甚至 100 万元以上和年收入不超过 6 万元并存的内部高度分化的职业群体。

进一步的分析发现，软件工程师内部的收入分化和学历程度、职称等级、岗位类型，乃至企业类型都密切相关。

如图 2－19 所示，高达 72.48% 的初中及以下学历软件工程师和 39.52% 的普通高中学历软件工程师 2022 年的年收入在 6 万元及以下；与之相对，有 10.37% 的硕士研究生学历软件工程师和 8.46% 的博士研究生学历软件工程师的对应年收入在 36 万～50 万元；更有 6.18% 的硕士研究生学历软件工程师和高达 37.32% 的博士研究生学历软件工程师的对应年收入在 50 万元以上。由此可见，不同学历软件工程师在收入方面的巨大分化。

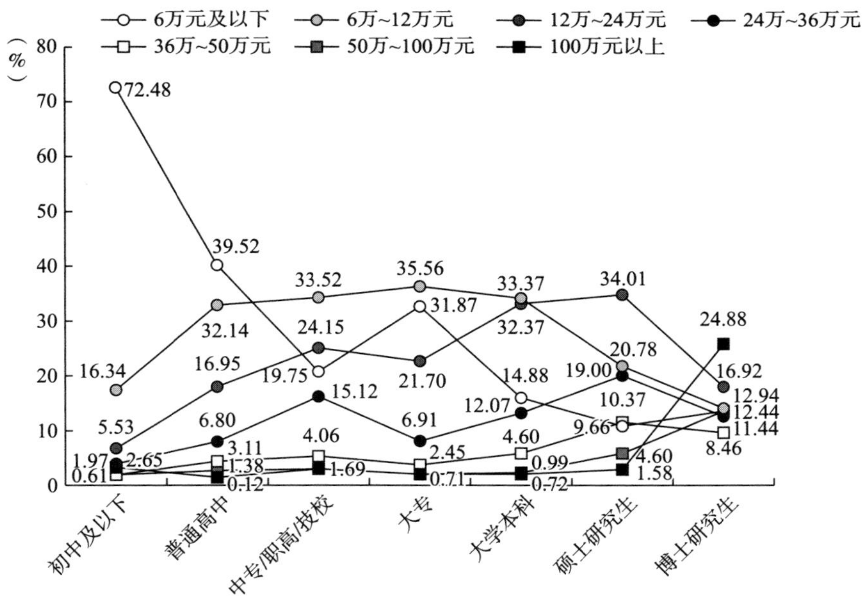

图 2－19　不同学历程度软件工程师的收入情况

图 2－20 的数据表明，高达 38.34% 的初级职称软件工程师和 20.76% 的其他情况职称软件工程师 2022 年的年收入在 6 万元及以下，两类职称软件工程师年收入在 36 万元以上的比例很少，分别仅为 2.68% 和 8.48%；与

之相对，24 万 ~36 万元、36 万 ~50 万元和 50 万元以上的中级职称软件工程师的比例分别为 11.98%、3.74% 和 1.83%，相对应的，高级职称软件工程师的比例分别为 20.98%、10.56% 和 7.54%。

图 2-21 显示，不同工作岗位的软件工程师在收入方面也存在一定差异。分别有 7.30%、6.95% 和 6.66% 的算法类岗位、统筹架构岗位和人工智能岗位的软件工程师的年收入在 50 万元以上，分别还有 13.68% 和 13.62% 的算法类、统筹架构软件工程师的年收入在 36 万 ~50 万元，另有

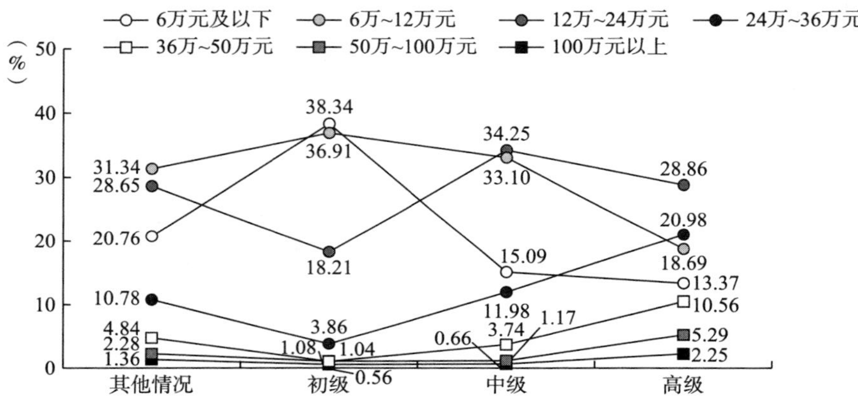

图 2-20　不同职称等级软件工程师的收入情况

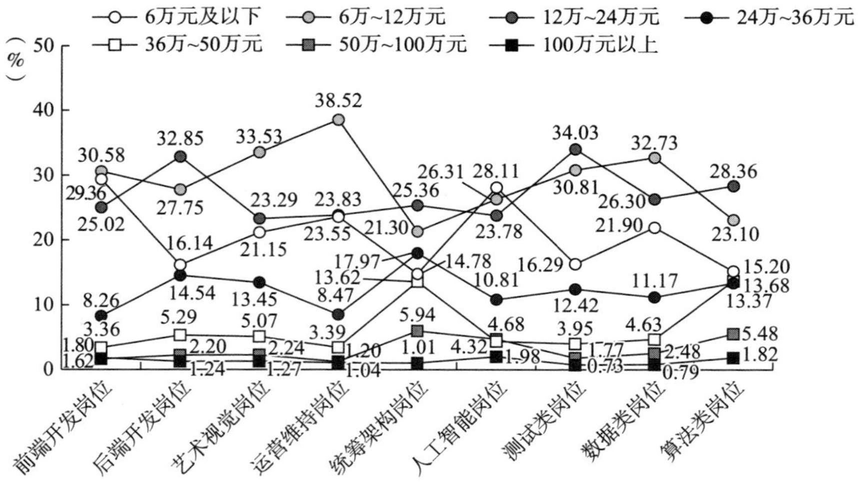

图 2-21　不同工作岗位软件工程师的收入情况

29.36%的前端开发软件工程师和28.11%的人工智能岗位软件工程师的年收入在6万元及以下。

与此同时，不同企业类型的软件工程师的年收入也出现了较大分化。如图2－22所示，个体经营企业中年收入在6万元及以下的软件工程师占比达43.88%，而民营企业（未上市）、民营企业（上市）和国有企事业单位软件工程师的对应收入比例分别只有19.82%、15.84%和21.51%。与之相对，个体经营企业中年收入在24万元以上的软件工程师的比例很低，不仅低于民营企业的对应比例，也低于国有企业或事业单位的对应比例。

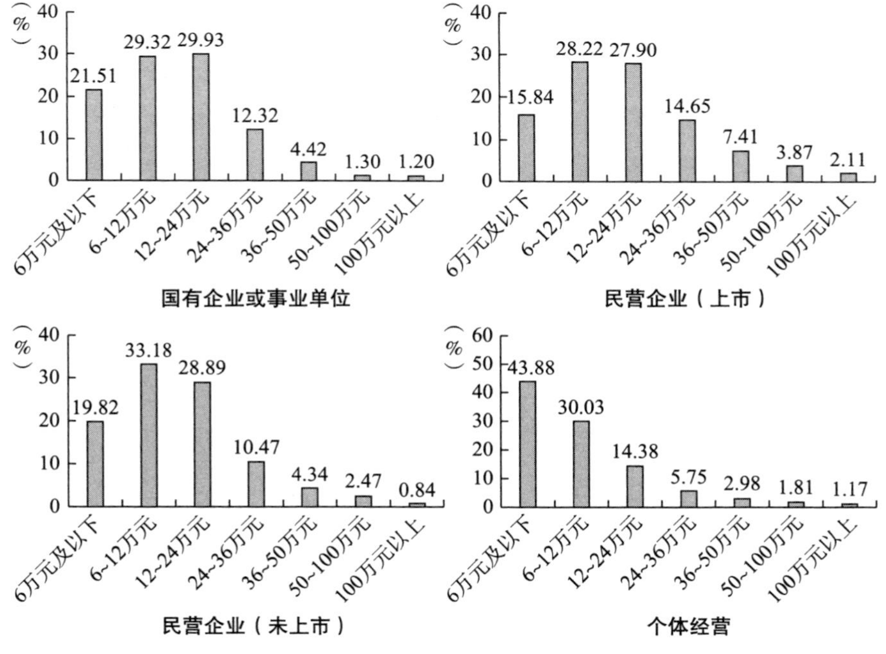

图2－22 不同企业类型软件工程师的收入情况

在上述社会经济层面的分化之外，软件工程师在财富状况和工作时间方面的差异，也表明该职业群体内部分化较大。如第一章的图1－29和图1－16的数据显示，有房有车和无房无车的软件工程师分别占比30.75%和37.05%，每周工作时间不超过40小时的软件工程师为42.13%，却有28.06%的人每周工作时间在50小时以上，其中有3.8%的人每周工作时间不少于73小时。

进一步分析表明，软件工程师的财富状况和他们的收入、工龄、职称等级和工作的企业类型密切相关。如图 2－23 所示，年收入在 6 万元及以下的软件工程师无房无车的比例高达 62.39%，而年收入在 24 万～36 万元、36 万～50 万元、50 万～100 万元、100 万元以上的软件工程师有房有车的比例分别为 41.04%、50.62%、52.42% 和 51.32%。

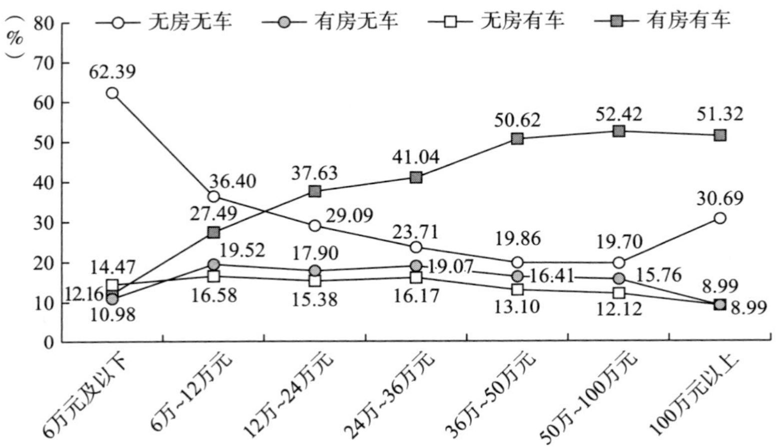

图 2－23　不同收入软件工程师的财富状况

图 2－24 的数据显示，软件工程师的工龄和财富状况密切相关。高达 55.06% 的工作不足 1 年的软件工程师和 47.82% 的工作 1～3 年的软件工程

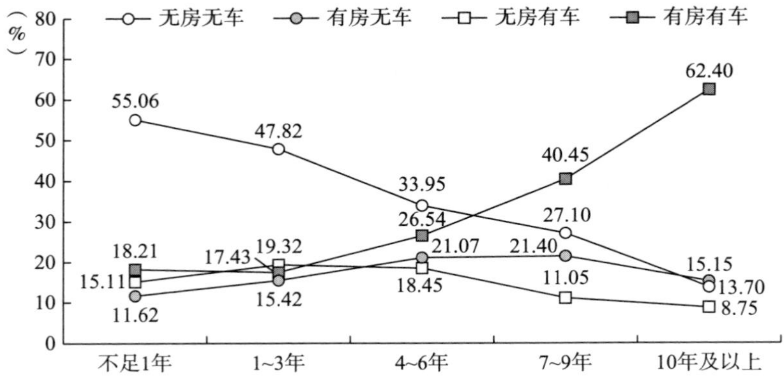

图 2－24　不同工龄软件工程师的财富状况

师无房无车；与之相对，有 40.45% 的工作 7～9 年的软件工程师和 62.40% 的工作 10 年及以上的软件工程师有房有车。

从职称情况来看，如图 2－25 所示，高达 58.67% 的初级职称软件工程师无房无车，仅有 28.37% 的中级职称软件工程师和 22.55% 的高级软件工程师无房无车；与之相对，仅有 18.66% 的初级职称软件工程师有房有车，而有房有车的中级职称和高级职称软件工程师的比例分别达 32.16% 和 35.59%。

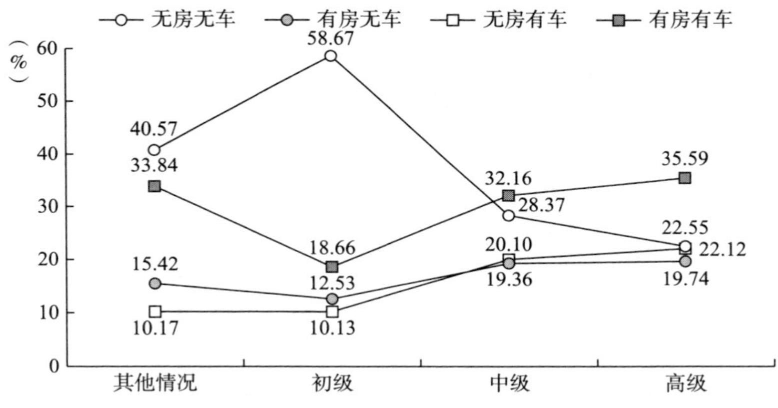

图 2－25　不同职称软件工程师的财富状况

从软件工程师工作的企业类型来看，如图 2－26 所示，在个体经营和民营企业（未上市）中工作的软件工程师无车无房的比例更高，分别为 43.98% 和 41.25%；在国有企业或事业单位工作的软件工程师有房有车的比例更高，为 37.73%，而在民营企业（上市）、民营企业（未上市）和个体经营中工作的软件工程师有房有车的比例分别仅为 25.57%、27.51% 和 20.02%。

以上调查数据表明，软件工程师是一个高度自我驱动、有较高专业程度和较大内部分化的职业群体。他们出于自我兴趣和自我驱动主动选择入职软件相关行业，也出于个人兴趣和自我参与主动学习和积累相关专业技能；该群体吸引了大量高学历人才，也要求较高的专业匹配程度，并提供了较高的收入和财富回报；但该群体内部也出现了较大分化，形成了大量高学历、高专业化程度、高收入和积累了较多财富的中上层软件工程师与部分低学历、低专业化程度，以及收入偏低和财富状况不佳的中下层软件从业人员的分层和等级。

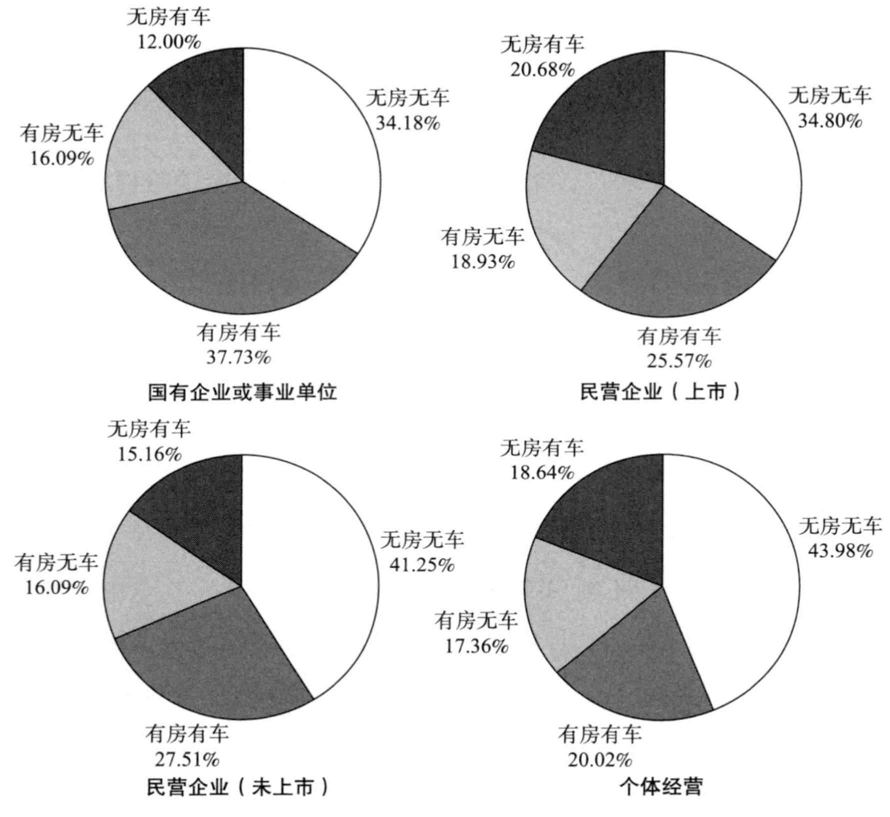

图 2－26　不同企业类型的软件工程师的财富状况

二　模块化劳动过程

由于信息技术产业的及时回应弹性化市场需求和项目式产品生产特点，软件工程师虽然被具体的公司雇用，但通常被组织在公司内部的项目下劳动，且从事着不同细分项目下更为细小的模块化劳动。项目制下的模块化劳动决定了软件工程师的劳动内容、分工协作方式和同事关系，也影响了他们的劳动时间分配和对劳动过程的主观体验。

（一）劳动过程：项目制下的模块化劳动

调查表明，软件工程师被企业雇用后通常被组织在项目下劳动。图 2－27 的数据表明，过去一年中，软件工程师参与 1 个及以下项目的比例为 29.66%，参与 2 到 4 个项目的比例为 47.74%，多达 22.60% 的人参与了 5 个及以上项目。这意味着，绝大多数软件工程师一年要参与多个项目的劳动，且很大一部分要同时在多个项目下劳动。

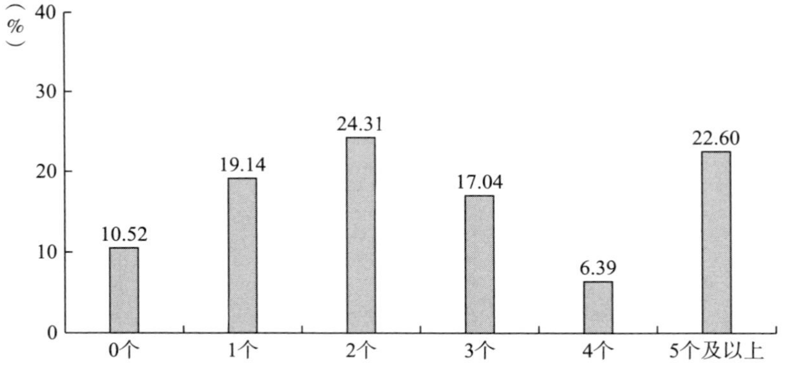

图 2－27　软件工程师过去一年参与项目开发的数量情况

进一步的数据分析表明，软件工程师参与项目的数量和他们的工作年限和职称等级密切相关。如图 2－28 所示，软件工程师累计工作年份越长，参与项目的数量也就越多。其中，工作不足 1 年的软件工程师过去一年平均参与的项目数为 1.51 个；与之相对，工作 4 年及以上的软件工程师过去一年平均参与项目数均超过 3 个。与之类似，图 2－29 的数据表明，职称等级越高，参与项目的数量越多。其中，初级职称的软件工程师过去一年参与的项目数为 2.5 个，中级和高级职称的软件工程师过去一年参与项目的个数均超过 3 个。这些数据表明，资历较浅的软件工程师主要在某个特定的项目中劳动，一旦资历加深则参与的项目数明显增多，后者通常同时在多个项目中劳动。

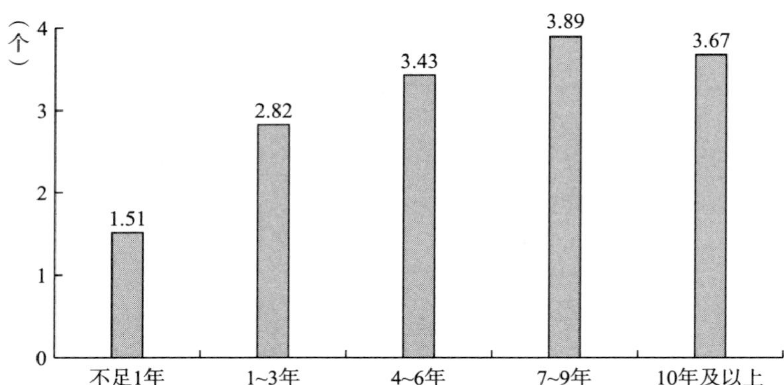

图 2-28　不同工作年限的软件工程师过去一年参与项目开发的个数情况

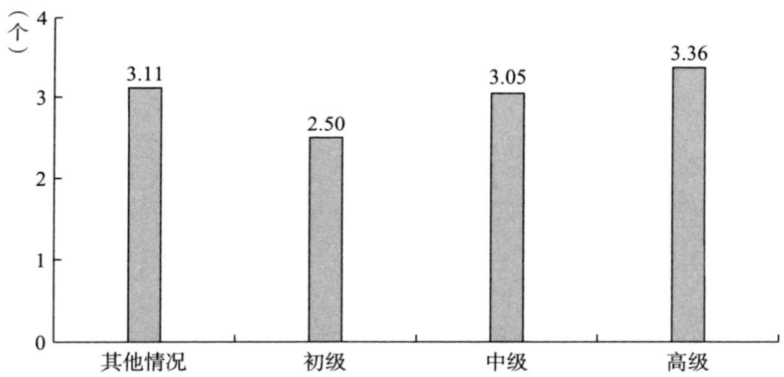

图 2-29　不同职称等级的软件工程师过去一年参与项目开发的个数情况

软件工程师参与项目的数量还与工作岗位类型、工龄和工作机构类型相关。如图 2-30 所示，过去一年，测试类岗位的软件工程师参与项目的数量最多，平均达 3.98 个；其次是后端开发和统筹架构岗位的软件工程师，平均参与项目的数量分别为 3.37 个和 3.32 个；运营维持岗位的软件工程师参与项目的数量最少，平均仅为 2.01 个。

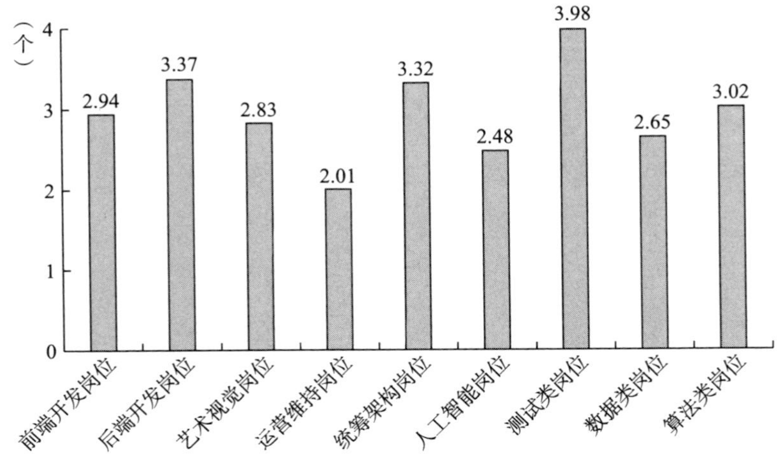

图 2－30　不同工作岗位类型的软件工程师过去一年参与项目开发的个数情况

从工龄的角度看，如图 2－31 所示，从工龄不足 1 年到 1～3 年、4～6 年、7～9 年和 10 年及以上的工龄段，软件工程师过去一年参加了 5 个及以上项目的比例从 6.01% 依次上升至 17.16%、26.42%、34.85% 和 33.36%。与此同时，工龄不足 1 年的软件工程师过去一年参与不超过 1 个项目的比例高达 63.34%，但随着工龄的提升，参与不超过 1 个项目的软件工程师的比例大幅减少。

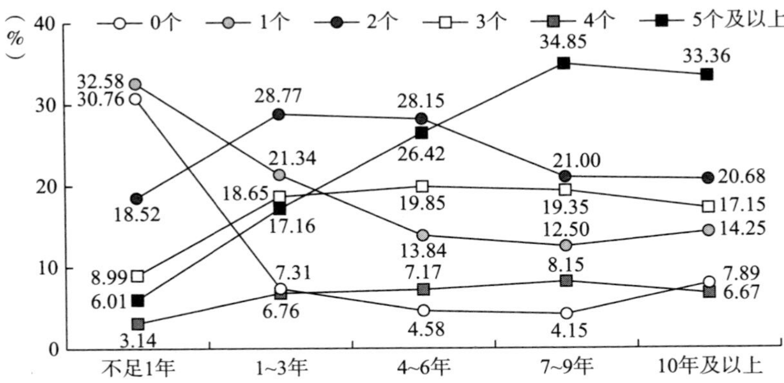

图 2－31　不同工龄的软件工程师过去一年参与不同项目开发个数的比例情况

从软件工程师工作的机构类型来看，如图 2－32 所示，在已上市和未上市的民营企业中工作的软件工程师参与项目的数量较多，分别为 3.13 个和 3.55 个，高于在国有企事业单位中工作的软件工程师，也高于个体经营的软件工程师，两者的数量分别为 2.69 个和 2.39 个。

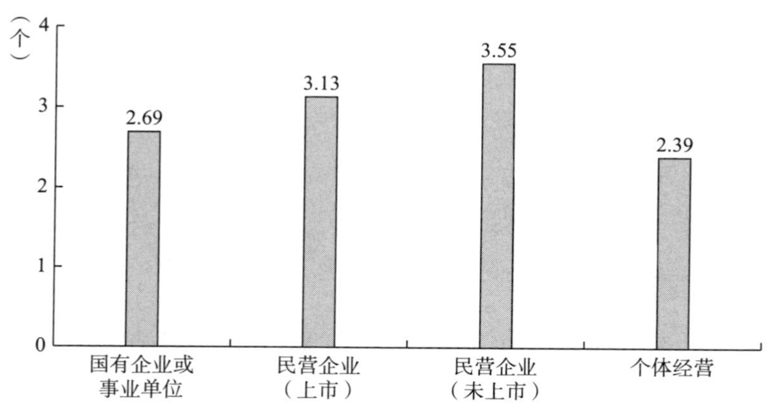

图 2－32　不同机构类型的软件工程师过去一年参与项目开发的个数情况

软件工程师在企业承接或开发的项目中并非从事整全性、多任务的劳动，而是具体承担某一项目内的较为细小的模块化劳动。事实上，企业管理者或项目统筹者通常将某个具体项目细分为一系列彼此独立却又相互关联、需要整体配合的细小模块，并将特定技术能力的软件工程师置于相应的模块劳动之下，通过模块之间的分工、组装与协调，最后拼接和统合为一个完整的项目。

调查数据表明，软件工程师所在企业通常以项目团队的方式承接某个项目的开发，项目团队内部分工明确，人员也相对稳定。图 2－33 的数据表明，软件工程师所在的项目团队一般在 10 人以内（比例为 62.52%），另有 21.37% 的软件工程师身处 11～20 人的规模较大的项目团队中，还有 16.11% 的软件工程师在超过 20 人的大项目团队中工作，其中还有 8.31% 的软件工程师的项目团队多达 31 人及以上。显然，项目团队规模越大，越需要对项目进行模块化分工，同时需要模块间的分工和协调，甚至某个较大模块内部还要进行进一步的拆解、分工和协调，由此形成一个由不同层级、不同功能的模块拼接、组合而成的项目。软件工程师就在这样的项目团队下进行模块化劳动。

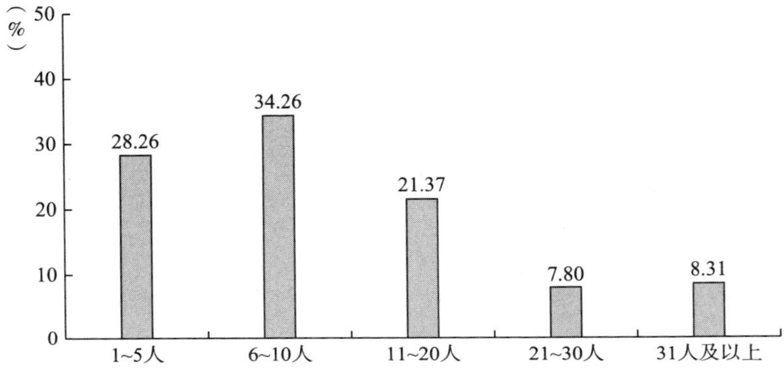

图 2－33　软件工程师所在项目团队的人数情况

进一步的数据分析显示，软件工程师所在项目团队的人数和工龄、职称等级、工作岗位类型以及机构类型密切相关。

从工龄来看，如图 2－34 所示，有 47.93% 的工作不足 1 年的软件工程师其项目团队人数通常在 5 人及以下，另有 28.79% 的该工龄段的软件工程师所在项目团队人数通常在 6～10 人，该工龄段的软件工程师所在项目团队人数为 21～30 人和 31 人及以上的比例较低，分别只有 5.23% 和 4.30%。

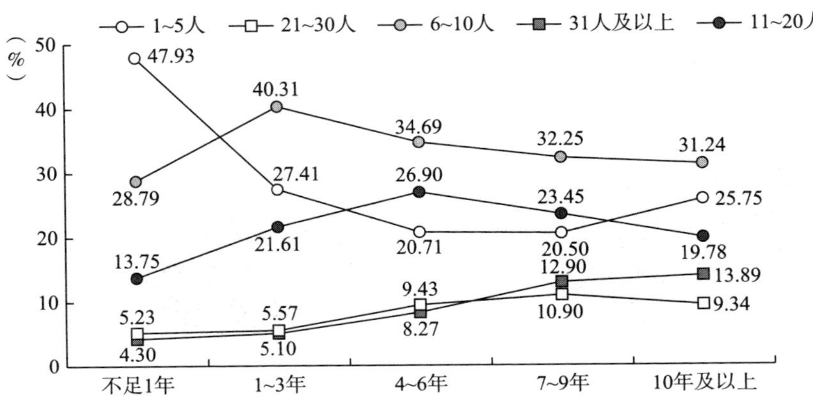

图 2－34　不同工龄的软件工程师所在项目团队的人数情况

与之相对，有 23. 23% 的工作 10 年及以上的软件工程师所在项目团队通常有 21 人及以上规模，该年龄段软件工程师所在项目团队人数通常在 1 ~ 5 人的比例为 25. 75% ，远低于工作年限不足 1 年的软件工程师所在项目团队的对应比例。

从职称情况来看，图 2 - 35 的数据显示，有 40. 70% 的初级职称软件工程师所在项目团队人数为 1 ~ 5 人，中级职称和高级职称软件工程师的对应比例分别只有 23. 54% 和 18. 30% ；与此同时，所在项目团队通常有 6 ~ 10 人的初级、中级和高级软件工程师的比例分别为 32. 59% 、38. 70% 和 35. 69% ；而所在项目团队通常有 11 ~ 20 人的初级、中级和高级软件工程师的比例分别为 14. 97% 、22. 49% 和 26. 05% ；所在项目团队通常有 21 人及以

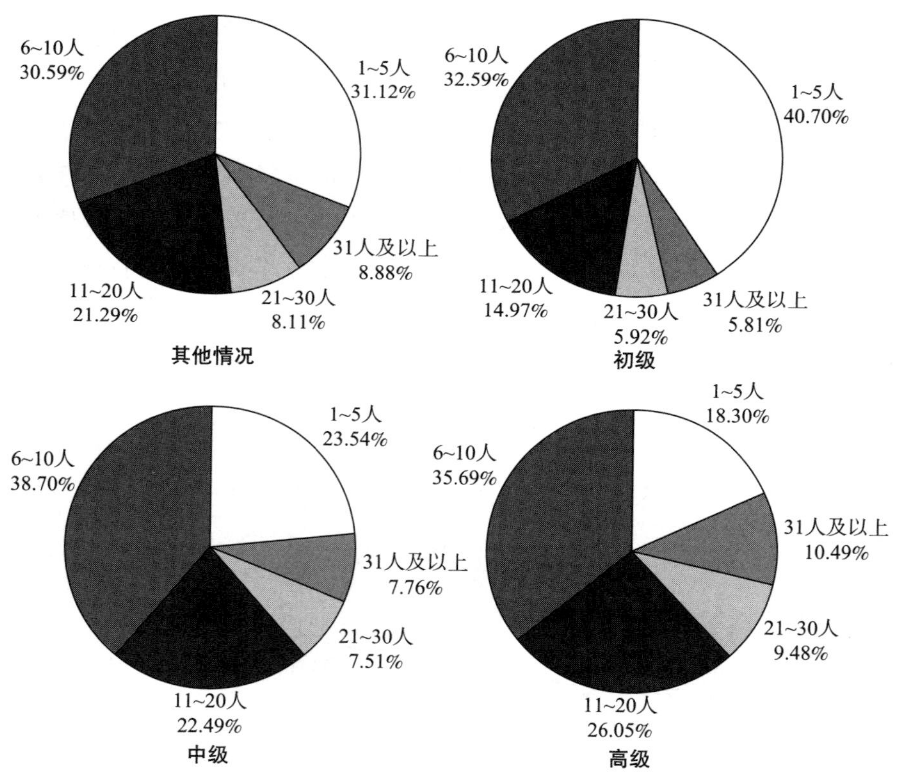

图 2 - 35　不同职称等级软件工程师所在项目团队的人数情况

上的初级、中级和高级软件工程师的比例也显示出类似的趋势，即软件工程师级别越高，所在项目团队通常具有的人数也越多。

从工作岗位类型来看，如图 2－36 所示，不同工作岗位类型的软件工程师所在的项目团队人数也有差异。

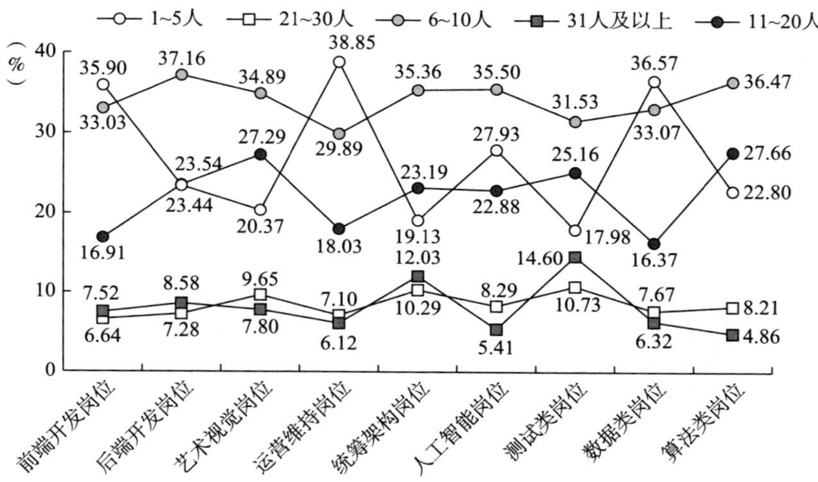

图 2－36　不同工作岗位类型软件工程师所在项目团队人数的比例情况

从软件工程师工作的机构类型来看，图 2－37 的数据显示，在个体经营机构中工作的软件工程师的项目团队偏小，项目团队人数在 1～5 人和 6～10 人的比例分别达 42.81% 和 28.43%，项目团队人数为 11～20 人、21～30 人和 31 人及以上的比例分别为 17.47%、6.28% 和 5.01%。与之相对，民营企业（含上市和未上市）的团队规模偏大，特别是 11～20 人的项目团队的占比较其他类型企业要更高，上市的民营企业该类项目团队人数的比例为 26.94%，未上市的民营企业该类项目团队人数的比例为 21.64%。

不仅如此，调查数据还表明，软件工程师所在的项目团队较为稳定，项目内的模块化劳动分工也较明确。如图 2－38 的数据显示，软件工程师所在的项目团队一般不会因承接或开发新项目而改变团队成员，特别是不会改变团队的核心成员。即便在承接新项目时组建了新的团队，在项目开发或产品生产过程中，团队成员也很少变动。只有为数很少（比例为 6.88%）

的软件工程师在承接或开发新项目时组建新团队且面临团队成员不断更换的情况。由此可见，软件工程师工作的项目团队较为稳定，他们在团队中有固定的角色和分工。考虑到项目团队较大的规模，我们可以认为，软件工程师在团队内部从事较为细小的专业化劳动，实质上是一种项目制下的模块劳动。

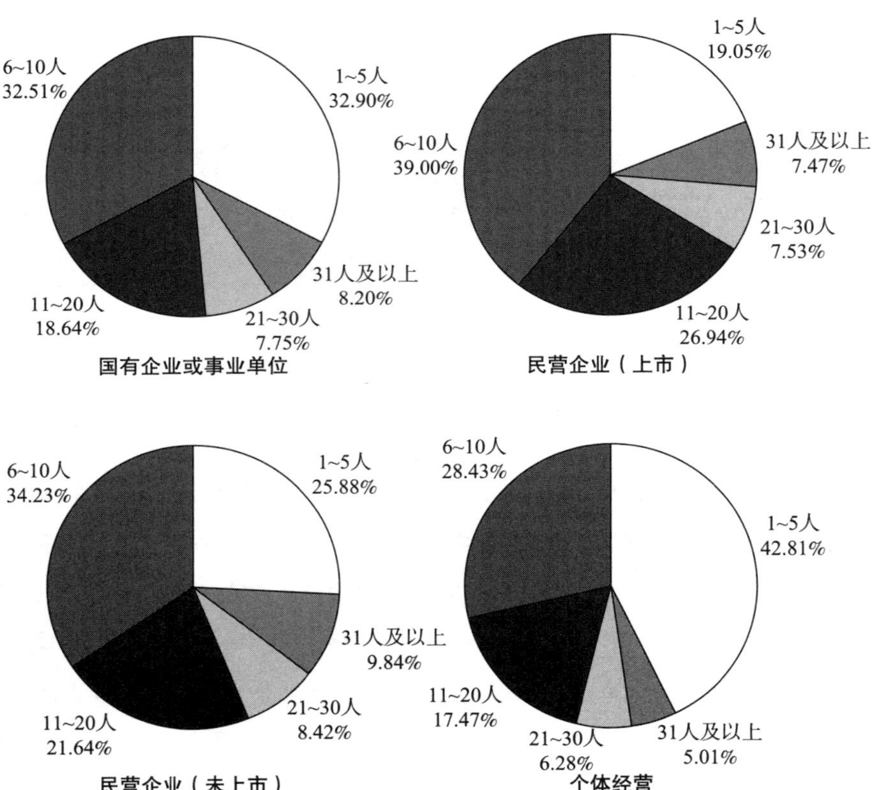

图 2－37　不同机构类型软件工程师所在项目团队的人数情况

如图 2－39 所示，总体而言，不同工龄的软件工程师所在项目团队成员的稳定性均较高。各工龄段每个项目开始都组建全新的团队，且中途经常出现人员变动的比例均在 10% 以下，各年龄段不会因新项目改变团队成员，特别是团队核心成员的比例近 80% 或高于 80% 。

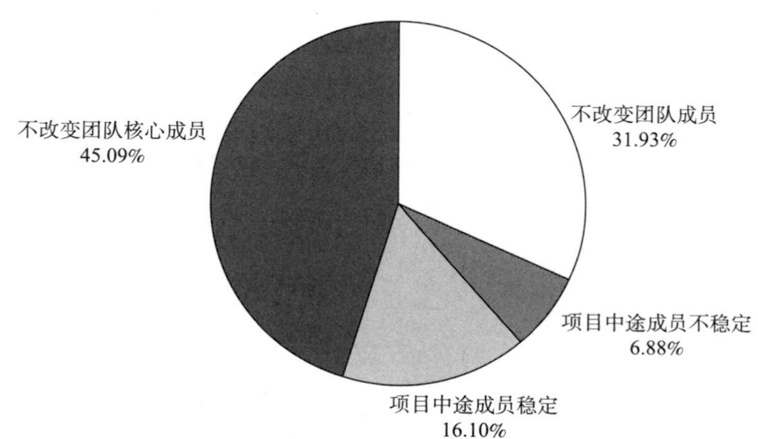

图 2－38　软件工程师所在项目团队的人员稳定性情况

注：四个变量分别对应问卷中的选项情况为："不改变团队成员"对应"团队成员稳定，不会因新项目改变团队成员"；"不改变团队核心成员"对应"团队成员较稳定，不会因新项目改变团队的核心成员"；"项目中途成员稳定"对应"每个项目开始都会组建全新的团队，但中途很少发生人员变动"；"项目中途成员不稳定"对应"每个项目开始都会组建全新的团队，且中途经常出现人员变动"。以下图中出现相关变量，情况与此相同。

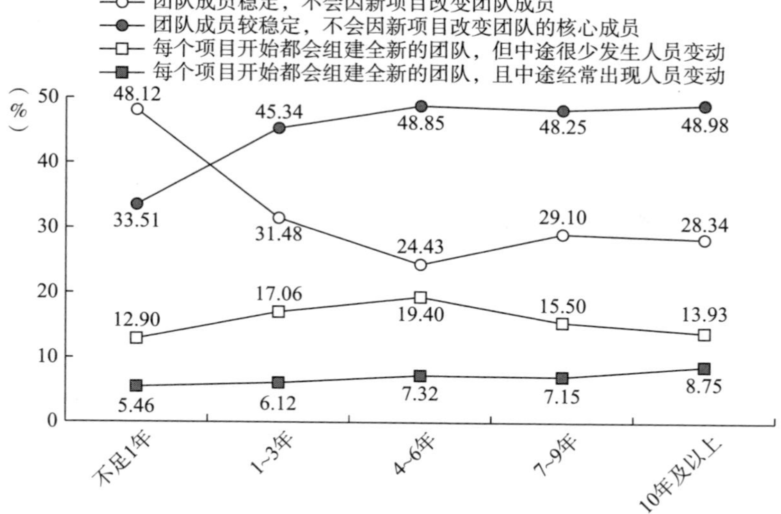

图 2－39　不同工龄的软件工程师所在项目团队的人员稳定性的比例情况

不过，调查数据也表明，软件工程师所在项目团队成员的稳定性受到他们的职称等级、岗位类型以及工作机构类型的影响。

如图 2－40 所示，尽管不同职称的软件工程师所在项目团队成员高度稳定（项目中途成员不稳定的比例均在 10% 以下），但职称等级越低的软件工程师所在项目团队成员越稳定。其中，不会因新项目改变团队成员，特别是团队核心成员的初级职称软件工程师的比例为 81.99%，中级职称软件工程师的对应比例为 77.30%，高于高级职称软件工程师的对应比例 71.24%。

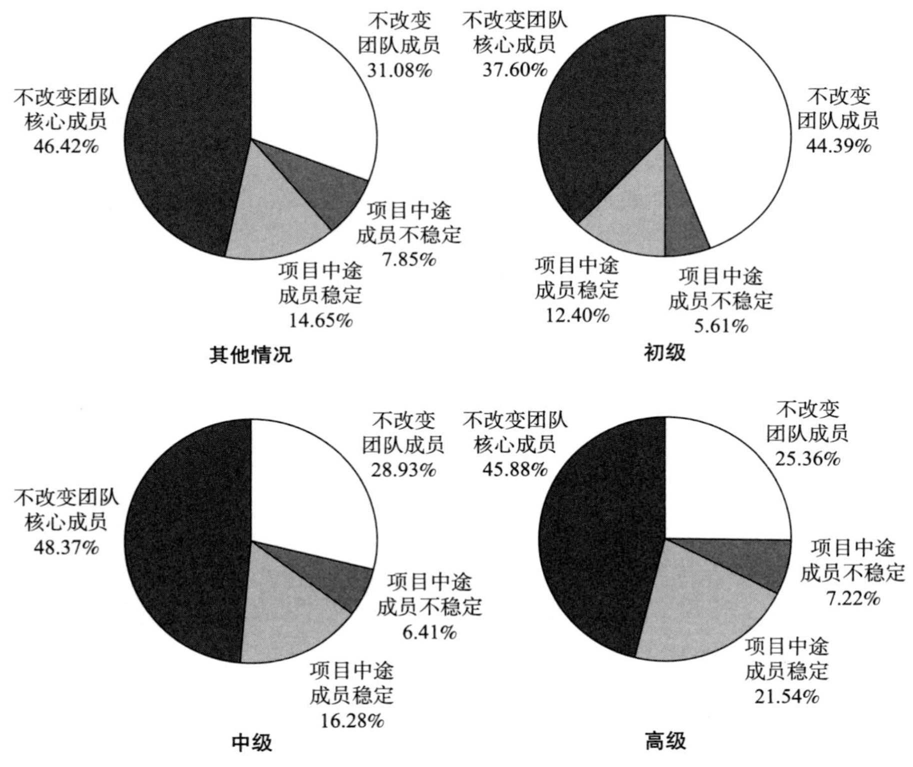

图 2－40 不同职称等级软件工程师所在项目团队的人员稳定性情况

从软件工程师的工作岗位来看，如图 2－41 所示，各工作岗位软件工程师所在项目团队成员均较稳定（中途经常出现人员变动的比例均低于 10%）；后端开发、算法类、测试类岗位软件工程师所在团队成员较稳定，不会因新项目改变团队成员的比例分别为 50.65%、50.15% 和 49.92%。

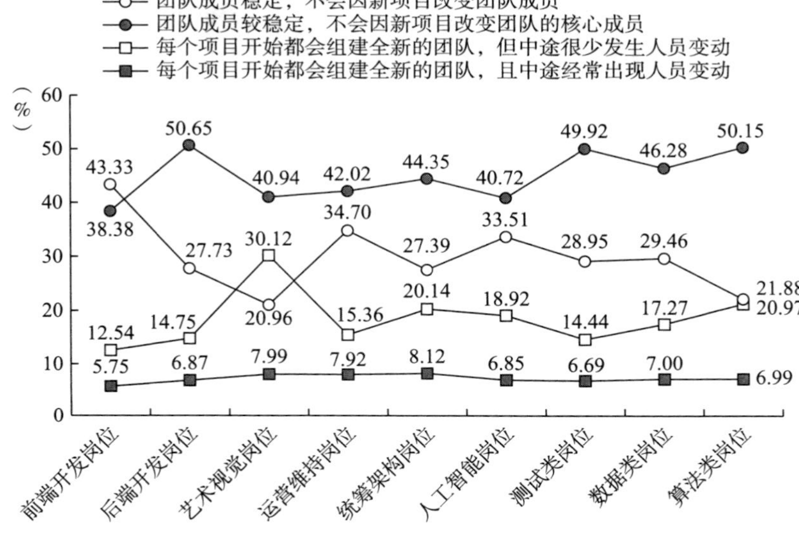

图 2-41　不同工作岗位软件工程师所在项目团队的人员稳定性情况

从软件工程师工作的机构类型来看，如图 2-42 所示，国有企业或事业单位的软件工程师所在项目团队人员不稳定性最低，项目中途成员流失的比例仅为 5.93%，在民营企业（上市）、民营企业（未上市）和个体经营中的对应比例分别为 6.43%、7.97% 和 9.58%。与此同时，前述四类机构项目团队成员，特别是核心成员稳定的比例分别高达 81.67%、72.85%、75.08% 和 71.46%。由此可见，各机构类型软件工程师所在团队成员的不稳定性都较低，但国有企业或事业单位软件工程师所在团队成员的稳定性最高。

（二）模块化劳动特点：局部任务导向与部分时空弹性

软件工程师在项目制下的模块化劳动首先具有任务导向特点，即项目被细分为众多模块、各细小模块作为一个任务整体、模块任务成为实质性的工作内容。我们的访谈资料显示，软件工程师一般要参与多个项目下的模块劳动，同时处于多个模块任务的劳动之中。他们的劳动具有鲜明的任务导向，即在一定时期内完成某项模块任务。并且，模块内部又可以进一

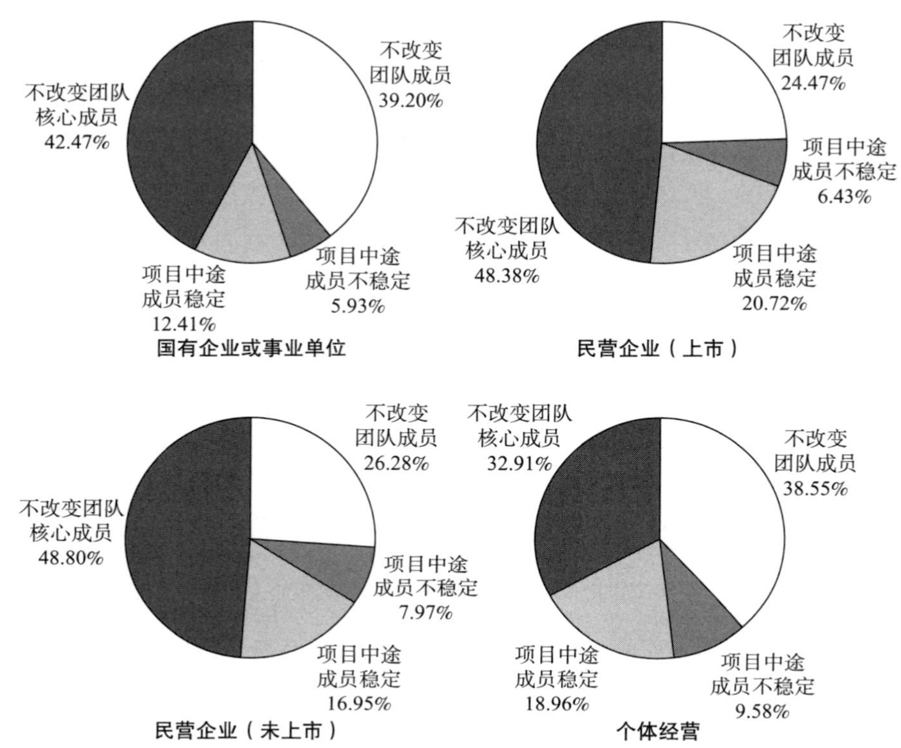

图 2－42　不同工作机构软件工程师所在项目团队的人员稳定性情况

步细分成子模块，较为细小的子模块通常成为编写程序的对象。在这种任务导向的模块化劳动过程中，软件工程师的主要精力和工作内容即完成一项项的模块任务。事实上，某项模块任务的完成与否通常标示着工作的完成与否，他们从事着“1 和 0”的代码编写工作，而任务导向的模块化劳动也使其工作具有了“1 和 0”（即成与败或完成与未完成）的整体化任务特点。

这种项目制下的任务导向的模块化劳动也让软件工程师的劳动具有一定的时空弹性特点。如图 2－43 的数据显示，软件工程师的工作时间相对具备一定的弹性。尽管 66.98% 的软件工程师所在的企业明确要求打卡且有明确的打卡时间规定，但也有近三成的软件工程师没有被所在的企业要求上班打卡，甚至有 15.60% 的软件工程师上班不会主动打卡。

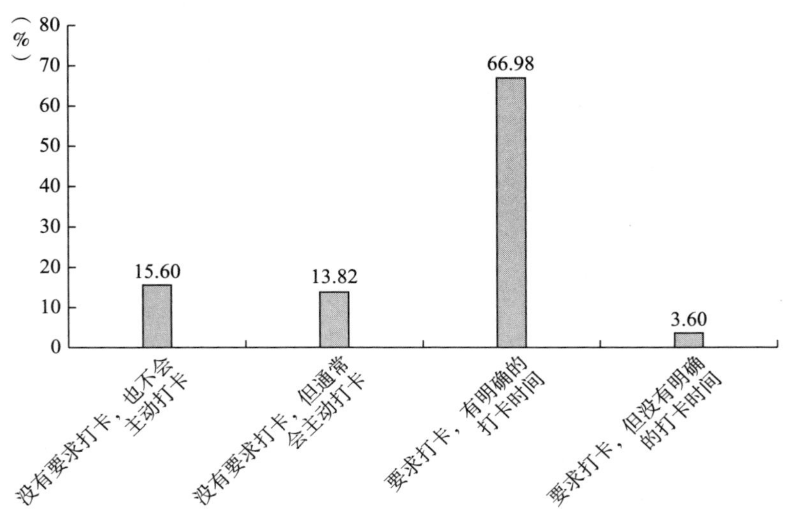

图 2－43 软件工程师的工作时间安排情况

进一步分析发现，软件工程师的工作时间弹性受其工作机构类型、职称等级、工作岗位类型、工龄和参与项目等因素的影响。

从软件工程师工作的机构类型来看，如图 2－44 所示，在个体经营类机构工作的软件工程师的工作时间弹性最高，仅 46.86% 的软件工程师被要求

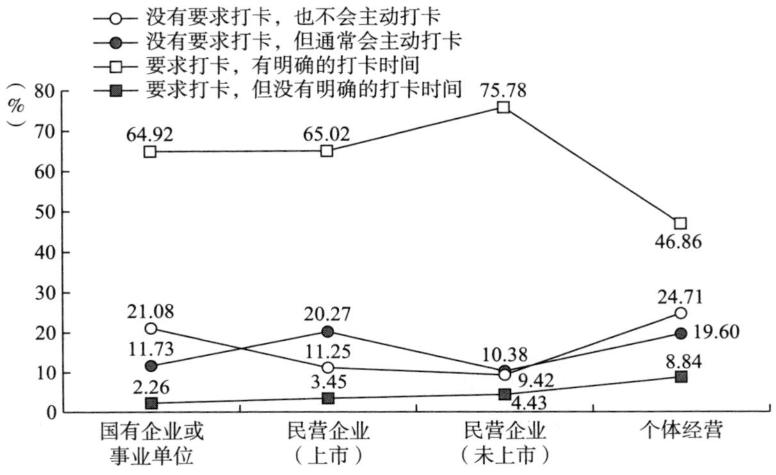

图 2－44 不同机构类型软件工程师的工作时间安排情况

在明确的时间打卡，没有打卡要求的软件工程师的比例为 44.31%，其中 24.71% 的软件工程师不会主动打卡。与之相对，未上市的民营企业对软件工程师的工作时间管控最严，高达 75.78% 的此类机构软件工程师被要求在明确的时间打卡，没有要求打卡也不会主动打卡的软件工程师的比例仅为 9.42%。国有企业或事业单位和上市民营企业机构的软件工程师的工作时间弹性则居于前述两者之间。

从职称等级来看，如图 2－45 所示，职称等级越高的软件工程师相对拥有更大的工作时间弹性。其中，明确要求在规定时间打卡的高级职称软件工程师的比例为 61.18%，低于初级职称软件工程师的对应比例（为 63.37%），没有打卡要求但通常会主动打卡的高级职称软件工程师的比例远高于初级职称软件工程师的对应比例，两者分别为 20.39% 和 10.17%。

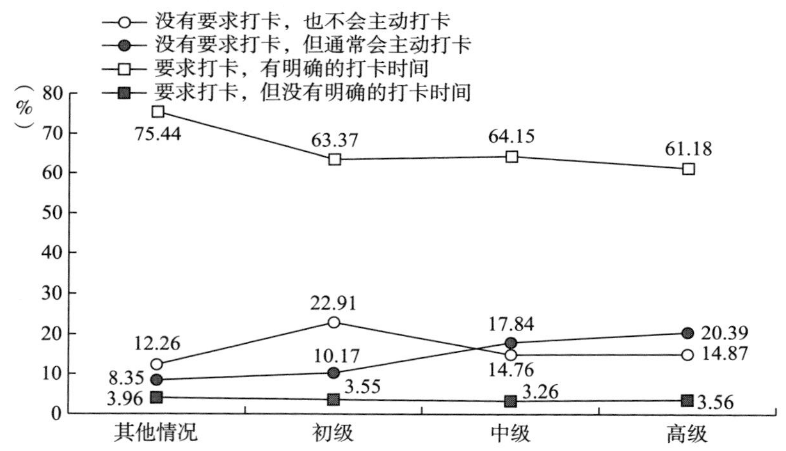

图 2－45　不同职称等级软件工程师的工作时间安排情况

从软件工程师的工龄来看，如图 2－46 所示，工龄越长的软件工程师所具有的工作时间弹性越低。其中，工作不足 1 年的软件工程师被明确要求在规定时间打卡的比例仅为 49.48%，随着工龄的延长，该类时间规定越发严格，工作 7～9 年的软件工程师被明确要求在规定时间打卡的比例高达 81.45%；与之相对，没有打卡要求且不会打卡的工作不足 1 年的软件工程师的比例为 26.68%，但随着工龄的延长，该类时间规定变得更加严格，工作 7 ~9 年的软件工程师没有要求打卡且不会主动打卡的比例仅为 8.85%。

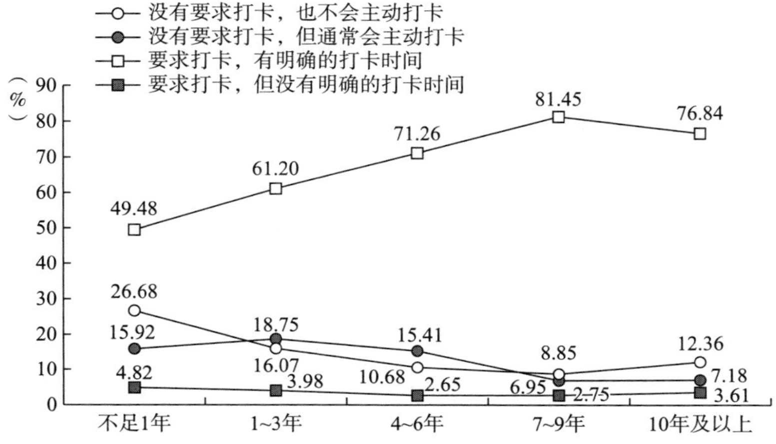

图 2-46　不同工龄等级软件工程师的工作时间安排情况

不同岗位类型的软件工程师的工作时间弹性也有差异。如图 2-47 所示，测试类、后端开发和数据类岗位软件工程师的时间弹性最低，各自被

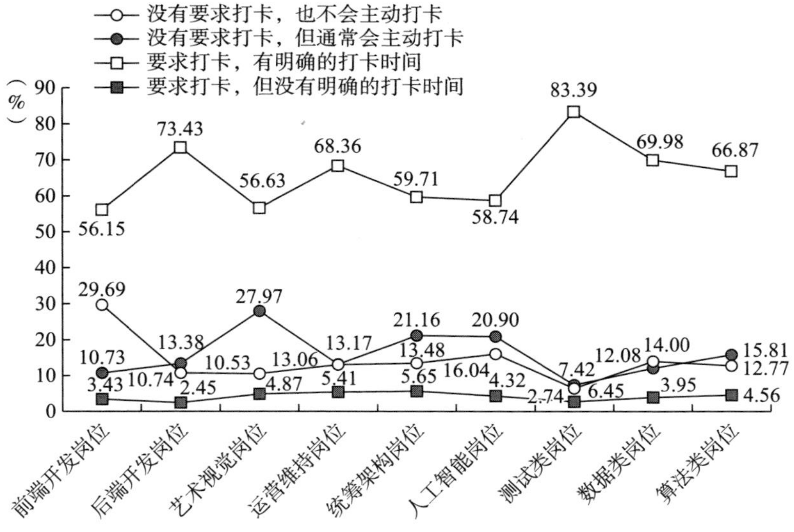

图 2-47　不同工作岗位软件工程师的工作时间安排情况

明确要求在规定时间打卡的比例分别为 83. 39% 、73. 43% 和 69. 98% ；而前端开发和艺术视觉岗位的软件工程师的工作时间弹性相对较高，前者不要求且也不会主动打卡的比例为 29. 69% ，后者不要求打卡但通常会主动打卡的比例为 27. 97% 。

最后，从软件工程师参与开发的项目来看，如图 2 – 48 所示，软件工程师参与开发的项目越多，他们感受到的工作时间弹性越低。其中，近 55% 的参与不超过 1 个项目的软件工程师被明确要求在规定时间内打卡，但随着参与项目的增多，工作的时间弹性迅速降低，参与 5 个及以上项目的软件工程师被明确要求在规定时间打卡的比例高达 83. 84% 。与之相关，参与项目越少的软件工程师工作的时间弹性越高，超过 40% 的参与不超过 1 个项目的软件工程师没有打卡要求，但随着参与项目的增多，其工作时间弹性迅速降低。

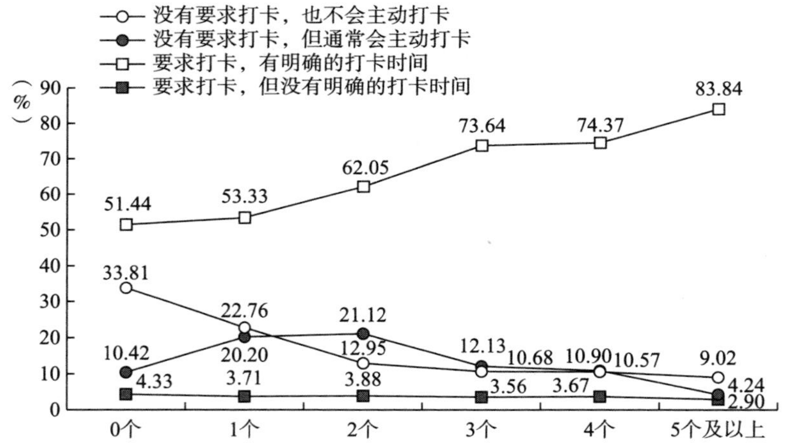

图 2 – 48　不同项目参与数量的软件工程师的工作时间安排情况

不仅如此，软件工程师的工作地点也相对具有弹性。如图 2 – 49 所示，尽管有 79. 49% 的软件工程师在企业提供的固定地点办公，但有 16. 39% 的软件工程师可以在单位提供的各地点灵活办公，还有 4. 11% 的人可以在单位之外的地点办公。

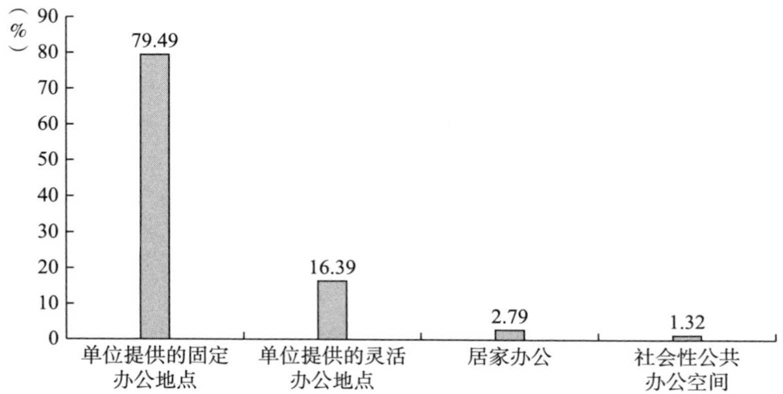

图 2－49　软件工程师的办公地点安排情况

如图 2－50 所示，不同工作岗位的软件工程师在工作地点的选择自由度上略有差异。其中，艺术视觉岗位的软件工程师办公地点的灵活性最高，仅 53.02% 的用人单位为其提供了固定的办公地点，有 35.58% 的人可以在单位提供的灵活办公地点办公，还有 7.50% 和 3.90% 的此类软件工程师可以分别居家办公和在社会性公共办公空间办公。与之相对，测试类、数据类、后端开发和前端开发类软件工程师的办公地点较为固定，分别有

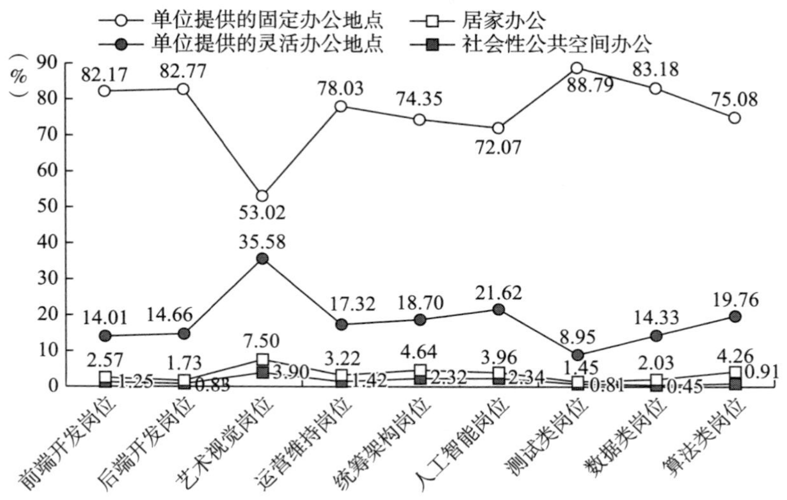

图 2－50　不同工作岗位软件工程师的办公地点安排情况

88.79%、83.18%、82.77%和82.71%的人需要在单位提供的固定地点办公，测试类岗位软件工程师居家办公和在社会性公共办公空间办公的比例分别低至1.45%和0.81%。

如图2-51所示，不同职称等级软件工程师的办公地点也有一定程度的差异。总体来说，职称等级越高，办公地点越灵活。高达84.99%的初级职称软件工程师需要在单位提供的固定办公地点办公，而高级职称的对应比例仅为69.41%；与此同时，能够居家办公和在社会性公共办公空间办公的初级职称软件工程师非常少，高级职称软件工程师的对应比例分别为4.41%和1.73%。

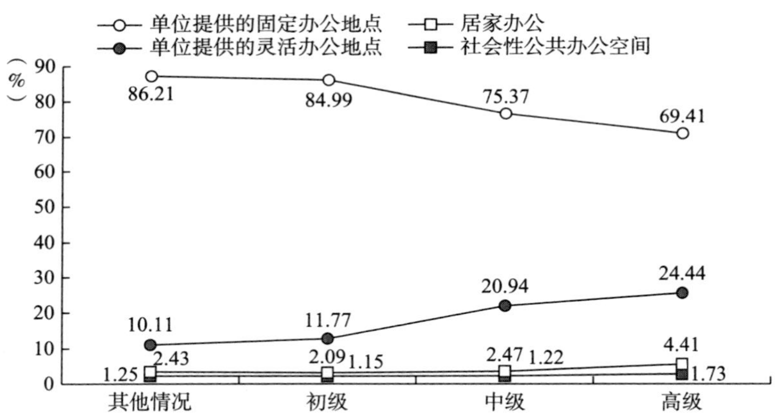

图2-51 不同职称等级软件工程师的办公地点安排情况

此外，工作机构类型对软件工程师的办公地点选择也有一定影响。如图2-52所示，在个体经营机构工作的软件工程师的工作地点最为灵活，需要在单位提供的固定地点办公的比例为55.38%，有21.51%的此类机构软件工程师可以在单位提供的灵活办公地点办公，还有14.91%和8.20%的人可以分别选择在家办公和到社会性公共空间办公。与之相对，国企事业单位机构中的软件工程师的办公地点较为固定，高达88.23%的此类机构的软件工程师需要到单位提供的固定地点办公，另有10.40%的此类软件工程师可以在单位提供的灵活办公地点办公，可以居家和到社会性公共办公空间灵活办公的比例很低，分别只有 0.76% 和 0.61%。

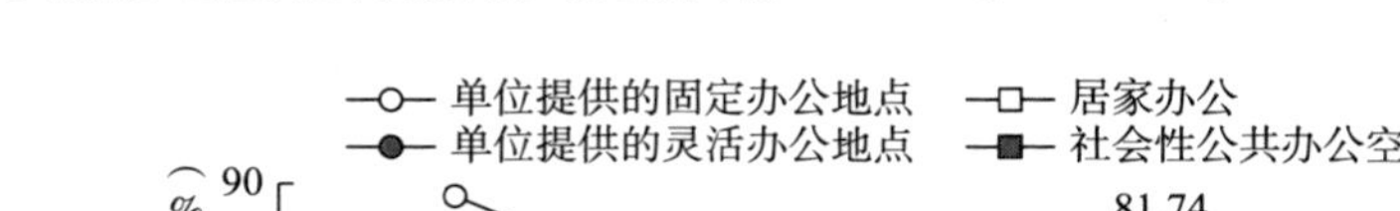

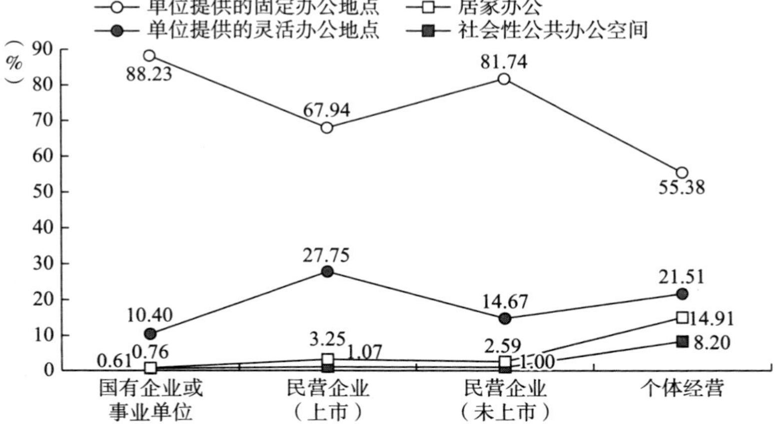

图 2-52　不同工作机构类型软件工程师的办公地点安排情况

以上数据表明，软件工程师在项目制下从事较为细小的模块化劳动，这种劳动方式具有鲜明的任务导向特点，也让劳动的时空安排具有一定的弹性。事实上，项目团队负责人或管理者通常将项目分解成细小的模块，软件工程师根据专业技术能力被置于相应的模块之下，从事分工明确且固定的模块化劳动。这种劳动方式以模块任务为导向，模块任务既是软件工程师最主要的工作内容，也支配着他们的工作时间节奏，影响着同事之间的等级、分工和协作关系。本节的调查数据表明，模块化劳动具有稳定且数量较多的团队成员、明确且相互配合的团队分工，以及相对灵活的劳动时间和办公地点。这种劳动方式一方面让软件工程师在自己负责的模块任务之内具有高度的自主性，让他们以相对灵活的方式完成模块任务；另一方面也局限了软件工程师的视野，让他们很难超出所负责的模块去了解其他模块、模块间的配合以及整个项目的技术和运作。从这个意义上说，除了某项特殊的岗位（如统筹架构岗位）之外，软件工程师是被限定在专业化模块任务之内的局部的专业技术人员，模块任务成为他们的工作内容，也支配着他们的工作时间节奏，同时影响着他们与其他模块任务同事的关系。当然，我们也看到，不同岗位类型、职称等级、工龄和工作机构的软件工程师，在参与项目的数量、所在项目团队成员的稳定性、工作时间和办公地点的灵活性方面存在差异。

三　持续挑战的职业生涯

项目制下的模块劳动影响了软件工程师的职业生涯发展，让他们必须随着项目及其模块任务的不断变化而持续地学习和更新技术知识和职业技能，从而让职业生涯充满持续挑战，甚至让他们持续面临职业焦虑。

（一）持续挑战的新技术学习

信息技术产业的重要特点是处在技术变革前沿，需要及时回应市场最新需求，企业必须通过迅速的技术更新对接新的项目要求。企业承接的项目或开发的产品发生变化，项目内的模块任务也需要相应做出更新。由于软件工程师一年要完成多个项目，甚至在同一段时间内要参与多个项目，他们就必须持续学习新知识、更新新技术，以达到各个项目内的不断变化的模块劳动要求。这种不断变化的项目制下的模块劳动对新知识和新技术的持续需求，通常要求软件工程师不断学习新的编程语言或新的软件系统，成为该职业群体必须持续面对的重要挑战。

调查数据表明（见图 2 - 53），有 26.42% 的软件工程师认为掌握一种新的编程语言或软件系统比较困难和非常困难，高于认为学习前述新技术比较简单和非常简单的软件工程师的比例（即 23.50%）。

进一步的数据分析显示，软件工程师掌握一种新的编程语言或软件系统的难易程度与工龄、岗位类型等密切相关。

如图 2 - 54 所示，随着工龄的增长，软件工程师掌握一种新的编程语言或软件系统的困难程度大幅下降。对于工作不足 1 年的软件工程师而言，掌握一种新的编程语言或软件系统比较困难和非常困难的比例达 21.54% 和 22.98%；等到他们工作 1 ~ 3 年之后，前述两者的对应比例分别为 8.48% 和 20.96%；工龄延长至 7 ~ 9 年之后，前述两者的对应比例进一步分别下

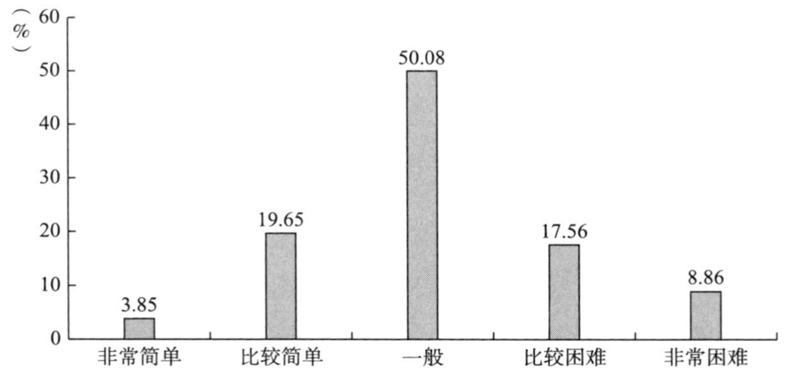

图 2－53　软件工程师认为掌握一种新的编程语言或软件系统的难易程度情况

降为 11.90% 和 4.25%。与之相关，随着工龄的延长，软件工程师掌握一种新的编程语言或软件系统也逐渐变得较为容易。由此可见，工龄的延长在一定程度上有助于软件工程师学习新编程语言或熟悉新软件系统。

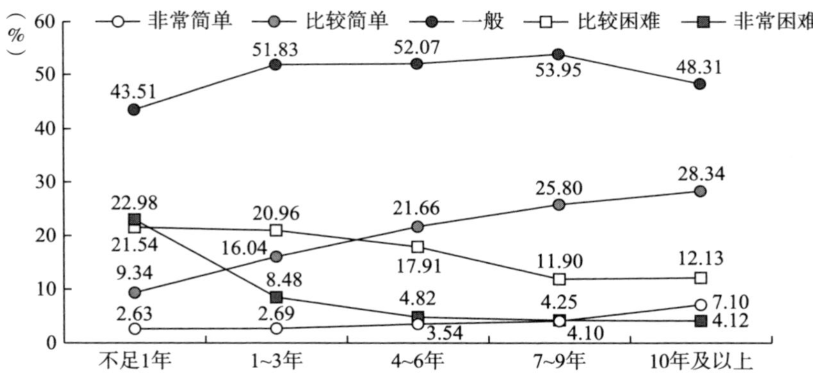

图 2－54　不同工龄软件工程师认为掌握一种新的编程语言或软件系统的难易程度情况

不过，调查数据还表明，不同工作岗位的软件工程师掌握一种新的编程语言或软件系统的难易程度并不一致。如图 2－55 所示，认为掌握一种新的编程语言或软件系统非常困难和比较困难的软件工程师中，比例最高的是艺术视觉岗位和前端开发岗位的软件工程师，分别达 37.71% 和 33.58%。与之相关，认为掌握一种新的编程语言或软件系统非常简单和比较简单的软件工程师中，比例最高的是统筹架构岗位和后端开发岗位的软件工程师，分别为 34. 79% 和 31. 24% 。但值得注意的是，各种岗位的软件工程师认为掌握一种新的编程语言或软件系统非常简单的比例都很低，除了统筹架构岗位的软件工程师之外，其他岗位软件工程师的该比例都低于 6% 。这一数据也反映出软件工程师较为普遍存在的掌握一种新的编程语言或软件系统的困难程度。

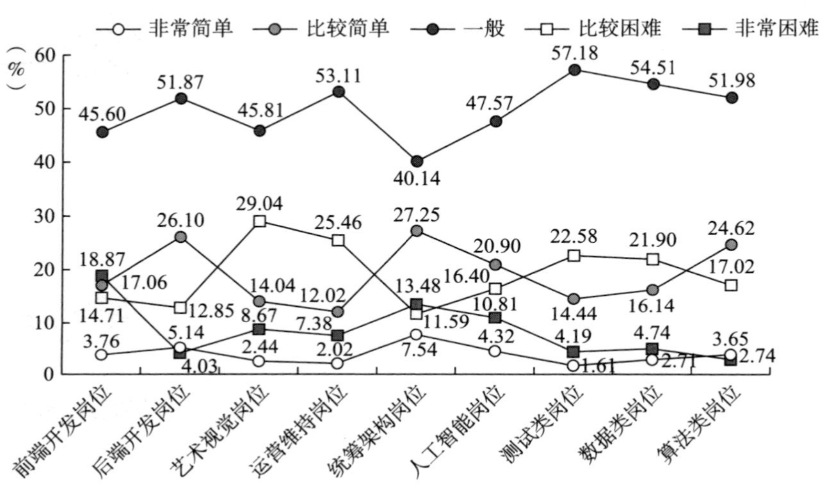

图 2－55　不同工作岗位软件工程师认为掌握一种新的编程语言或软件系统的难易程度情况

进一步的数据分析表明，掌握一种新的编程语言或软件系统还与软件工程师的职称等级、年龄大小密切相关。如图 2－56 所示，职称越低的软件工程师掌握一种新的编程语言或软件系统就越困难，其中 34. 92% 的初级职称软件工程师认为掌握前述新技术非常困难和比较困难，高于高级职称的软件工程师的相应比例（后者为 24. 18%）；认为非常简单和比较简单的初级软件工程师的比例仅为 15. 08%，远低于高级软件工程师的相应比例（即 32. 65%）。

更加重要的是，掌握一种新的编程语言或软件系统和软件工程师的年龄大小高度相关。如图 2－57 所示，20 岁及以下的新入职的软件工程师掌握一种新的编程语言或软件系统较为困难，其比例高达 44. 87%；而随着年龄的增长，软件工程师从青年到 35 岁的壮年时期，掌握一种新的编程语言

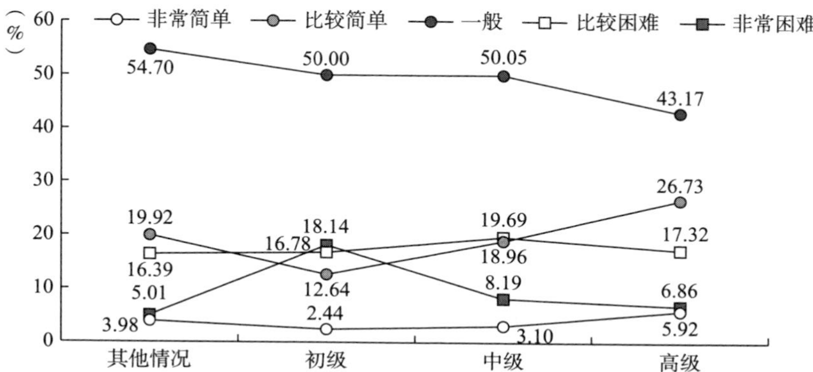

图 2-56　不同职称等级软件工程师认为掌握一种新的编程语言或软件系统的难易程度情况

或软件系统的困难程度大幅下降，该年龄段认为非常困难与比较困难的比例在 20% 上下；但在 35 岁之后，特别是超过 40 岁之后，“大龄”软件工程师掌握一种新的编程语言或软件系统变得非常困难，其比例急剧上升。其中，从 41 岁到 50 岁，认为掌握一种新的编程语言或软件系统非常和比较困难的软件工程师从 32.21% 上升至 36.10%；而在 50 岁之后，认为掌握一种新的编程语言或软件系统非常和比较困难的软件工程师的比例，则不断攀

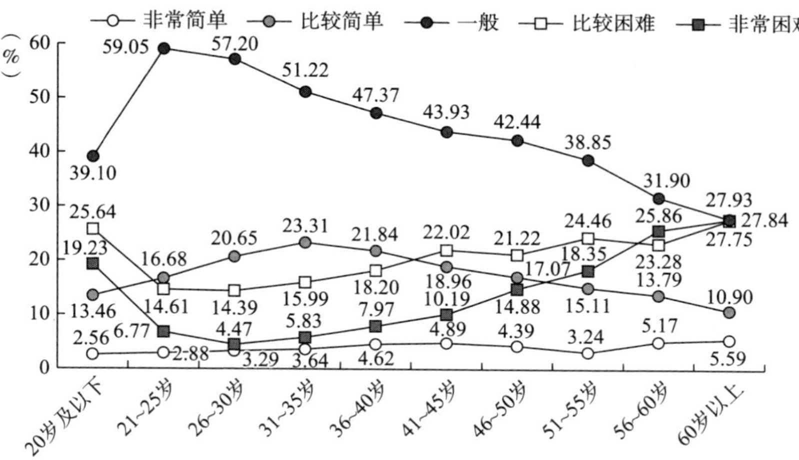

图 2-57　不同年龄的软件工程师认为掌握一种新的编程语言或软件系统的难易程度情况

升至超过一半。由此可见，尽管工龄、职称等级有助于软件工程师积累一定的技能和学习能力，但年龄对软件工程师持续学习新知识、新技术具有特别重要的影响，“35 岁”或中年之后的软件工程师在项目制的模块劳动之下，面临学习新知识、更新技能的持续挑战。

（二）持续焦虑的职业发展生涯

项目制下的模块化劳动不仅让软件工程师面临学习新知识、更新技能的持续挑战，还让该职业群体在职业发展过程中面临技能替代、年龄替代等方面的持续焦虑。

调查数据表明，有 23.25% 的软件工程师比较认可和非常认可“我的工作机构可以很容易招聘到在技能上取代我的人”，还有 19.81% 的软件工程师认为 ChatGPT（Chat Generative Pre-trained Transformer，全称为“聊天生成预训练转换器”）等生成式人工智能技术对他们的工作的威胁大于甚至远大于帮助（分别见图 2－58 和图 2－59）。

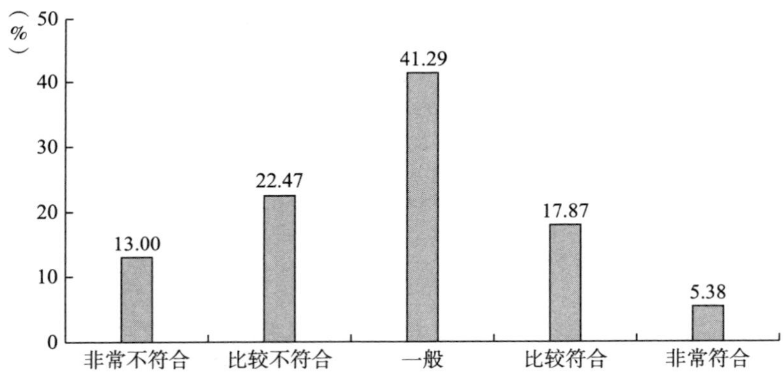

图 2－58　软件工程师认为自身技能被替代的情况

调查数据还显示，软件工程师技能被替代的情况与他们的岗位类型、职称等级、工龄，特别是年龄密切相关。

如图 2－60 所示，运营维持岗位、测试类岗位和数据类岗位的软件工程师担心自身技能被市场替代的比例最高，分别为 26.56%、25.96% 和 25.28%。与之相对，统筹架构岗位相对来说对自身的技能较为自信，担心

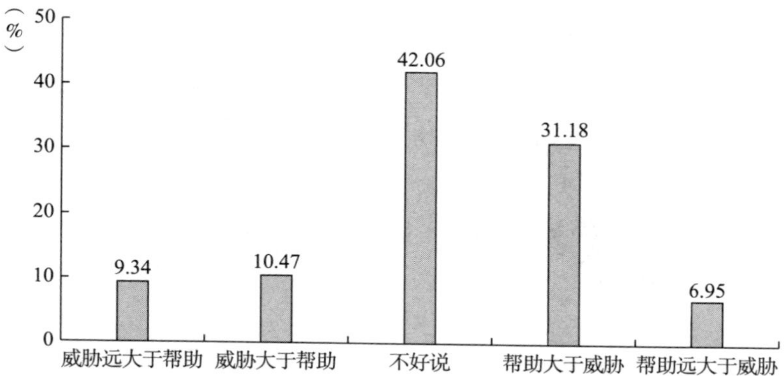

图 2－59　软件工程师认为自身技能被 ChatGPT 替代的情况

被市场替代的比例为 16.08%。由此我们看到，大约 1/4 的软件工程师担心自身技能被市场上的其他人替代。

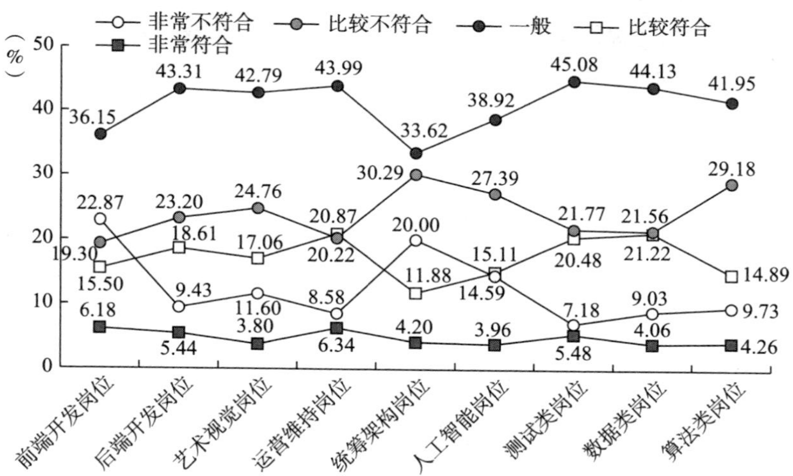

图 2－60　不同岗位的软件工程师认为自身技能被替代的情况

图 2－61 的数据显示，职称等级能够小幅度地减缓软件工程师对自身技术被替代的忧虑。其中，认为自身技能很容易被市场上的其他人替代的初级工程师的比例为 24.59%，中级职称的对应比例为 21.30%，高级职称的该比例为 18.99%。这一小幅度的下降间接说明，在职称等级上的攀升对减缓软件工程师的技能替代焦虑效果较为有限。

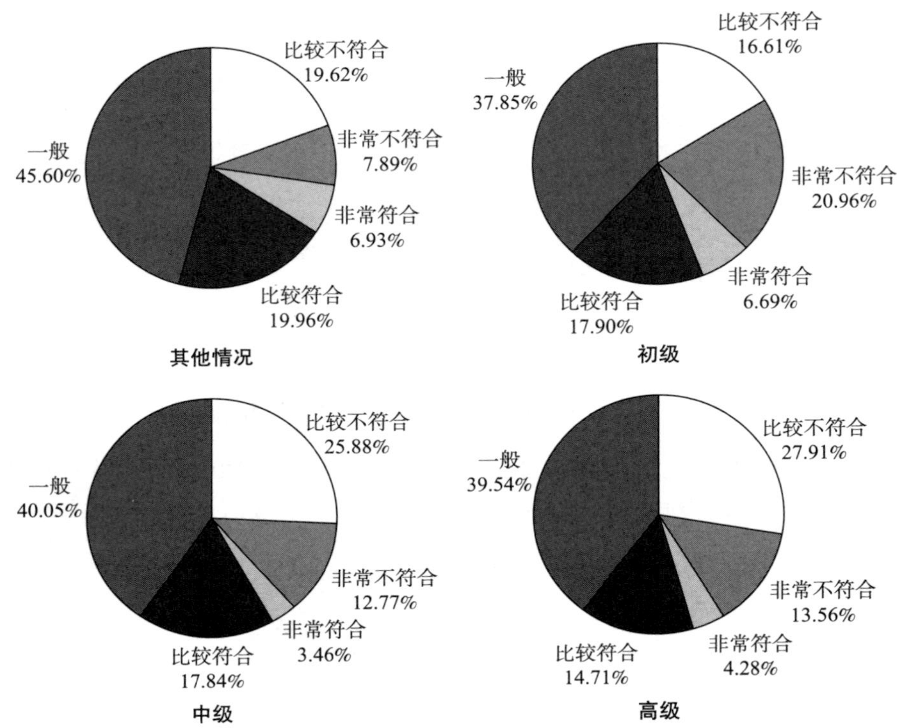

图 2－61　不同职称等级的软件工程师认为自身技能被替代的情况

分析不同工龄的软件工程师对自身技术被市场其他人替代的数据显示，随着工龄的增长，软件工程师并没有减轻技能替代焦虑。如图 2－62 所示，随着软件工程师工龄从不足 1 年延长至 4～6 年，软件工程师对自身技能被市场替代的焦虑甚至有所增加，认为自身技能很容易被市场上其他人替代的比例从 20.26% 增加至 26.15%。只有在工作 7～9 年之后，尤其是到工作 10 年及以上之后，他们对自身技能替代的焦虑才重新回落到 20.60%。

更加重要的是，图 2－63 的数据显示，软件工程师自身技能被市场上其他人替代的焦虑与他们的年龄密切相关。我们看到，21～35 岁的软件工程师对自身技能被替代的忧虑要高于 20 岁及以下的软件工程师，其中比较认同和非常认同自身很容易被市场替代的比例分别是：20 岁及以下的为 20.51%、21～25 岁的为 27.86%、26～30 岁的为 26.94% 和 31～35 岁的为

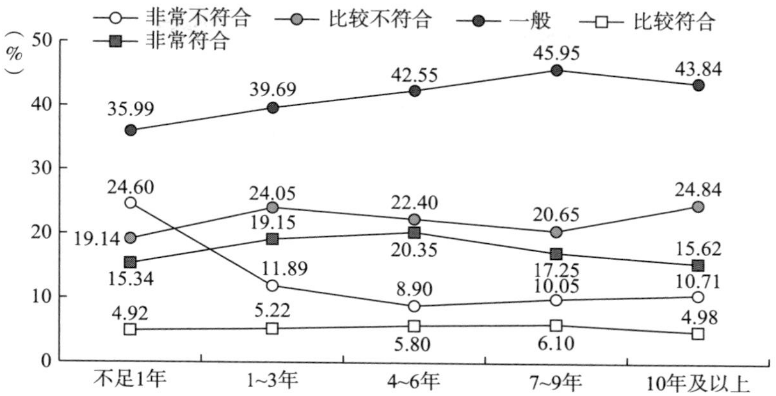

图 2－62　不同工龄的软件工程师认为自身技能被替代的情况

23.11%。不过，当软件工程师进入 35 岁之后，其对自身技能被市场上其他人替代的焦虑也维持在一个稳定状态，低于 20 岁及以下的软件工程师。

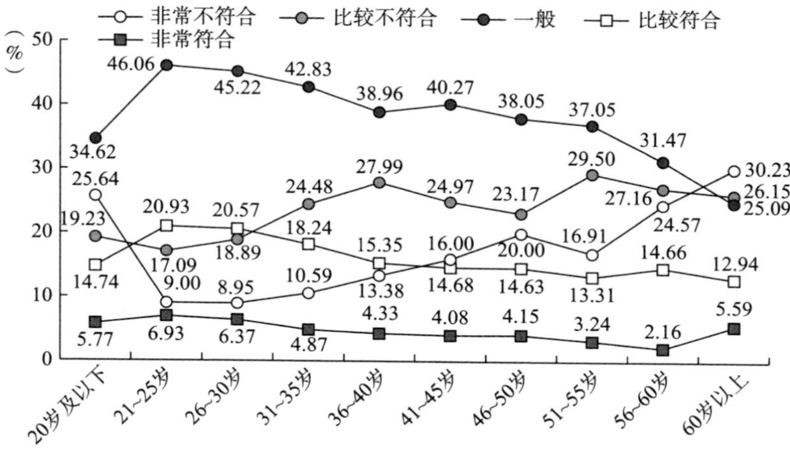

图 2－63　不同年龄的软件工程师认为自身技能被替代的情况

上述数据所揭示的已有工作技能被劳动力市场上潜在的求职者或被生成式人工智能技术替代的情况，让很大一部分软件工程师在职业生涯发展过程中面临持续的年龄焦虑。图 2－64 的数据显示，高达 41.90% 的软件工程师认为“我所在的工作机构里，员工年龄越大，被淘汰的风险就越大”的表述与他们的实际情况比较和非常相符，仅有 21.27% 的软件工程师不认同该观点。这一数据显示出软件工程师群体存在较为强烈的年龄焦虑。

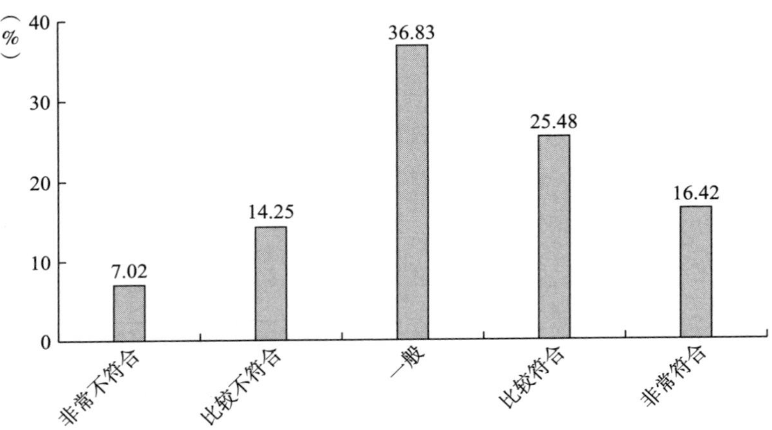

图 2－64　软件工程师的年龄焦虑情况

如图 2－65 所示，测试类岗位和数据类岗位的软件工程师认为“我所在的工作机构里，员工年龄越大，被淘汰的风险就越大”与其实际情况比较符合和非常符合的比例最高，分别为 47.10% 和 43.12%。不仅如此，各种岗位的软件工程师没有年龄焦虑的比例都不高，认为前述说法与其实际

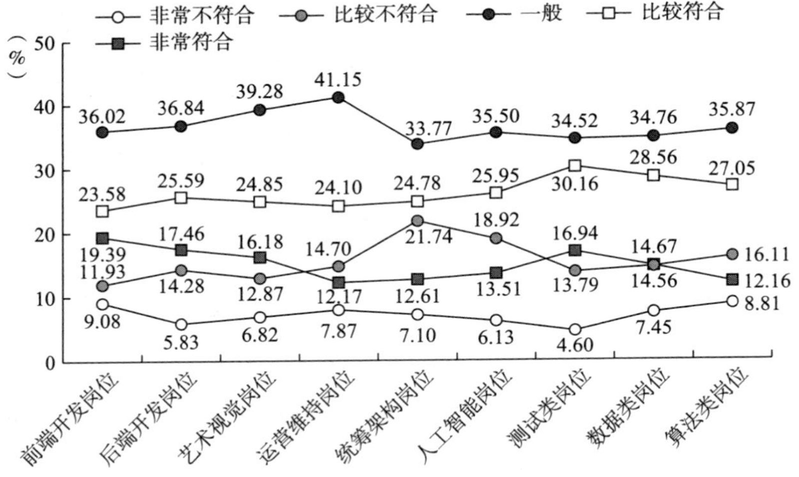

图 2－65　不同岗位类型软件工程师的年龄焦虑情况

非常不符合的比例都在 10% 以下。只有统筹架构岗位的软件工程师的年龄焦虑相对较弱，认为前述说法与其实际非常不符合和比较不符合的比例总共为 28.84%。

软件工程师对自身职业的年龄焦虑还与工龄相关。如图 2－66 所示，工龄越长的软件工程师所表现的年龄焦虑也越高。工龄不足 1 年的软件工程师认为“我所在的工作机构里，员工年龄越大，被淘汰的风险就越大”与其实际比较和非常相符的比例为 34.29%；随着工龄延长至 1～3 年和 4～6 年，该比例分别提高到 41.83% 和 43.86%；工龄达到 7～9 年和 10 年及以上之后，该比例进一步增加到 45.50% 和 44.35%。由此可见，工龄并没有缓解青年时期的年龄焦虑，反而让焦虑不断增加。

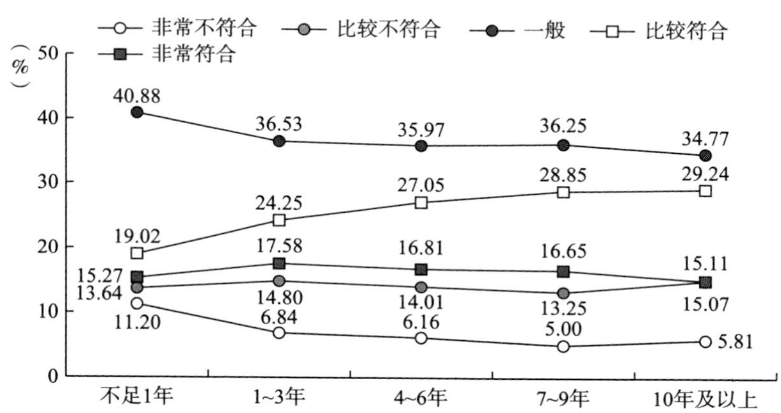

图 2－66　不同工龄软件工程师的年龄焦虑情况

进一步的数据分析显示，年龄焦虑和软件工程师的职称等级和年龄大小密切相关。如图 2－67 所示，软件工程师的职称等级越高，越倾向于认同“我所在的工作机构里，员工年龄越大，被淘汰的风险就越大”的表述。

同样值得注意的是，年龄焦虑和软件工程师的年龄大小也密切相关。如图 2－68 所示，各年龄段的软件工程师都较高程度地认可“我所在的工作机构里，员工年龄越大，被淘汰的风险就越大”的表述。其中，21～25 岁和 60 岁以上的软件工程师相对于其他年龄段非常和比较认可前述表述的比例最低，分别为 39.23% 和 38.21%；31～35 岁和 51～55 岁的软件工程师

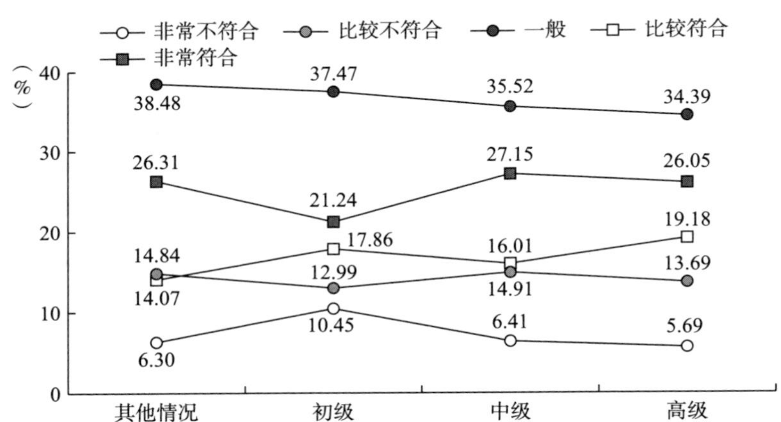

图 2-67 不同职称等级软件工程师的年龄焦虑情况

相对于其他年龄段非常和比较认可前述表述的比例最高，分别为 44.68% 和 44.96% 。以上四者相差不大，表明软件工程师始终有较强的年龄焦虑。

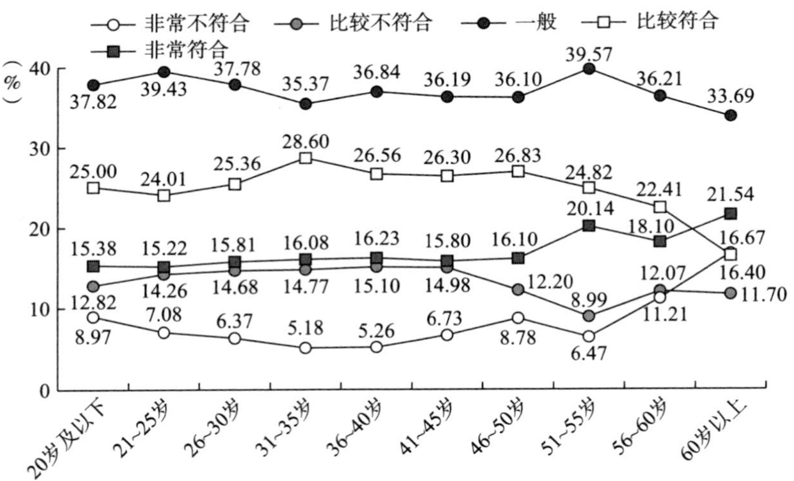

图 2-68 不同年龄的软件工程师的年龄焦虑情况

图 2-69 的数据显示，软件工程师的年龄焦虑还与工作机构的性质和规模密切相关。在民营企业中工作的软件工程师的年龄焦虑最高，其次是国有企事业单位和个体经营机构中的软件工程师。其中，在上市和未上市的

民营企业中工作的软件工程师认为“我所在的工作机构里，员工年龄越大，被淘汰的风险就越大”与其实际比较和非常相符的比例分别高达 47.03% 和 44.71%；国有企事业单位的对应比例为 37.80%，个体经营机构的对应比例为 36.52%。

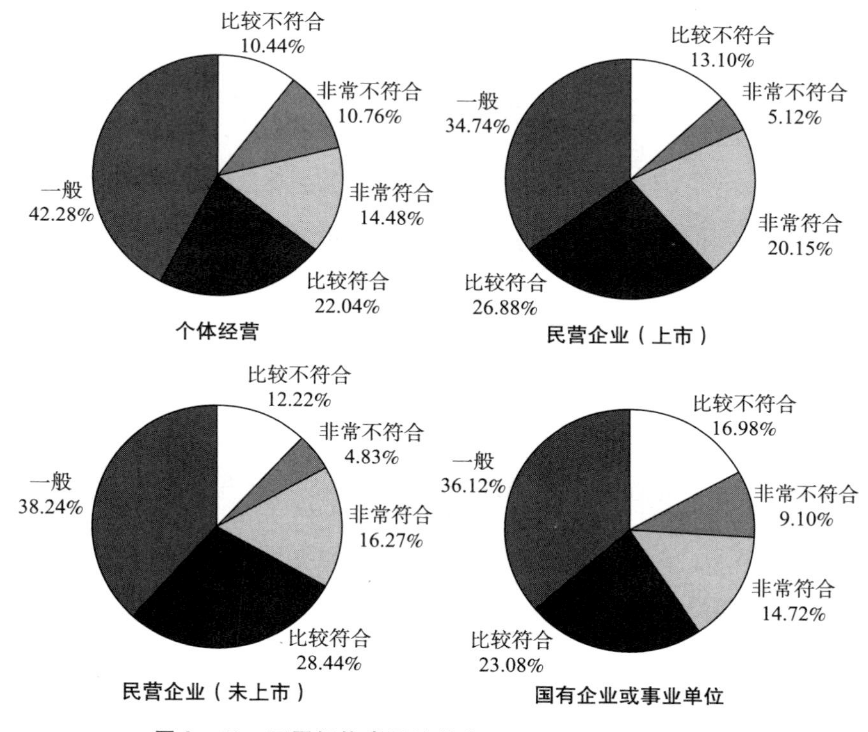

图 2-69　不同机构类型的软件工程师的年龄焦虑情况

因此，从本节的上述数据中可以看到，软件工程师面临持续挑战性的职业生涯。由于信息技术产业快速的技术变化和及时地回应市场需求等特点，在项目制下进行模块化劳动的软件工程师，必须跟随项目及其模块任务的变化而持续不断地学习新知识和更新技能。这种持续不断的新知识学习和技能更新要求让软件工程师面临持续的新技术学习挑战，更让其中的低职称人员和 35 岁前后年龄的人员面临更大的压力，甚至造成巨大的“35 岁危机”现象。项目制下的模块化劳动和由此形成的持续性知识学习和技能更新压力，也让软件工程师必须面临持续的职业生涯发展焦虑，既担心劳动力市场中潜在的竞争者对自身技术的替代，又忧虑新兴技术领域新出现的生成式人工智能技术的负面影响。在此过程中，职称等级、年龄大小、机构类型等因素再次成为影响职业发展焦虑的关键因素，经验越丰富的高级职称人员越发清晰地感受到年龄替代焦虑，51～55岁年龄段的软件工程师面临最严重的“年龄危机”，最为担心年龄增长对职业发展的负面影响；民营企业的软件工程师比国有企事业单位和个体经营机构中的软件工程师具有更强烈的年龄焦虑。

四　非标准化的职业评价

较为矛盾的是，较高的从业门槛、高度自我驱动的职业选择、项目制下相对独立的模块化劳动以及持续挑战性的职业发展生涯并未给软件工程师带来较高的职业声望和劳动－收入匹配度。这一矛盾反映出该职业群体缺乏国家、行业、企业和职业群体内部公认的客观化和标准化的职业评价体系。

（一）复杂的职业认知

调查数据表明，社会大众对软件工程师的了解与认可程度较低。如图2－70所示，软件工程师认为其工作比较和非常受家人、同事和社会大众尊重的比例分别为56.38%、54.22%和46.92%。很明显，相比于熟悉软件工程师工作的家人和同事，该职业群体被社会大众认可的程度更低。

与前述偏低的职业社会声望相关，一部分软件工程师对自己的工作满意度并不高，也不太看好未来的工作发展前景。如图2－71（对“整体而言，我的工作让我很有成就感和满足感”的认可程度）和图2－72（对“我所从事的工作有较好的未来发展前景”的认可程度）所示，尽管有49.50%的软件工程师对自己的工作感到满意，但也有15.26%的人对自己的工作不满；与此同时，有48.56%的软件工程师认为自己的工作发展前景

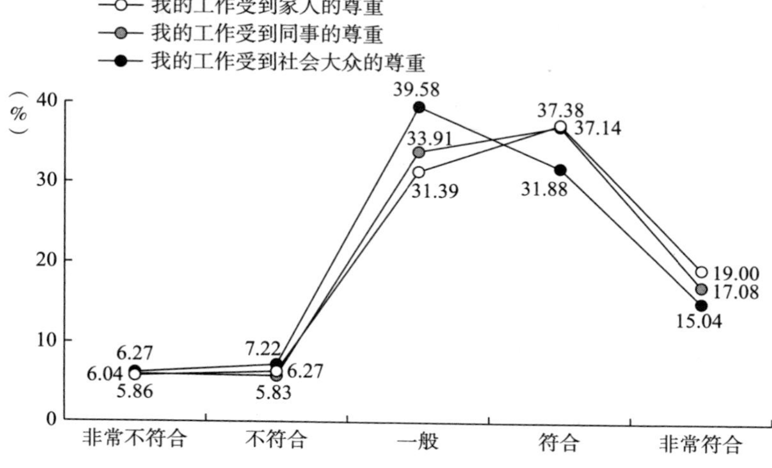

图 2－70　软件工程师工作受尊重的情况

较好，但也有 15.33% 的人不看好自己的工作发展前景。

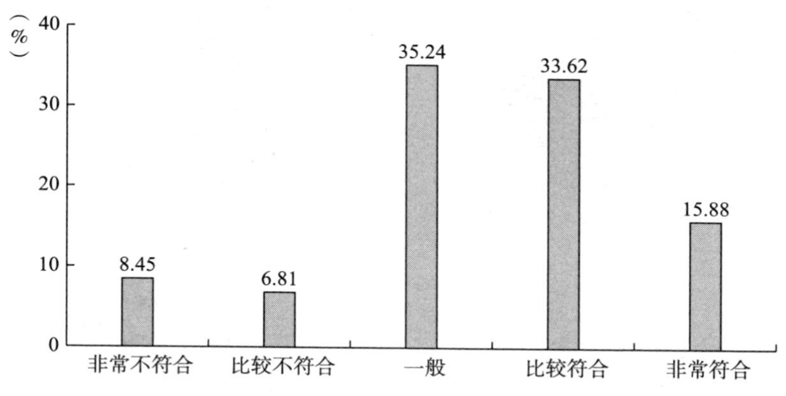

图 2－71　软件工程师对工作的满意情况

进一步的分析表明，软件工程师对自身工作的满意情况受职称等级、年龄等因素的影响。如图 2－73 所示，初级职称、中级职称和高级职称的软件工程师认为“整体而言，我的工作让我很有成就感和满足感”与其实际比较和非常符合的比例，分别为 47.14%、48.62% 和 52.88%。由此可见，职称等级越高的软件工程师对自身工作的满意情况更高。

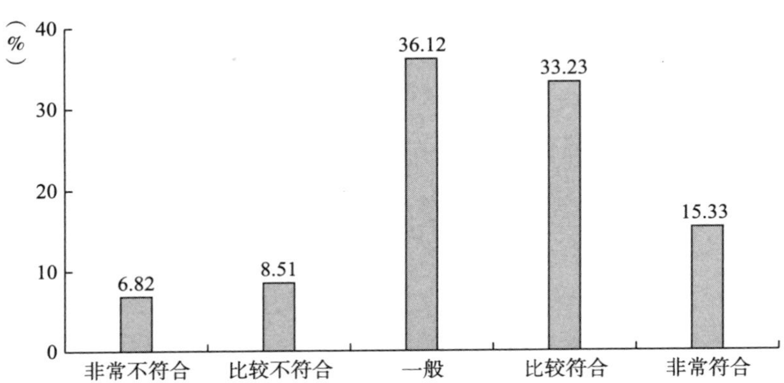

图 2－72　软件工程师对工作的发展前景的认识情况

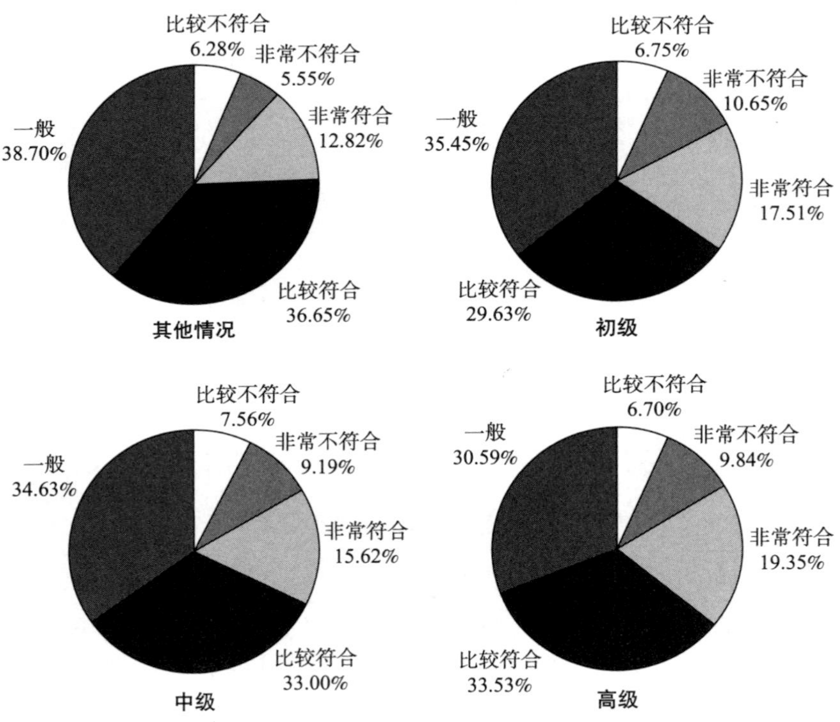

图 2－73　不同职称等级软件工程师对工作的满意情况

与上述职称等级和软件工程师的工作满意度的关系不同，图 2－74 的数据显示，不同年龄的软件工程师对自身的工作满意度经历了一个先升高再下降、随后又上升的发展过程。其中，20岁及以下的软件工程师认为“整体而言，我的工作让我很有成就感和满足感”与其实际比较和非常符合的比例为44.87%；进入21～25岁和26～30岁的青年时期，前述工作满意度比例分别增加至51.46%和50.47%；但到31～35岁之后，尤其是进入36～40岁，其工作满意度有所下降；之后则缓慢上升。软件工程师随年龄增长而出现的工作满意度的前述变化，从另一个侧面反映了“35岁”年龄焦虑的存在。

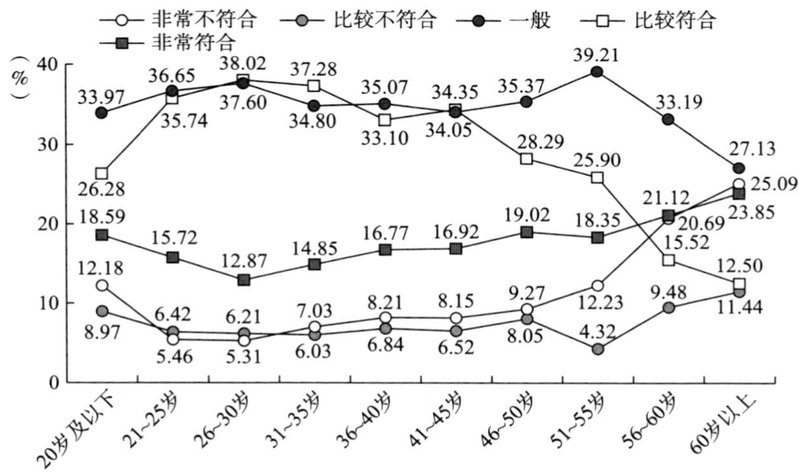

图2－74 不同年龄段工程师对工作的满意情况

更严重的是，软件工程师的劳动付出与收入回报存在不匹配的情况。图2－75的数据表明，63.93%的软件工程师认为与其他行业相比，2022年的个人总收入低于与远低于其劳动付出；仅有为数极少（比例为4.01%）的软件工程师认为该年的个人总收入与劳动付出相匹配（收入高于及远高于工作量）。结合前述软件工程师的收入情况，可以进一步认为，软件工程师的职业经济地位或与媒体宣传和公众印象存在差距。

图2－76的数据显示，软件工程师的“收入－劳动”匹配情况与其个人收入状况密切相关。总体而言，收入较低的软件工程师更倾向于认为其

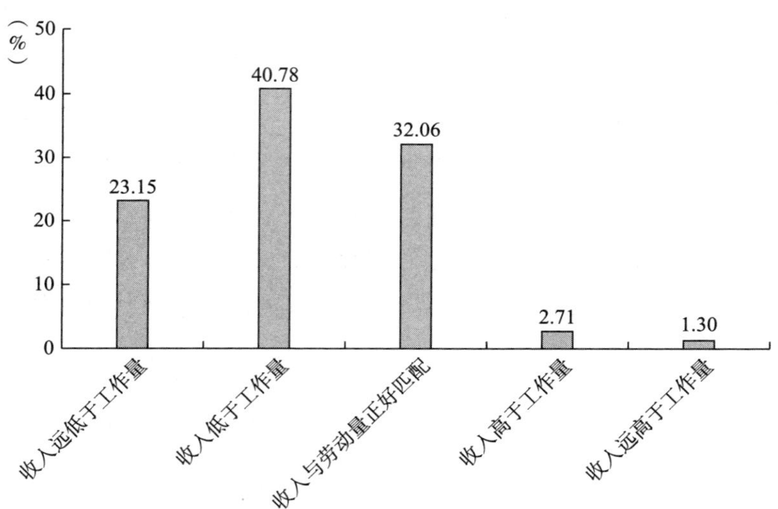

图 2－75　软件工程师对“收入－劳动”匹配的认识情况

“收入－劳动”不相匹配；而随着收入的提高，认为“收入－劳动”不相匹配的比例大幅下降。具体来说，收入在 6 万元及以下和 6 万～12 万元的软件工程师，认为其收入远低于与低于劳动的比例分别高达 80.84% 和 70.66%；收入提高到 12 万～24 万元和 24 万～36 万元之后，该比例分别下降为 57.13% 和 48.64%；收入进一步提高之后，该比例也进一步大幅下降。

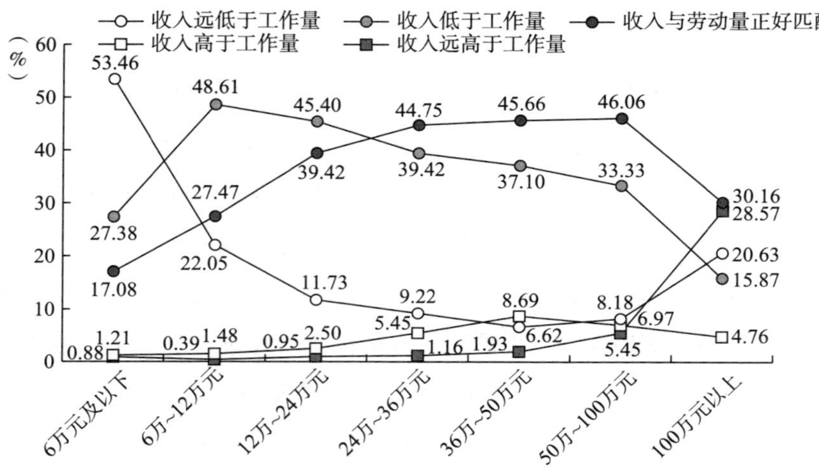

图 2－76　不同收入的软件工程师对“收入－劳动”匹配的认识情况

（二）非标准化的职业评定

软件工程师上述被低估的职业声望和职业经济地位，和当前该职业群体缺乏标准化、客观化和规范化的职业评定体系密切相关。

调查数据表明，软件工程师对目前软件领域的职级或职称认定方式普遍评价很低，但对于该如何进一步完善软件领域的职级或职称认定体系却缺乏基本的共识。如图 2－77 所示，只有为数很少的软件工程师认为目前软件领域的职级或职称评定体系应“维持现状，不需要改变”，其比例仅为 9.19％。但是，对于该如何完善软件领域的职级或职称认定体系，软件工程师群体却出现了极为分散的看法。其中，有 27.43％的软件工程师认为，应该由政府主导，建立软件领域的统一认定体系；另有 24.68％的软件工程师虽然也赞同由政府主导，但认为应该根据具体工作细分多元认定体系。与之相反，另一些软件工程师则认为应该由市场主导完善软件领域的职级或职称认定体系，但在应该采取的具体方式方面却持不同的观点，有 20.48％

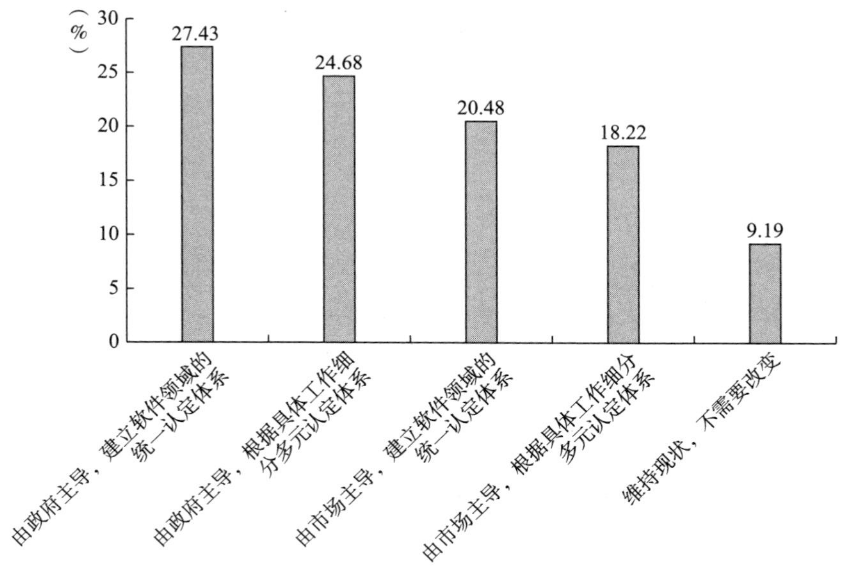

图 2－77　软件工程师对软件领域的职级或职称认定体系的看法

的软件工程师认为应该建立软件领域的统一认定体系，另外 18.22% 的人却认为应该根据具体工作细分多元认定体系。

进一步的数据分析发现，软件工程师的职称等级对完善当前软件领域的职级或职称认定体系的方式具有重要影响。图 2 - 78 的数据显示，总体而言，职称较高的软件工程师更认同市场的力量，认为应该由市场主导来完善目前软件领域的职级或职称认定体系，而职称较低的软件工程师更相信政府，认为应该由政府来完善所在领域的职级或职称认定体系。具体来看，高达 51.44% 的高级职称软件工程师认为应该由市场主导来完善目前软件领域的职级或职称认定体系，高于认为应该由政府主导的比例（即 42.85%）；与之相对，初级职称的软件工程师却更加相信政府，认为应该由政府主导的和由市场主导的比例分别为 67.90% 和 25.83%。不过，各级职称的软件工程师对当前的职称认定体系的认可度都非常低，也说明了当前非标准化、低认可度的职称评定体系对软件工程师的负面影响。

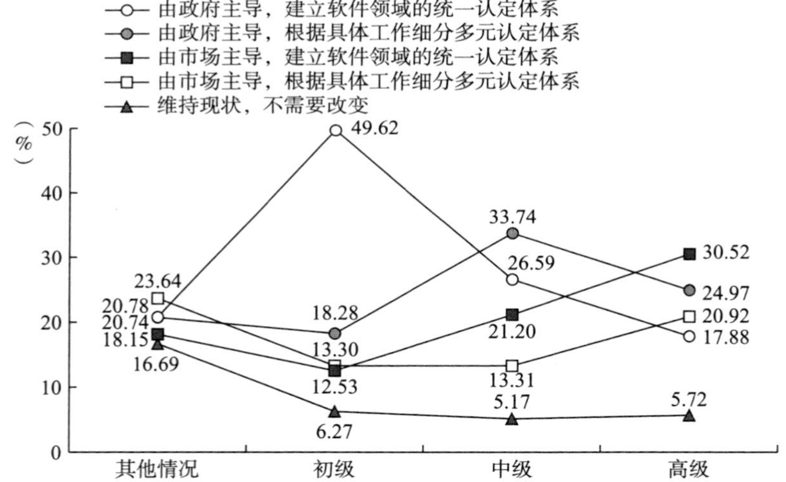

图 2 - 78　不同职称软件工程师对软件领域的职级或职称认定体系的看法

图 2 - 79 的数据显示，不同机构类型的软件工程师对完善目前软件领域职级或职称认定体系的看法的差异较小，普遍更加支持由政府主导的职业

认定。其中，国有企事业单位中的软件工程师更认同由政府主导，其比例高达 56.12%；上市和非上市的民营企业的受访者认同由政府主导的比例分别为 49.39% 和 48.37%，高于两类企业内受访者认同由市场主导的比例（分别为 42.96% 和 40.96%）；个体经营的受访者中，赞同应由政府主导的比例也超过一半，达到 53.56%。

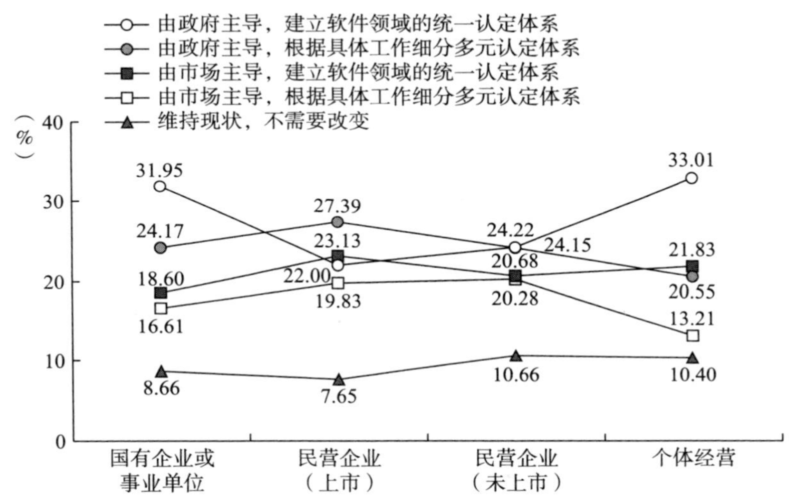

图 2－79　不同机构类型软件工程师对软件领域的职级或职称认定体系的看法

最后，图 2－80 的数据显示，不同岗位类型的软件工程师对当前职称评定体系的改进方式也有不同看法。总体而言，所有岗位的软件工程师对当前职称评定体系的评价均很低，认为目前软件领域的职级或职称认定体系应该维持现状不需改变的各类工作岗位的软件工程师的比例在 10% 左右，甚至有的在 10% 以下近三个百分点。与此同时，前端开发岗位、人工智能岗位、数据类岗位的软件工程师稍偏向由国家主导软件工程师职称体系改革，其比例分别为 61.24%、54.59% 和 51.69%。与之相对，另几个岗位的软件工程师稍偏向由市场主导软件工程师的职称体系改革。这些数据再次表明不同岗位的软件工程师对目前软件领域的职级或职称认定体系的共同的较低评价，也反映了较为分散的改进方案。

以上数据表明，软件工程师对当前正在实行的职级或职称认定体系的

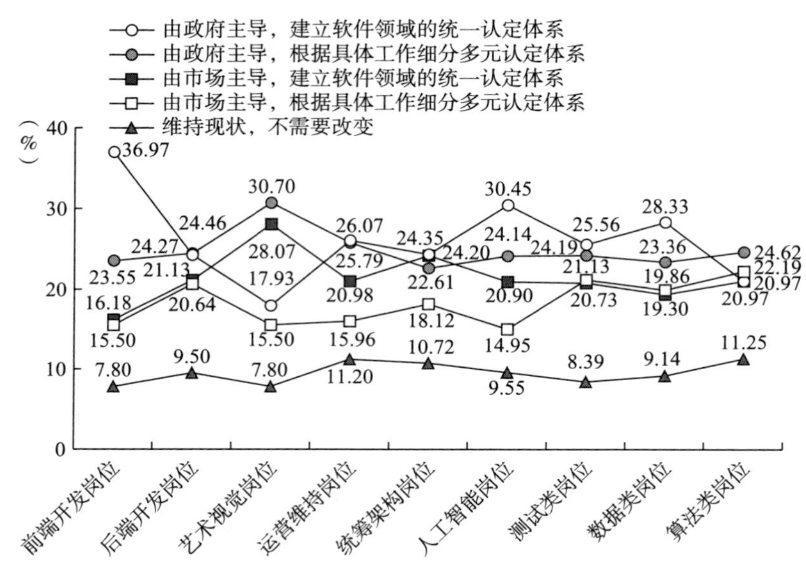

图 2-80　不同岗位的软件工程师对软件领域的职级或职称认定体系的看法

认可度非常低，普遍认为亟须变革。然而，对于如何变革和完善当前的职级或职称认定体系，软件工程师群体内部却缺乏共识性的看法。其中，职称较高的软件工程师更相信市场的力量，而职称较低的软件工程师则认为国家应该主导职级或职称体系的改革。国有企事业单位的软件工程师同样更偏向国家主导职级或职称体系改革，民营企业的软件工程师则偏向由市场主导该进程。软件工程师内部分散的、缺乏基本共识的态度，恰恰表明了当前该职业群体的职级或职称认定体系较为混乱和缺乏公信力。

这种非标准化的，甚至较为混乱的职称认定体系导致了多方面的后果：首先是该职业群体缺乏标定自身职业技能等级的客观的、公认的象征性身份标准，软件工程师内部对同行的成就、技能缺乏互认；其次是信息技术相关的企业不能根据客观的、公认的职称体系对软件工程师进行差别化的雇用，并给予相应的待遇；最后是社会公众对该职业群体的职称等级、职业技能也缺乏认定和尊重，除了一部分极为优秀的软件工程师被大众高度认可外，软件工程师作为一个职业群体，很难被社会大众根据职称等级进行认可和区分。由非标准化的、混乱的职称认定体系带来的前述情况可以帮助我们理解，为何软件工程师普遍认为他们的劳动付出没有得到相应的收入回报，为何他们的职业声望能够被家人，甚至熟悉他们的同事认可，却被社会大众低估。

第三章

自我抽离：软件工程师的生活特征

日常生活离不开场景。人作为一切社会关系的集合，场景所代表的社会关系形塑着我们的社会交往观念和行为，场景的连续性变换和总体性确定也塑造了我们每个人的生活态度和价值观念。无论是互联网世界的元素创造，还是数字时代中的虚拟现实（Virtual Reality，VR）或增强现实（Augmented Reality，AR），也都需要建立在现实空间之上。因此，对软件工程师的日常生活特征的内容部分将以现实生活场景为序幕。

如图 3－1 所示，本次调研询问了受访者“在工作之外的现实生活中，您最喜欢的生活场景”，其中选择“宅在家中”的比例达到了 27.57%，超出排在第二位的“以上都行，只要是熟悉的地方”近 10 个百分点，遥遥领先于其他选项。这与当下社会青年群体中所流行的“宅”文化相契合。宅文化出现于 20 世纪 80 年代的影视传播技术的成熟时期，伴随互联网技术的发展，契合“宅”文化的“宅经济”也迅速发展，其使得人们足不出户就可以完成绝大多数的生活需要，例如获得信息、订购餐食物品、进行视听娱乐活动等。[①]相应地，这种居家不出门也就跟不热衷时尚、不爱运动与社交、过瘦或过胖的外形体态等标签联系在了一起。[②]由于软件工程师作为一

① 杨继东：《“宅经济”的发展及其面临的挑战》，《人民论坛》2022 年第 2 期。

② 王甍：《“御宅”词源释义及宅文化之演进》，《武汉理工大学学报》（社会科学版）2013 年第 3 期。

个21世纪后才在中国大面积出现的年轻职业，其从业者多为中青年群体，他们的工作大多集中在代码编写方面，具有工作过程需要久坐，通常集中在使用形式逻辑的算法而少卷入他人的主观性，工作可以在包括家中的任何地方进行等特点，这使得“宅”成了大众对于软件工程师的一个刻板印象。与之相伴而来的标签还有不懂时尚的“格子衫”爱好者，不善交谈的“社恐”，“极客”（Geek），“怪咖”，要么孱弱、要么超重的“程序员”屏幕形象。

但同时，我们也看到了与这些刻板印象所不同的一面，即虽然“宅在家中”在各选项中是相对最受欢迎的生活场景，但却并未达到三成。超过10%的受访者选择的最喜欢的生活场景还包括“以上都行，只要是熟悉的地方”（18.26%）、“自然风光”（15.14%）以及“安静的室内公共场所”（13.25%）这三个。前四个选项合计占比将近3/4。从“以上都行，只要是熟悉的地方”可以看出，软件工程师并没有刻意以是否需要社交作为选择生活场景的标准；从“安静的室内公共场所”也可以看出软件工程师也同样愿意进入社会生活的公共场合。综合这四个选项的特点并和其他三个选项做对比，可以发现，对软件工程师来说，“熟悉”和“安静”才是他们选作日常生活中最喜欢的生活场景的核心因素。

这种“熟悉”与“安静”的特征，共同展示了软件工程师群体在日常生活中理性而又感性的一面。通常我们会认为，工业化社会所传递的现代性就是冰冷的效率。科技进步代表着人们对于效率的追求。这种进步是“流水线”式的现代工厂生产方式，即将每一个都看作科学标准化流程中的一分子，也是数字代码中人的感性因素的排除和科技伦理中“技术中立”的逻辑理性的体现。但事实上，这只是现代性的一面，即经济理性所带来的现代性，是一种崇尚于理性逻辑和效率秩序的现代性。现代性还有另一面，即艺术的现代性，也即一种情感感受的现代性，是对于中产阶层价值标准和时尚概念等秩序的反叛和自我流放。[①]作为日常工作都卷入形式逻辑

① 马泰·卡林内斯库：《现代性的五副面孔》，顾爱彬、李瑞华译，上海：译林出版社，2015，第67页。

语言的软件工程师，其自身就聚合了对于理性行动秩序的追寻和对社会价值秩序的反叛，这背后也是在保有自己内在的秩序。但是，陌生打破了既有行动秩序开展的确定性，喧闹则意味着噪声环境的无序和难以建立的理性效率。二者背后的失控感，都使得软件工程师无法建立属于自己内心秩序的行动规则。

如夏目漱石在《草枕》所说，“太讲究理智，容易与人产生摩擦；太顺从情感，则会被情绪左右；太坚持己见，终将走入穷途末路”。当陷入逻辑理性和感性关系的碰撞所产生的无序之中时，将自我秩序与外部秩序相抽离就成了一个更好的选择。因此，并不是刻板印象中“懒散”“邋遢”“不擅社交”等原因让他们喜欢宅在家中，而是家能够将“熟悉”与“安静”进行最好的结合，即家恰好成为软件工程师——也是越来越多当今青年群体——建立和维持内心秩序的最佳场所。这种将自己从陌生与喧闹的不可控环境中抽离出来的态度，也同时贯穿在多数软件工程师群体的现实社交生活和网络社交生活之中，形成了一种“自我抽离”的特征。本报告将在这一章第二部分和第三部分中对这一情况进行详细描述。但是在此之前，本报告将

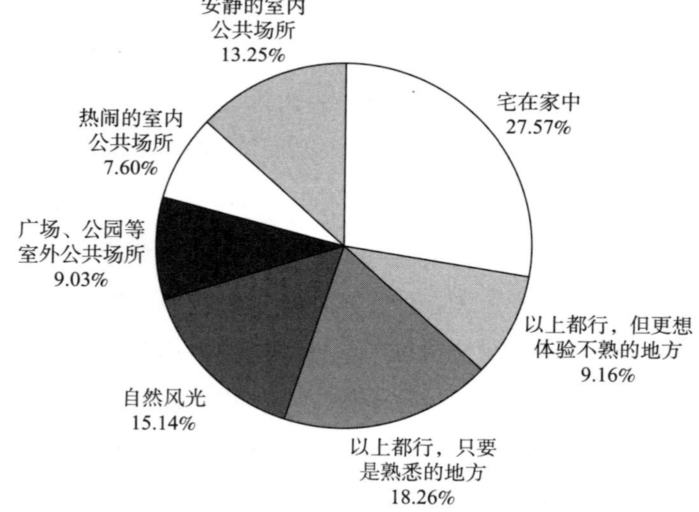

图 3－1　软件工程师最喜欢的生活场景情况

先对比软件工程师内部不同类型群体在最喜欢的生活场景方面的偏好。

首先，我们关注软件生活场景偏好在性别和所在地区这两个客观方面的差异。

如图 3－2 所示，虽然男性和女性软件工程师的生活场景偏好的分布基本相似，即男性、女性软件工程师都以“宅在家中”作为第一选择（分别为 28.57% 和 25.04%），且都以“熟悉”和“安静”为主要特征（前四选项合计分别为 76.03% 和 69.65%），但两性之间仍存在一定的差异。相较来说，男性更倾向于宅在家中或待在熟悉的地方，两个选项分别高出女性 3.53 和 2.66 个百分点；而女性软件工程师则相对男性来说更偏好于较热闹和新鲜的场景，即在“热闹的室内公共场所”、“广场、公园等室外公共场所”和“以上都行，但更想体验不熟的地方”三个选项上，女性比男性分别高出 3.04、2.52 和 0.83 个百分点。

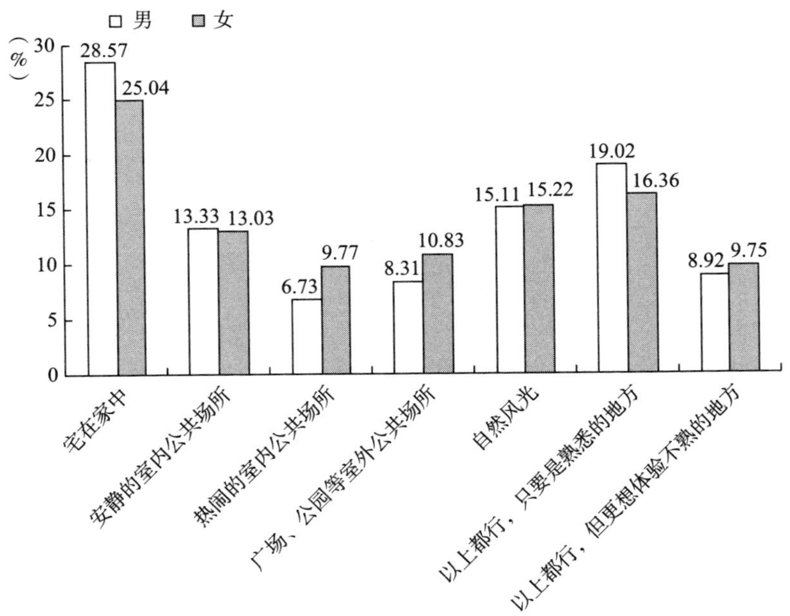

图 3－2 不同性别的软件工程师最喜欢的生活场景情况

在地区的差别方面（见图 3－3），东北地区的软件工程师更倾向于宅在家中（33.21%）和在熟悉的地方（21.38%），而东部的软件工程师将宅家作为最喜欢的生活场景的比例最低，为 26.59%，低于中部和西部地区 2.5 个百分点左右，低于东北地区 6.62 个百分点。相应地，东北地区软件工程师对于无论室内（安静的室内公共场所为 8.18%，热闹的室内公共场所为 3.65%）还是室外的公共场所（6.42%）的偏好度也最低（三者之和为 18.25%），同西部地区软件工程师一起（三者之和为 20.28%），低于东部（三者之和为 32.83%）和中部（三者之和为 26.89%）地区。东部作为我国软件产业发展的主力地区，同时也是经济较其他区域更发达的地区，其软件工程师对公共场所的接受度明显高于其他地区。西部地区相较来说城市化和公共建设逊于其他地区，其软件工程师相较更喜欢自然风光环境。这也从另一个方面证明了，软件工程师想要体验新环境的动力不足，在一定程度上更愿意在自己熟悉的环境中。

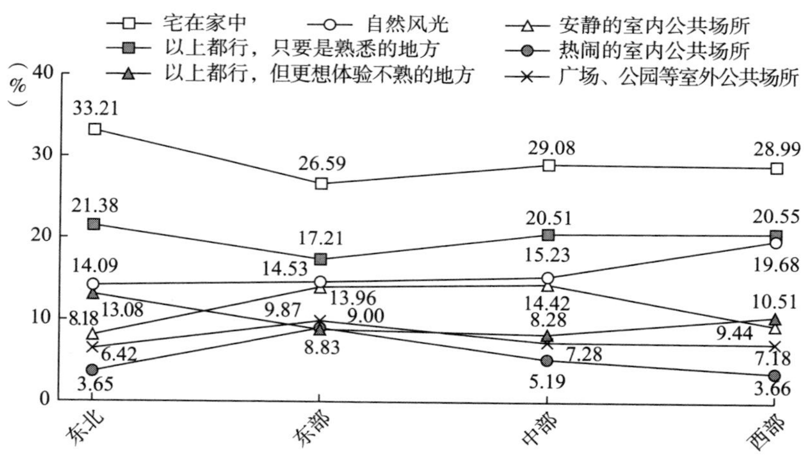

图 3－3　不同地区的软件工程师最喜欢的生活场景情况

其次，我们将目光转向个人生命历程变化中的生活场景偏好。随着年龄的不同，软件工程师的生活场景偏好也发生了一定的变化（见图 3－4）。可以看到，21～30 岁的软件工程师更偏好于宅在家中（分别为 32.10% 和 30.83%），随着年龄增加，对于宅在家中的偏好逐渐降低，但仍高于其他生活场景。在对公共场所的偏好上，处于年龄高低两端的软件工程师高于年龄处在中间年龄段的软件工程师；中间年龄段的软件工程师相较来说更偏爱自然风光。换句话说则是，年轻和年长的软件工程师相较于他们的中间年龄段同事，更能够接受与其他人共享公共生活空间。最后我们也可以看到，年龄越大的软件工程师，对于偏好的地点也越来越固定，而年龄较小的软件工程师则可能是出于青春的探索和活力，相对更愿意体验不一样的生活。

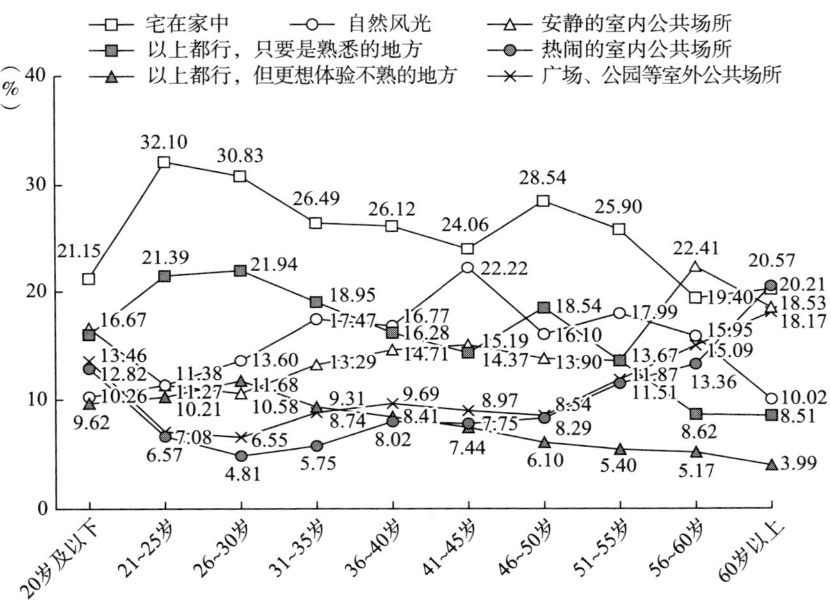

图 3－4　不同年龄的软件工程师最喜欢的生活场景情况

不同年龄段对生活场景的偏好，与其所处的人生阶段密不可分，尤其是与其所处的婚姻状况有关（见图 3－5）。综合来看，单身软件工程师将宅在家中选为最喜欢的生活场景的比例高达 35.65%，远高于有伴侣或有过婚姻经历的软件工程师群体。尤其参照于未婚有伴侣和已婚的群体来说，拥有亲密关系可以减少软件工程师宅在家中的比例。在未婚有伴侣和已婚的软件工程师中，更高比例的已婚软件工程师选择自然风光而非公共场所作为最喜欢的生活场景。其原因可能是未婚有伴侣但未共同生活的状态下，软件工程师需要在公共场合与伴侣相聚。结婚后亲密关系进入了共同生活状态，虽然已婚状态的软件工程师比未婚有伴侣的软件工程师的宅在家中的选择占比增加了 2.28 个百分点，但是对自然风光场景的偏好度则增加了

6.64 个百分点。这在一定程度上，也与软件工程师的“自我抽离”观念相应和，即当进入共同生活时，家就成为不止一个人的空间，从而造成了人们因为追求自我控制和自我内心秩序，将对家的偏爱分散到了其他熟悉的地方，以及更能远离生活琐碎和人际交往的自然空间。当然，相较之下，当前处于离异状态的软件工程师则是唯一没有将宅在家中（16.72%）做为首选的群体，其对于宅在家中的选择占比少于室外公共场所选项 3.14 个百分点，仅略高于自然风光这一选项（16.03%）。并且，对于当前处于离异或丧偶状态的软件工程师来说，可能出于逃避回忆的原因，他们表现出了对熟悉地方的低偏爱度，而是将选择集中在了热闹的室内公共场所和室外公共场所，倾向以更多的外部场景转移注意力。

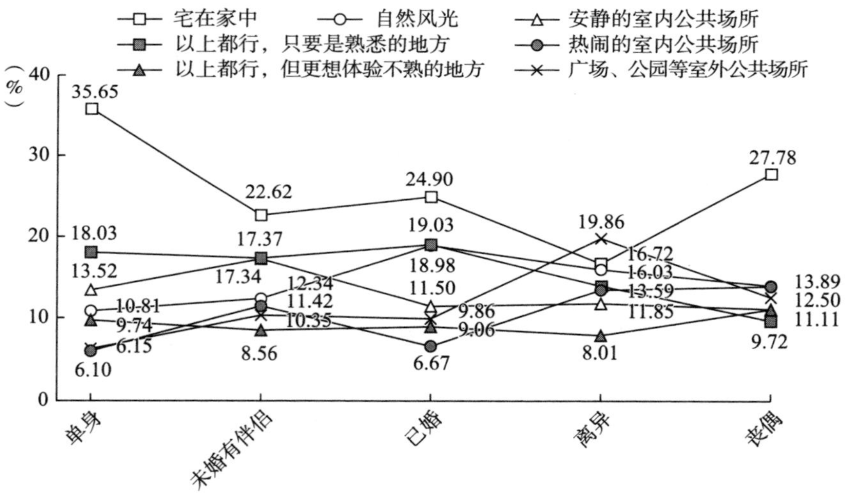

图 3－5　不同婚姻状况的软件工程师最喜欢的生活场景情况

当对软件工程师人生阶段的分析从婚姻状态进一步到是否有子女时（见图 3－6），我们可以看到，有子女的软件工程师对宅在家中的偏好度（21.27%）远低于没有子女的同行群体（34.09%），差值达到了 12.82 个百分点，类似地，他们对于熟悉地方总体的偏好度（16.36%）也低于无子女的同行（20.24%）。对有子女的软件工程师群体来说，除家中和熟悉地点外，对各类公共场所和自然风光场所的偏好度都要高于无子女的群体。

其中差值最小的选项为“安静的室内公共场所”，达到了 3.74 个百分点。

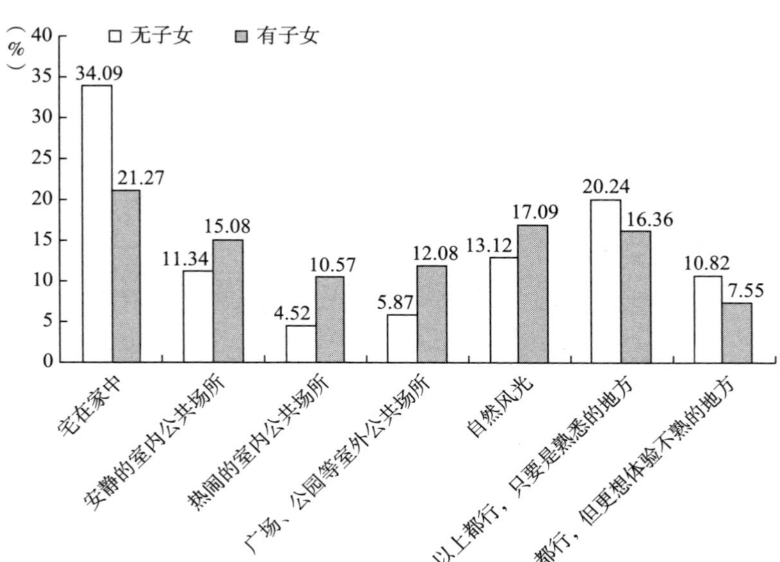

图 3－6　不同子女状况的软件工程师最喜欢的生活场景情况

最后，对于不同收入等级的软件工程师，生活场景偏好同样也出现了差异（见图 3－7）。对于 2022 年个人总收入在 6 万元及以下的群体来说，其对宅在家中的偏好度最高，达到了 33.77%。相比之下，其他收入等级的软件工程师都未超过 30%。尤其是个人年总收入为 24 万～36 万元、50 万～100 万元和 36 万～50 万元的三个群体仅为 22.38%、23.64% 和 25.10%，是按收入划分中对宅在家中偏好度较低的。对安静的室内公共场所的偏好度也呈现了和宅在家中相同的分布，即除个人年收入超过 100 万元的群体相对于收入在 50 万～100 万元的群体出现了一个增长的拐点外，收入越高的软件工程师对之偏好越低。相应地，这部分群体则表现出了对于广场、公园等室外公共场所和自然风光的偏好。尤其在自然风光方面，年收入为 36 万～50 万元和 50 万～100 万元的两个软件工程师群体对之的偏好分别达到了 20.97% 和 21.82%，几乎均是年收入在 6 万元及以下群体（10.56%）的 2 倍。最后，年收入超过 50 万元的群体在体验不熟悉地方的新奇感方面表达了更高的偏好。

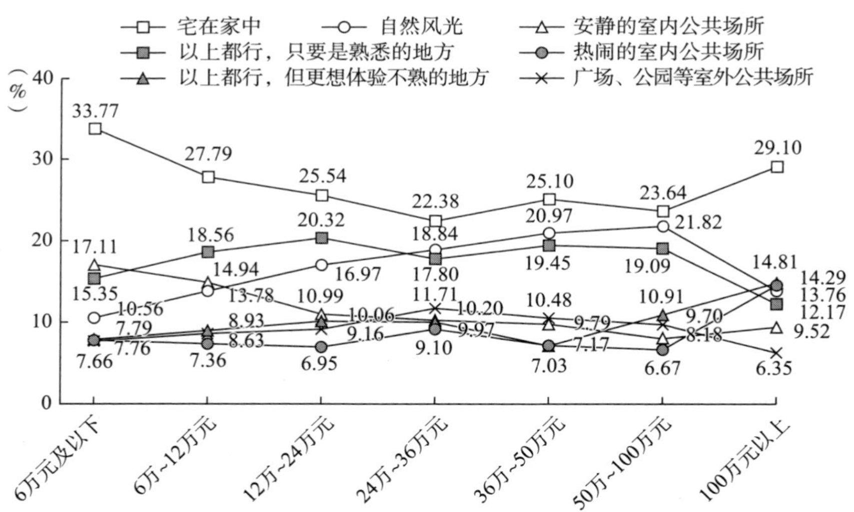

图 3－7　不同收入状况的软件工程师最喜欢的生活场景

可见，一方面，软件工程师群体的生活场景偏好在总体上呈现了偏好宅在家中或在熟悉的地方，而对喧闹或陌生的地方偏好度较低。另一方面，软件工程师的偏好分布同时也受到内部特征的影响，这些影响既包括性别和所在地区等客观因素，也包括软件工程师所处的人生阶段和收入情况。

一　圈子封闭：模块化劳动的延伸

当前社会的交往模式已经发生了巨大改变，尤其是互联网数字时代的来临，进一步带来了人们生活交往的现实和虚拟分化。人们基于现实却沉浸于数字虚拟世界中，数字信息塑造人们而反过来又作用于现实。因此，发现与分析现实与虚拟的交往逻辑，无疑是了解数字时代的一个重要过程。在本部分，我们将聚焦于调查中软件工程师关于现实交往方面的题目，讨论软件工程师的现实生活圈特征。

（一）较封闭的一般社会交往

为了对软件工程师在现实中的一般社会关系进行描述，本次调查询问了调查对象“在工作机构中，除了与您属于同一个项目团队或业务组的同事外，和您相互认识的同事（如：碰到会打招呼）大约有几人”；同时作为参照，该表也选取了调查中“您的项目团队通常有几人”这一问题与之进行对比（见图3－8）。之所以选择以非团队外同事作为测量，一个核心的考虑是，相比于基于共同现实经历的情感联系和出于利益关系而建立的联系，非直接工作关系的同事所体现出来的有空间关联但低情感联系和利益联系的特征，更符合数字时代的社会关系建立模式。

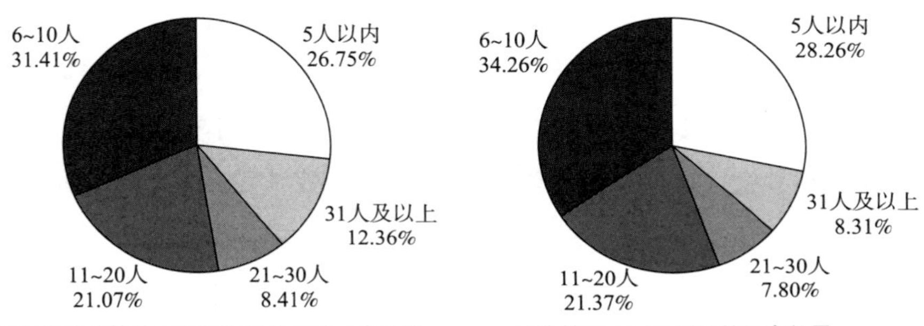

图3－8　软件工程师相互认识的同事数量情况

总体来说，多数软件工程师与非直接工作关系同事的联系并不强。在工作机构中认识超过20名非直接工作关系同事的软件工程师仅有20.77%。有79.23%的软件工程师在工作机构中认识非直接工作关系同事人数不超过20人。接近60%的软件工程师认识的非直接工作关系同事不超过10人（58.16%），其中认识6～10人是五个选项中最多的，占31.41%。其次就是认识非直接工作关系同事不超过5人的群体，占被调查总体的26.75%。对比被调查者的所在项目团队规模，可以看到在工作机构中，软件工程师的工作外社会关系数量甚至不如有直接工作关系的同事，更不用说前者的社会关系强度也更低。可见，从总体结果来看，软件工程师群体在工作机构中的一半社会交往圈子较为封闭，即至少在工作机构中，软件工程师保持了一种相对于除直接工作外的社会关系自我抽离。

当然，这一测量同软件工程师所在的工作机构类型相关。如果所在机构本身就规模小，那么非直接工作关系同事的数量也不会很多。为了确认图 3 - 8 的分布是否受到工作类型的影响，报告对软件工程师的工作机构类型和非直接工作关系同事认识进行了交叉分析。在对这两个变量的交互中可以看到（见图 3 - 9），首先，确实对于工作机构类型为个体经营的软件工程师，有认识关系且为非直接工作关系同事 5 人以内的比例达到了 42.49%，不超过 20 人的接近 90%。但是国有企业、民营企业（上市）、民营企业（未上市）这三类工作机构与总体的分布差距也并不大。三个工作机构类型中，认识不超过 10 位非直接工作关系同事的软件工程师占比分别达到了 55.46%、57.04% 和 59.78%。这一方面是因为个体经营的软件工程师仅占此次调查样本的 6.47%，另一方面也确实说明图 3 - 8 所得出的软件工程师一般社会交往圈较为封闭这一结论在不同各类工作机构中都具有稳健性。其次，在国有企业、民营企业（上市）、民营企业（未上市）这三类工作机构内部，软件工程师的一般社会交往分布也呈现一定的差异性。对两类民营企业来说，虽然二者中认识 20 名以上非直接工作关系同事的软件工程师比例相似（分别为 18.96% 和 18.75%），但上市民营企业中认识不超过 5 位非直接工作关系同事的软件工程师则较未上市民营企业少了 5.56 个百分点。最后，相比于两类民营企业，国有企业中认识不超过 5 位或多于

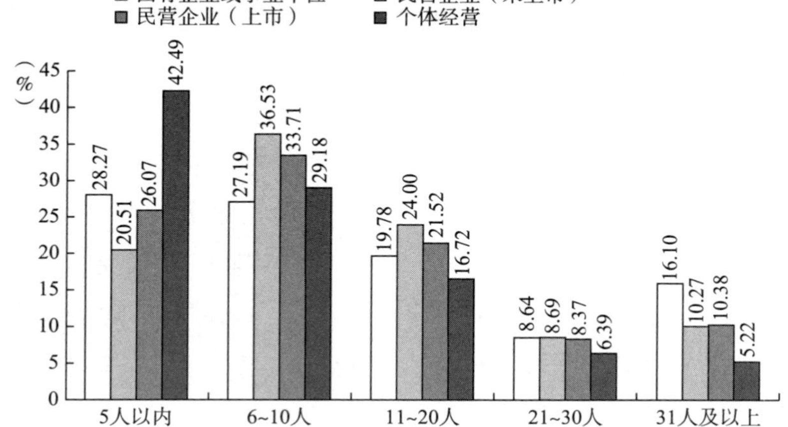

图 3 - 9　不同类型机构的软件工程师除项目团队外其相互认识的同事数量情况

30 位非直接工作关系同事的软件工程师比例都高于两类民营企业。

同样，报告也根据不同人口社会学特征，对软件工程师的一般社会交往进行了对比分析。首先在性别方面，如图 3－10 所示，女性相比男性而言，一般社会交往圈子更小。在认识“5 人以内”和“6～10 人”非直接工作关系同事的两个选项中，女性分别比男性高 3.09 个百分点和 2.50 个百分点。相应地，在 11 人及以上的三个选项中，女性则以 37.86% 的比例低于男性的 43.44% 的情况。其次在户口方面，与一般的印象相似，相较于城镇户口的软件工程师，农村户口软件工程师的一般社会交往圈子要更小。在认识 5 人以内非直接工作关系同事的比例中，农村户口软件工程

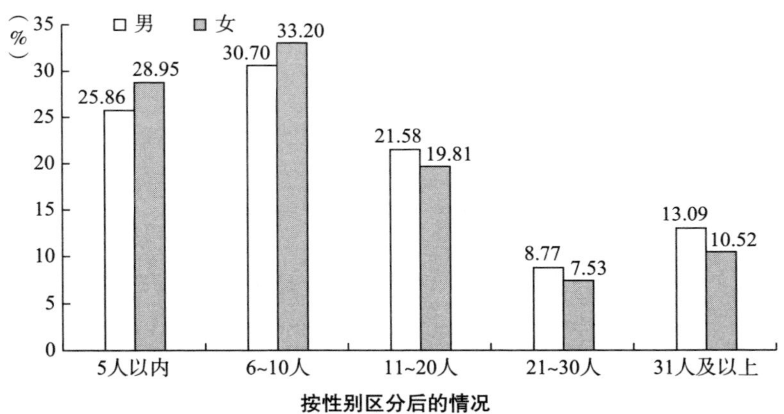

按性别区分后的情况

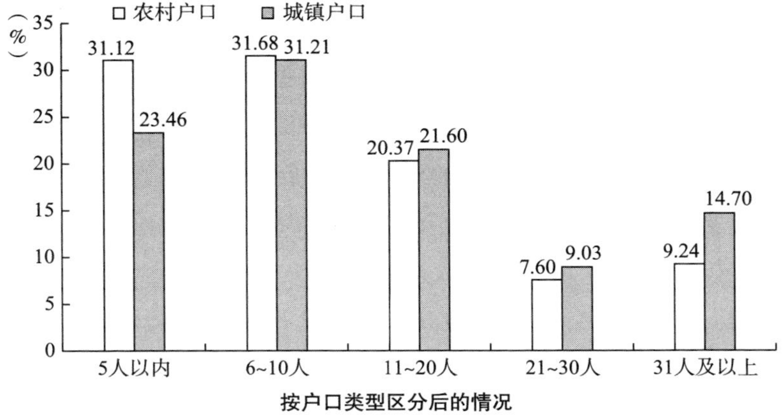

按户口类型区分后的情况

图 3－10　不同性别和户口状况的软件工程师除项目团队外其相互认识的同事数量情况

师比城镇户口的高 7.66 个百分点。而认识的非直接工作关系同事超过 10 人的群体中，农村户口的软件工程师普遍落后于城镇户口的同行。

软件工程师一般社会交往的年龄段的区分则展现了一种新的分布，即年轻的软件工程师会更表现出一般社交圈的保守，随着年龄进入 31 ~ 45 岁的阶段逐渐变得开放，而到了一定年纪后又会趋向于保守。由图 3 - 11 可见，各不同软件工程师年龄段中，在工作机构认识不超过 10 名非直接工作关系同事的比例，由 20 岁及以下群体的 73.72% 、21 ~ 25 岁的 67.18% 和 26 ~ 30 岁的 59.73% ，下降到 31 ~ 35 岁群体的 52.22% 和 36 ~ 40 岁的 50.81% 。

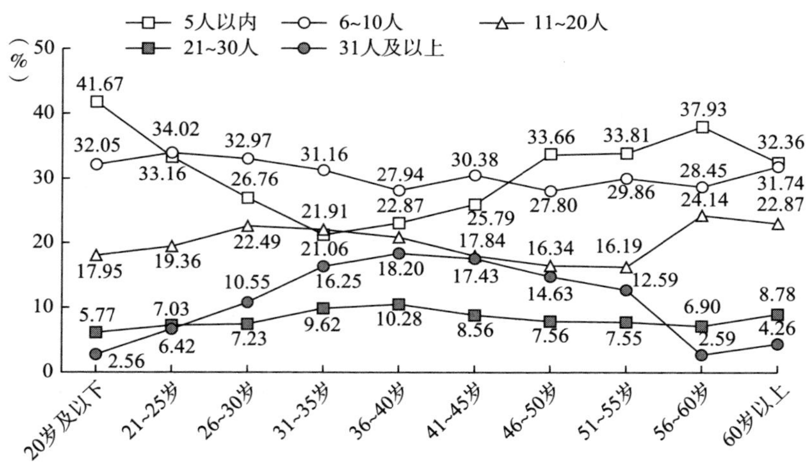

图 3 - 11　不同年龄段的软件工程师除项目团队外其相互认识的同事数量情况

相应地，在工作机构中认识 20 人以上非直接工作关系同事的比例，则由 20 岁及以下群体的 8.33% 和 21 ~ 25 岁的 13.45% ，增长到 31 ~ 35 岁群体的 25.87% 和 36 ~ 40 岁的 28.48% 。当然也可能不是因为年龄的差异，而是 31 ~ 45 岁年龄段的软件工程师工龄更长，所以他们认识了更多非直接工作关系同事。

但随后的一般社交圈分布却并未支持这一观点。随着年龄的继续增长，工作机构中认识不超过 10 名非直接工作关系同事的比例在 46 ~ 50 岁的软件工程师群体中又上升到了 60% 以上，达到了 61.46% ，并进一步增加到 51～55 岁群体的 63.67% 和 56～60 岁群体的 66.38%。不同年龄段中认识 20 名以上非直接工作关系同事的比例则从 41～45 岁群体的 25.99%，逐步下降为 46～50 岁群体的 22.19%，51～55 岁群体的 20.14%，以及 56～60 岁群体的 9.49%。因此，在不同年龄段软件工程师的一般社会交往圈变化中，确实可能存在一种随年龄变化而呈现“保守—开放—保守”的变化趋势。

并且，软件工程师的婚姻状态也与其一般社会交往圈存在一定的相关关系。如图 3－12 所示，单身群体相较来说更趋向于一般社会交往圈的保守。其认识 5 名以内非直接工作关系同事的群体比例占到了全部单身群体的 35.17%，认识 10 名以内的也达到了 66.77%。相应地，认识 20 人以上的比例则只有 14.31%。这一分布随着有未婚伴侣得到了一定程度的改变，但并不明显。未婚有伴侣群体中，认识 5 名以内非直接工作关系同事的比例相较单身群体下降了 10.30 个百分点，但认识 10 人以内的比例（61.30%）则下降并不明显，仅下降了 5.47 个百分点。但是婚姻状态则在更大程度上改变了软件工程师的一般社会交往圈。在婚姻状态中的软件工程师中，认识 10 人及

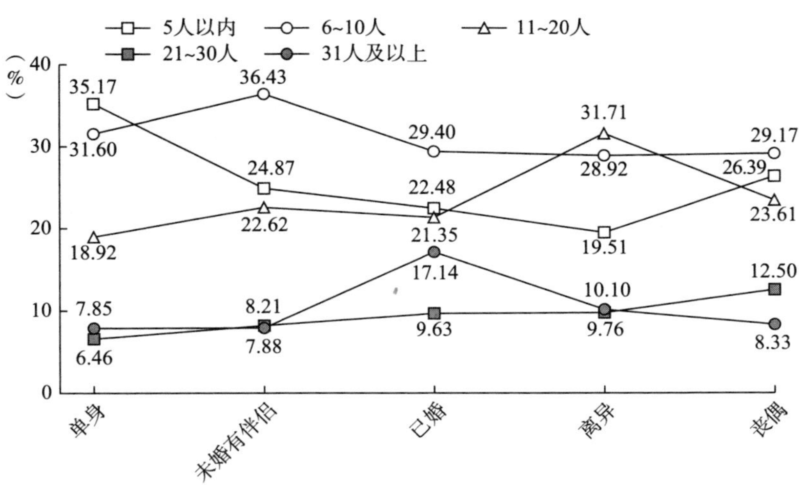

图 3－12　不同婚姻状况的软件工程师除项目团队外其相互认识的同事数量

以下的非直接工作关系同事的群体占全部已婚群体的比例为51.88%，较无论单身还是未婚有伴侣的软件工程师，均下降了10个百分点左右。而认识20人以上的比例则增加到了26.77%。

最后，收入也影响着软件工程师的一般社会交往圈。较为明显的一个趋势是，不同收入段软件工程师所认识的非直接工作关系同事数量随着收入的增加也逐渐变多。个人年总收入在6万元及以下的软件工程师中，认识5人及以下非直接工作关系同事的比例达到了45.66%（这一比例甚至超过了年收入在24万元以上的4类群体认识10人及以下的比例），10人及以下则达到了73.76%。随着收入的增加，各收入段中认识5人以内和认识6～10人占该段总人数的比例都保持着下降趋势。认识10人及以下的比例一度下降到了个人年总收入50万～100万元群体的35.15%。相应地，认识20名以上非直接工作关系同事的比例，也从个人年总收入6万元及以下的12.10%，增长为收入在50万～100万元的37.87%和收入在100万元以上的40.21%（见图3－13）。

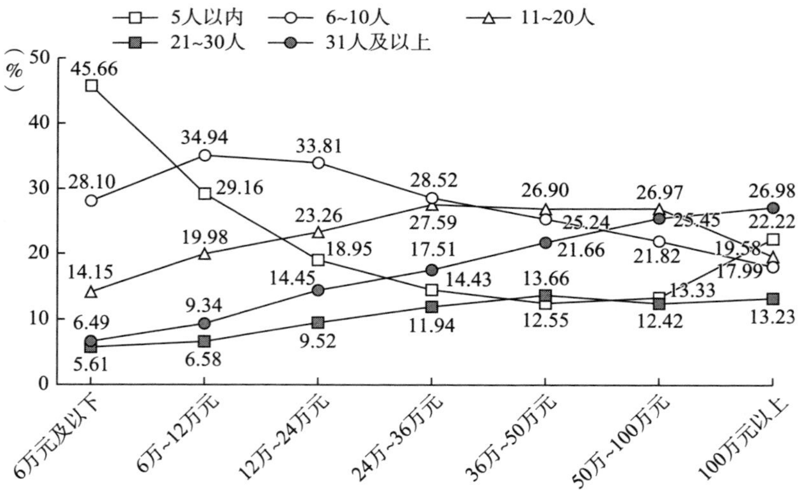

图3－13　不同收入状况的软件工程师除项目团队外其相互认识的同事数量情况

（二）小范围的现实社交空间

除了一般社会交往圈的大小外，现实社交空间的大小也是体现社会交往类型习惯的一个重要方面。本次调查主要探索的现实社交空间包括两个方面，即现实空间密度与现实空间距离。前者指在社交场景中，软件工程师所能接受的同一社交情景中的在场参与人数，即与多少人同时进行社交互动的社交形式。现实社交不同于网络社交。网络社交的群聊中，未进行互动的人较容易被忽略。但个体在现实社交中由于各个主体的情景"在场"，通常难以忽略其他人的存在。因此如果以现实社交情景作为单位，那么在场的人数越多，则代表了此次现实社交空间的密度越大。本报告通过询问软件工程师最偏好的社交情景，即以调查问卷中的"在工作之外的现实生活中，您更喜欢何种的交往方式"一题来反映和测量软件工程师社会交往中所偏好的空间密度。选项由"独处"、"在线社交"、"线下和朋友一对一"、"线下三两朋友小聚"和"线下一群朋友在一起"组成。

后者指软件工程师愿意为社交所花费的路程距离。由于受交通方式、交通路况等因素的影响，为了保持一个相对稳定的测量标准，本次调查以路程时间作为指标，以"通常情况下，去往社交活动地点的路程时间如果超过多少分钟，您就不愿参加"，来反映软件工程师在物理空间上所接受的社交距离或愿意付出的社交成本，选项分为"5 分钟（含 5 分钟）""15 分钟（含 15 分钟）""30 分钟（含 30 分钟）""45 分钟（含 45 分钟）""60 分钟（含 60 分钟）"，及受空间距离束缚最小的"无所谓时间"选项。

对于软件工程师工作之外最喜欢的现实社交方式，即本报告所关注的空间密度来说，选择独处这一选项的比例达到了 26.24%，超过了总样本的四分之一。如果将在线社交也算作是等同于只有一个人的现实空间密度情况的话，这一比例则达到了 39.72%，接近总样本的四成。这说明无论是否有在线社交行为，确实存在很大一部分群体更倾向于在现实空间中保持一个人的状态。相应地，由于具有不喜欢喧闹的自我抽离的特征，软件工程师群体对于线下一群朋友在一起的社交方式接纳度最低，仅有 7.05% 的受访者偏好这一选项。以上数据所展现的也都大体符合我们对于软件工程师群体在该方面的预期。但令人意外的是，在这五个选项中，最受到受访者青睐的是“线下三两朋友小聚”这一社交方式，受选比例达到了38.32%，几乎与偏好独自一人现实空间的软件工程师群体一样多，远高于选择线下和朋友一对一社交方式的同行（14.91%）（见图3－14）。

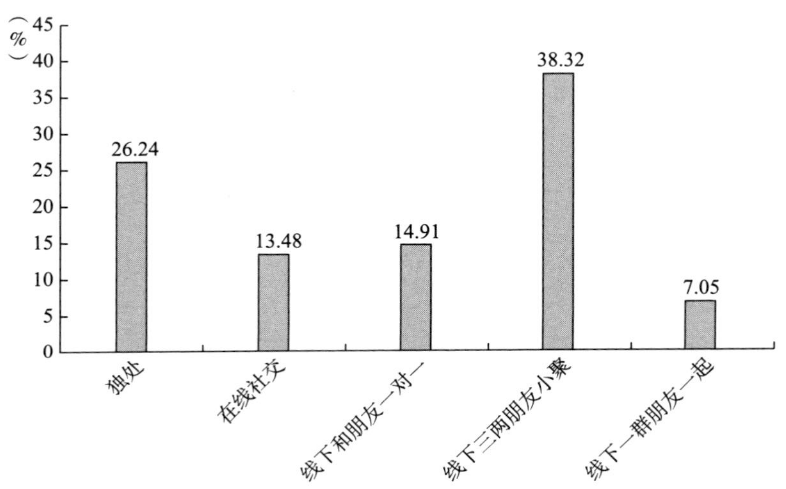

图3－14　软件工程师在工作之外最喜欢的交往方式情况

在软件工程师现实社交的空间距离方面，从图3－15可以看到，73.52%的软件工程师群体将自己主观愿意的社交活动空间限定在一小时可及的范围内。超过四成的受访者认为社交活动可接受的最大路程时间为30分钟（42.13%），其中对8.39%的受访者来说，参加社交活动的路程时间超过5分钟，他们就不愿意参加。换句话说，即其社交活动范围仅限于在所处位置的边上，不愿有任何出行。对能接受最多15分钟的软件工程师群体，其占比也达到了总体的20.08%。这虽然在一定程度上契合了对软件工程师“宅”和“不喜欢社交”的刻板印象，但本报告并不肯定这一结论。原因在于：一方面，仍有26.48%的软件工程师对社会交往的空间距离持开放态度，超过总调查对象的四分之一。对他们来说，路程时间并不是阻碍其参与社交活动的障碍。另一方面，即使超过七成的软件工程师将自己的社交空间限定在一小时路程以内，但这也不能说明他们就抗拒社交。因为并没有社会层面的数据能够证明软件工程师群体所表现出的社交空间距离就显著小于其他群体。就像三浦展在《孤独社会》[①] 一书中所描绘的那样，当下这个社会不断走向原子化、"宅"和"社恐"概念流行的时代，各个职业群体都表达着在社交和共享方面的疲惫，表达着对个人空间和权利的重视。

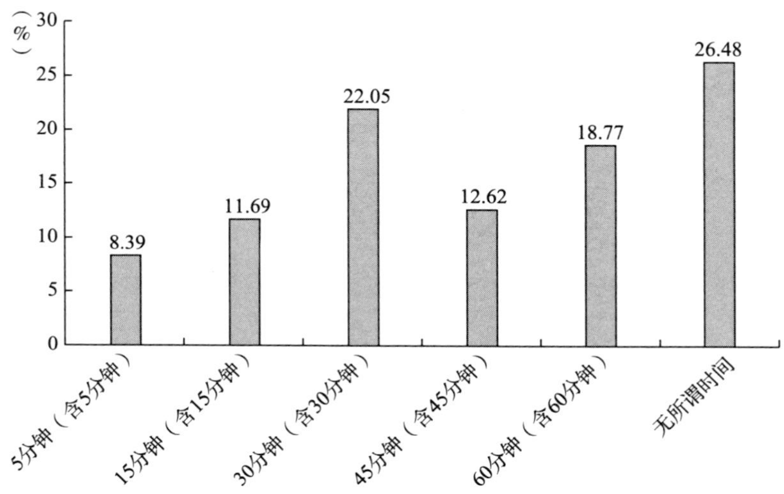

图 3－15　软件工程师能接受的去往社交地点最长路程时间情况

为了使以上数据结论更具有说服力，我们将第一节中所使用的现实生活场景分别放入本节的现实社交空间两个变量中进行分析。首先，在以软件工程师的空间密度偏好来划分其现实生活场景偏好的图 3－16 中，可以看到对于偏好独处的软件工程师群体来说，毫无疑问宅在家里是帮助其远离其他人的最好方式，偏好这一生活场景的也达到了 59.55%。对于喜欢线下和朋友一对一交流的受访者来说，选择宅在家里这一选项的仅有 11.28%，甚至只高于对不熟悉的地方的偏好。相应地，一切有助于和朋友见面的室内或室外公共场所，受选比例都超过了 17%。如果说一对一和朋友交流通

① 〔日〕三浦展：《孤独社会》，谢文博译，北京：人民邮电出版社，2023。

常具有除聊天交流外的其他行动，例如陪伴做某件事的话，那么喜欢线下三两朋友小聚则无疑更专注于增强感情的交流属性。因而对偏好这种社交方式的软件工程师来说，家中、自然风光或熟悉的地方等，更有助于大家放松下来进行交流，因此受选比例也分别达到了 17.44%、21.31% 和 27.21%，排在这一偏好群体中的前三位。而喜欢线下一群朋友一起的软件工程师，性格通常会更外向，同时也在多名参与者的相互激励下，更有可能体验新的生活场景。他们选择更喜欢不熟悉的地方的比例达到了 24.54%，不仅是按交往方式划分的 5 个群体中最多的，同时也是该群体内部的最高偏好。

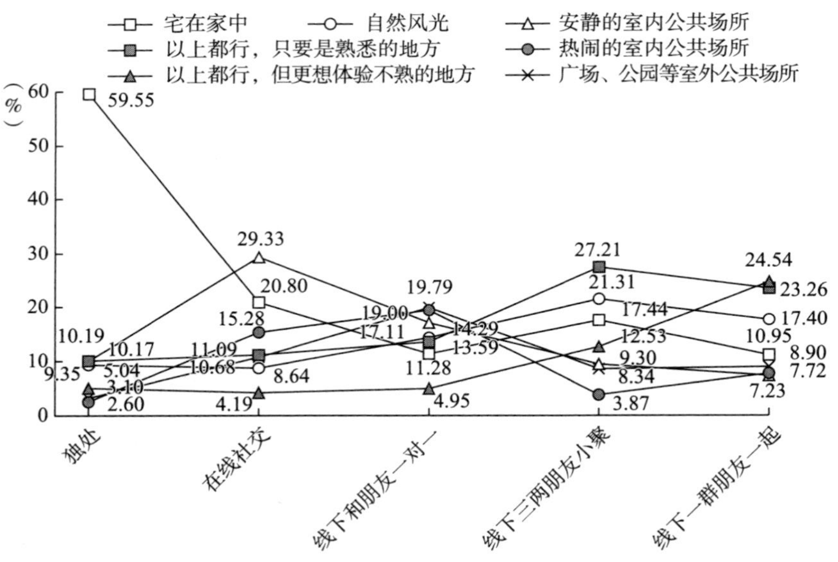

图 3－16　工作之外最喜欢的交往方式不同的软件工程师最喜欢的生活场景情况

其次，按照空间距离划分生活场景偏好进行分析（见图 3－17），将自己社交活动限定在 5 分钟路程的软件工程师，十分偏好安静和熟悉这两个特征，其选择宅在家中的比例达到了 63.85%，选择安静的室内场所的比例为 19.56%，二者占比超过了八成。而对社交路程时间为 15 分钟的软件工程师，他们虽然较选择 5 分钟以内的同行来说相对愿意出门，但也仅限在周边的室内活动中，毕竟 15 分钟的路程时间很难到达有自然风光的地方

（7.42%），也与具有“以上都行”两个特征的选择不相符，因为毕竟“以上都行”的表述暗示着对路程时间一定程度的宽容性，从常识上与 15 分钟活动圈不符（哪怕是以上都行的熟悉地方选项，也仅有 6.54% 的软件工程师选择）。因而这一群体也就更偏好室内空间，尤其是安静的室内空间（35.24%）。如果将可接受路程时间设定为最大 30 分钟，或者放宽到 45 分钟时，可以看到这一活动半径就会更多地覆盖广场、公园等室外公共空间和自然风光的选项。此外，沿着可接受社交距离的分布，可以发现随着可接受路程时间的增加，一方面，软件工程师对于宅家和在公共场合的偏好逐渐降低，同时也更喜欢自然风光的偏好；另一方面，也更专注于社交本身，而对场地场景的宽容度相对放大，在这些软件工程师中，选择“以上都行”两个选项的比例也达到了 43.68%。通过三个变量的交叉验证可见，此次调查对现实生活场景偏好、现实空间密度偏好和现实空间距离偏好的数据具有较强的一致性，这也增加了本报告的真实性。

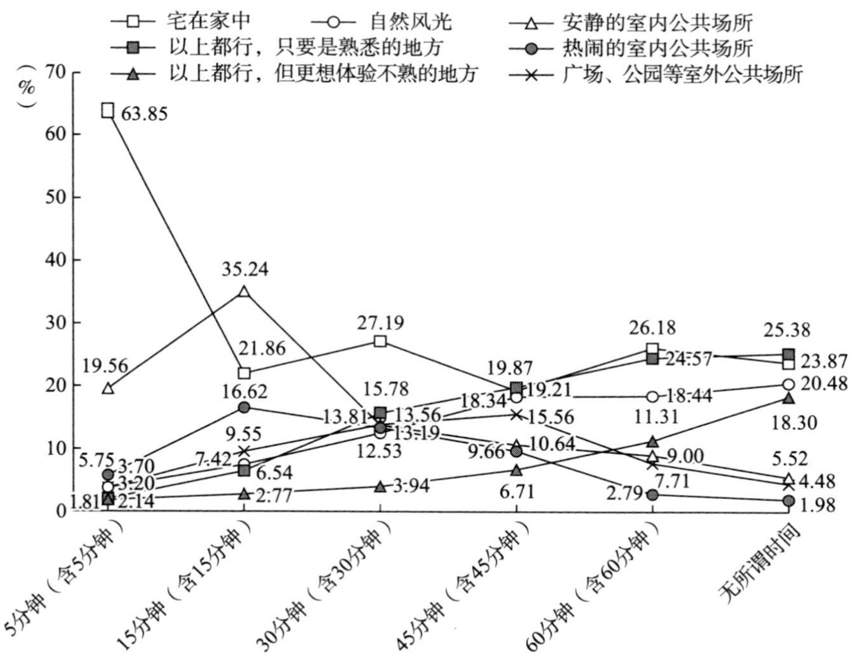

图 3-17　所能接受去往社交地点最长时间不同的软件工程师最喜欢的生活场景情况

将本节的分析同本调查的软件工程师工作报告相结合，我们可以看出，虽然我们无法判断工作与生活之间的因果联系，不过软件工程师群体的现实交往同其工作方式具有一定的相似性，即呈现模块化的特征。类似于工作流程和工作分工对他们工作内容进行的模块化分割，软件工程师的现实社交生活也表现出了模块化的特征。这种模块化主要体现在以下两个方面。

第一，软件工程师的社交生活相对封闭。他们更倾向于宅在家中，并且在一般社会交往中并不积极。如果说前者符合当前许多对于原子化和城镇化研究中的日常生活社交观，即当代的社区已成为相互间铁门封闭的“领地”，那么后者则进一步挑战了传统工作场所的社交观。即使在同一机构空间中，只要没有直接的工作联系，人们也很少会建立起即使只是见面打个招呼的社交关系。这也代表了软件工程师群体对于拓展新的社会关系的兴趣较传统认知有了十分明显的减弱。二者的相互结合，就为我们呈现了一个较为固定的生活圈。

第二，相对封闭的社交生活也代表着一种相对固定的社会生活空间。大多软件工程师都将自己的社交路程时间限定在一个小时以内，从而使自己的生活范围相对固定化，其中限定为30分钟以内的超过四成，而对于高度城镇化的现代城市来说，30分钟的路程时间可能在空间上并没有多大；即使是交往方式上，他们也更偏好于一对一或三两朋友小聚这种相对来说更适合已认识和熟悉的朋友交流的方式，而非更可能认识新人的线下一群朋友一起。

二　自我隐藏：个人化信息的回避

除了具体表现的一般社会交往圈子小、社交情景密度小、社交物理距离短的特征外，另一个让软件工程师在社交网络上被贴上刻板印象标签的就是他们的交流内容。例如以他们话语表达中的形式逻辑开玩笑、突出关注他们交流主题的非日常性等。那么软件工程师在社交内容的话题分类上，是否真如日常舆论中所描述的那样，还是他们有着自己的感性关注点。因此，在对于生活场景、社交的物理距离以及现实社交场景等具有客观属性的现实交往特征进行分析后，本节将在现实社交的角度对软件工程师的社交内容进行进一步分析。

此次调查在问卷中以“整体而言，您和朋友聊得最多的话题”是什么来了解软件工程师群体的社交内容。

在图 3－18 软件工程师的社交内容分布中，软件专业技能是这一群体同朋友聊天中最常讨论的主题，其响应率为 17.25%，紧随其后的是兴趣爱好类话题，仅比软件专业技能话题少 1 个百分点左右。其后分别是职场相关内容（14.48%）、个人经历见闻（13.45%）、行业或金融市场信息（11.84%）、时政新闻（10.73%）及娱乐八卦（7.42%）的响应率。家庭生活和感情生活这两个方面的主题在软件工程师的社交内容中出现最少，响应率分别只有 5.41% 和 3.19%。仅从聊天话题的整体性分布中就可以看出，软件工程师的聊天内容更多偏向与自己无关的客观现实主题，例如软件技能、职场相关、行业或金融市场信息，以及时政新闻和娱乐八卦信息等。虽然个人的兴趣爱好和经历见闻等相关主题话题都排在了响应率的前四位，但这两个话题在内容实质上也是客观信息的一种，前者只不过是通过“爱好”这一明确指向限定了范围，仍以客观事物为话题；后者也只是客观事物经软件工程师的体验后的转述，二者并不涉及过多的感性。但家庭生活和感情生活则不同，这两类话题不仅是谈话者的参与式经历，同时也包括他们的情感涉入。更重要的是，这两类话题的涉入对象不再是客观不变的事物，而是能够与软件工程师等聊天者互动的主体的人，因而又会进一步引起软件工程师自身的感性变化。从而，这两类话题不仅代表着谈话者将自己的生活和感性对象等客体同其他人分享，更代表着将自己的感性、将自己本身作为感性的对象向其他人展示。因此，对家庭生活和感情生活的回避，就不仅仅是社交舆论中所停留的刻板影响，即软件工程师都过于理性而不受情感影响。他们在兴趣爱好话题上的高响应率已经证明了他们并不回避关于自己感性的话题。这种回避是他们自我抽离的一种体现，即将作为感性对象的自身在社会交往的话题中隐藏起来，从而使自己能够不卷入社会交流中，从而实现一种可控的抽离。

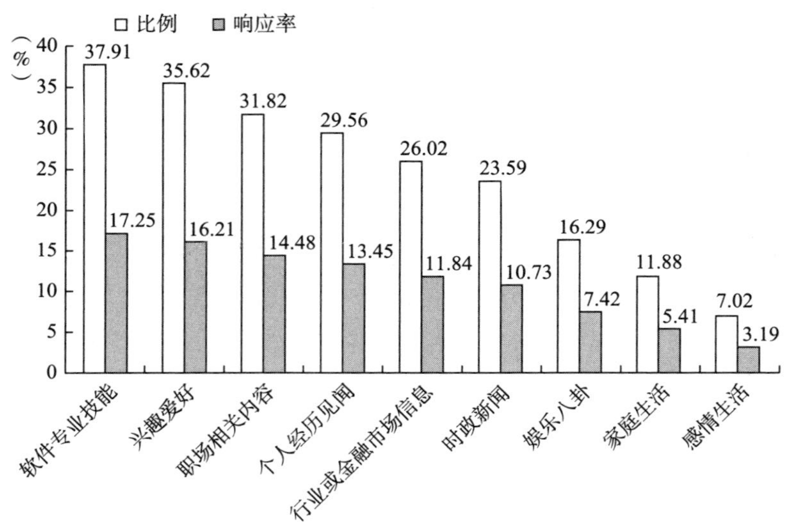

图 3－18　软件工程师与朋友谈论最多的话题情况

这种抽离同时体现在男性软件工程师和女性软件工程师身上。如图 3－19 所示，两个软件工程师群体在聊天话题的分布中略有差异，例如对男性软件工程师来说，他们与朋友聊得最多的话题是软件专业技能，有 40.99% 的

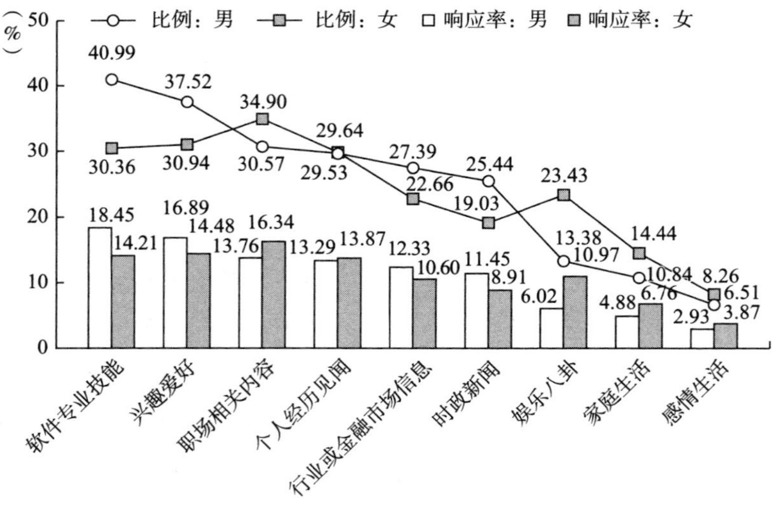

图 3－19　不同性别的软件工程师与朋友谈论最多的话题情况

男性软件工程师都将这一话题列在与朋友聊天的话题中，而女性软件工程师与朋友聊得最多的话题则是职场相关内容，女性软件工程师选择这一话题的比例是 34.90%。并且男性软件工程师与朋友聊时政新闻的比例（25.44%），高于聊娱乐八卦的比例（13.38%），女性软件工程师则正好相反，娱乐八卦的话题关注度（23.43%）高于时政新闻（19.03%）。但是，二者分布在总体上仍然非常相似。两性软件工程师聊天话题的前三位都是软件专业技能、兴趣爱好和职场相关内容。更重要的是，无论男性还是女性软件工程师，选择与朋友聊家庭生活和感情生活的比例都是最低的。

一方面，即使是婚姻状况和是否生育也未能明显影响软件工程师在社交内容上的自我抽离。由图 3-20 可见，无论是对单身、未婚有伴侣，还是已婚、离异和丧偶状态的软件工程师来说，不同的亲密关系或情感状态都未能改变家庭生活和感情生活这两个话题在总体话题排名中靠后的现象，除处于婚姻状态的软件工程师外，家庭生活或感情生活出现在其他四类软件工程师同朋友聊天话题中的比例都不足 10%。即使是已婚的软件工程师，他们也更倾向于同朋友聊家庭生活，而非自己的感情生活。并且即便如此，家庭生活的响应率依然排在所有话题的倒数第三位。软件专业技能也仍占

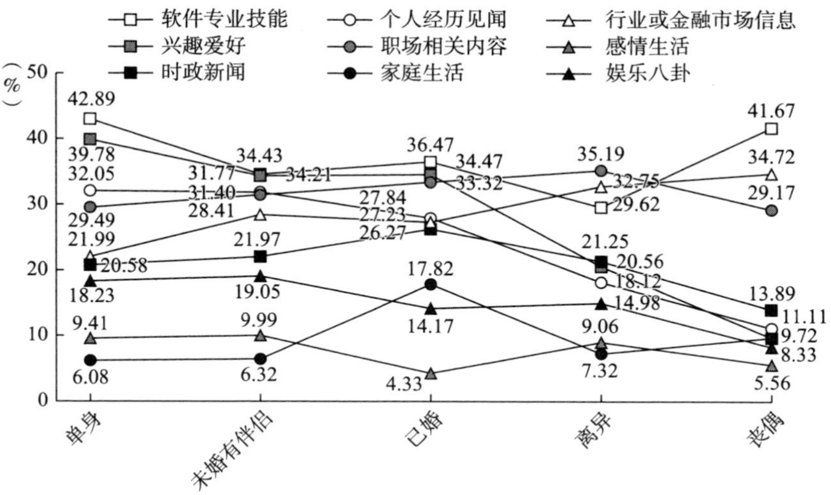

图 3-20　不同婚姻状况的软件工程师与朋友谈论最多的话题情况

据他们同朋友聊天内容的榜首。另一方面，图 3－21 显示，同婚姻的影响一样，子女的到来在一定程度上能影响软件工程师在同朋友聊天时多分享一些关于家庭生活的话题，其中有子女群体聊家庭生活话题的比例是 15.38%，高于无子女群体 8.30 个百分点。但也仍然只是让家庭生活这一话题在所有话题选项的排名中上升至倒数第三。

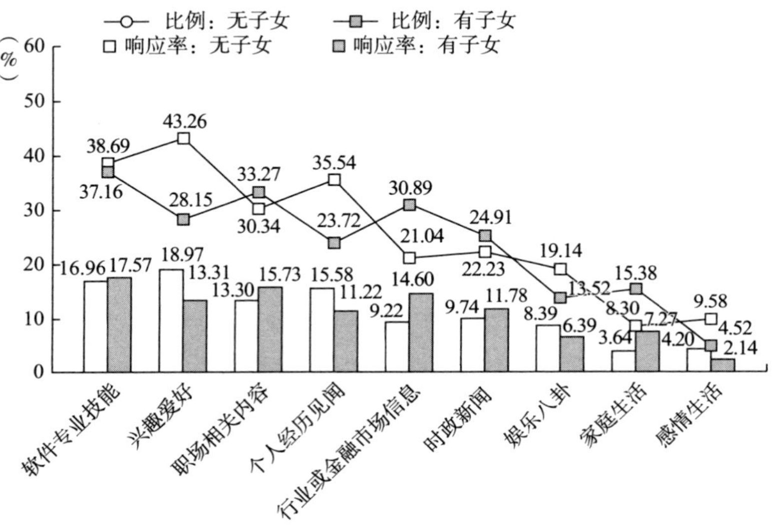

图 3－21　不同子女状况的软件工程师与朋友谈论最多的话题情况

除了在同朋友聊天时不涉及自身感性状态的自我抽离外，不同软件工程师群体社交内容在比较过程中，也有其他一些值得被介绍的特点。首先，由每周工作时间和社交内容的交互分析中可以发现（见图 3－22），对于周工作时间为“不超过 40 小时”“41～50 小时”“51～60 小时”的三个软件工程师群体来说，兴趣爱好这一话题都排在他们与朋友聊天内容的前两名。但随着周工作时间的进一步增加，对工作时间为“61～72 小时”和“73 小时及以上”的软件工程师群体来说，兴趣爱好则跌出了同朋友聊天内容的前三名，取而代之的是职场相关内容和行业或金融市场信息。可见，超高强度的工作会剥夺软件工程师在兴趣爱好方面能投入的精力，使他们即使与朋友进行社交交流，也多是与工作相关的话题。另一个有趣的趋势出现在软件工程师个人年总收入与社交内容的交互中（见图 3－23）。以个人年收入 36 万元为分界，对于个人年收入不超过 36 万元的四个软件工程师群体来说，他们最常与朋友聊兴趣爱好的比例都超过了 30%，除年收入不超过 6 万元的群体的兴趣爱好话题排在第二位，其他三个群体与朋友聊得最多的话题都是兴趣爱好。但是在年收入超过 36 万元的软件工程师群体中，兴趣爱好这一话题的排名则直接掉出了前三位，并且其在与朋友聊天中的涉及比例从年收入 36 万～50 万元群体的 32.41%，下降到年收入 50 万～100 万元群体的 27.88%，最后下降到年收入 100 万元以上群体的 22.34%。

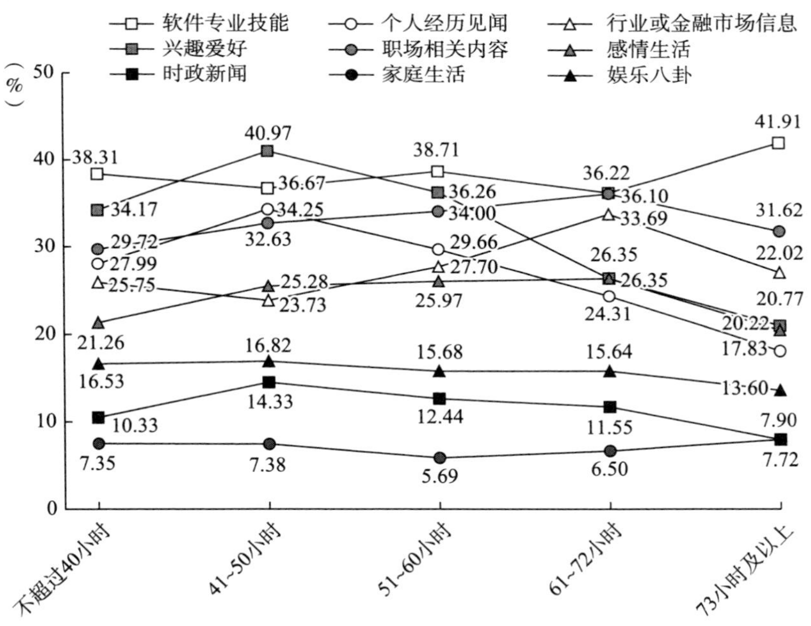

图 3－22　不同工作时长的软件工程师与朋友谈论最多的话题情况

综上可以看到，软件工程师的社交内容本身，也是其在日常生活中自我抽离的一种体现。这种体现不仅是他们在与朋友交流中较少涉及自我情感和家庭生活，同时也是他们一种自身坚强的属性，无论性别、户口、区域、专业等个人特征都未能对其产生明显差异，即使婚姻、生育，甚至年龄等生命历程特征也都难以将其改变。另外，我们也可以看到，作为能够经常出现在其与朋友的话题中，但又在一定程度上反映他们感性的兴趣爱

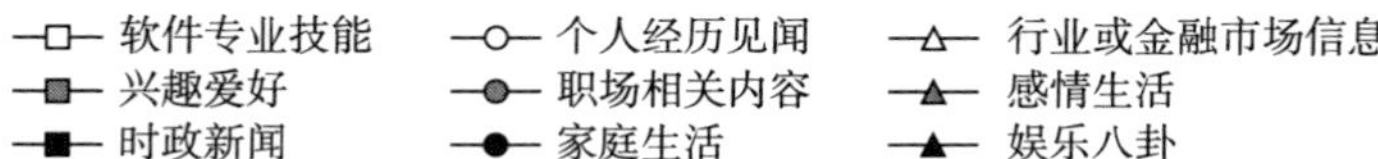

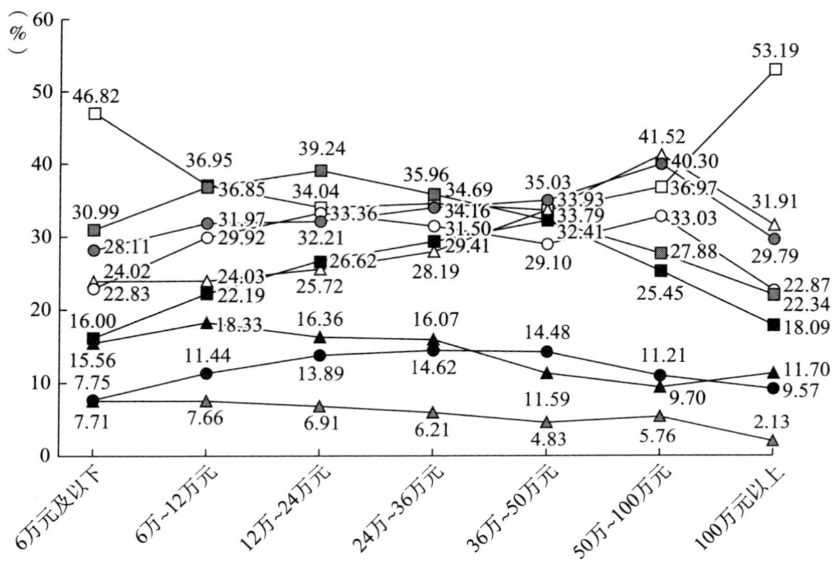

图 3－23　不同收入的软件工程师与朋友谈论最多的话题情况

好，常常成为他们在工作和收入上的分界岭。因此，虽然社会对于软件工程师的关注点都在于他们理性的一面，但是他们的感性如何展现又是通过何种方式展现，才是我们理解他们，团结他们，以及在数字时代既成为他们又超越他们的重要环节。

三　主体抽离：对交往日常的沉默

随着互联网的发展，网络开始进入人们的日常，并越来越成为日常交往的重要工具。区块链、虚拟现实、元宇宙、人工智能等概念的不断出现，使得虚拟生活也成为我们所期待的数字社会的一大特征。虽然当前的虚拟还未完全实现，但在线社交确实正在成为我们生活的一部分，并不断以多元化、匿名化等内在特征和“延伸器官”“低头族”等外在特征挤占现实的社会交往。软件工程师的工作内容决定了他们工作中的大部分时间都需要花费在电子设备上。这种与电子设备，或者说与其背后虚拟世界进行交互的习惯，也可能进而延伸至日常生活中。

首先，此次调查询问了软件工程师社交媒体软件的使用情况（见图3－24）。当然，需要说明的是，本报告所指的社交媒体软件并不局限于狭义的一对一的情感交友软件，而是任何能够与网络上的熟人或匿名化陌生人产生互动的软件。该软件对使用者来说并不具有单一化的功能或目的，例如购物软件或工作软件的单一化功能或目的较强，而能与其他个人主体进行交流的功能弱。互动不限于一对一私聊（例如探探等交友软件，以及其他各类软件的私信交流），也包括发帖等一对多和跟帖等多对一的交流形式（例如虎扑、豆瓣及各类论坛的参与），并且如观看他人发帖等也被算作一种主体参与网络社会交往的形式。例如观看微博、抖音、知乎等软件时，即使不发表评论，但因其具有了对他人主体的观看和关注，且受到他人主体活动的影响，也会被本报告归为使用社交软件。在排除了淘宝、闲鱼等购物软件和钉钉、飞书等办公软件后，本研究发现超过八成的软件工程师在微信和QQ之外有经常使用的其他社交软件（80.59%），但相关软件的数量并不多，有52.49%的软件工程师仅集中在1~2个社交软件上。仅有5.46%的软件工程师有不少于6个的社交软件。

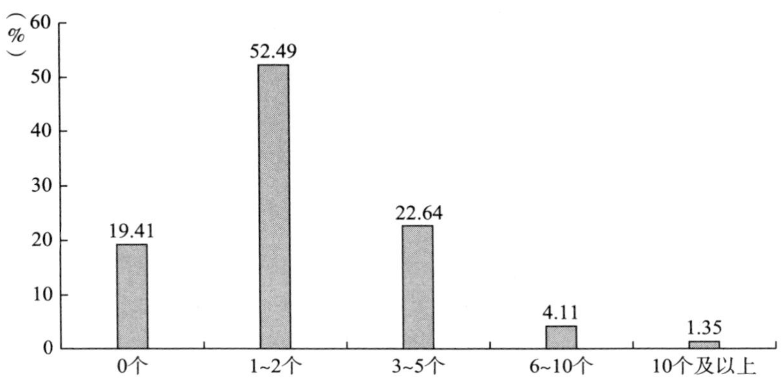

图3－24　软件工程师经常使用的社交软件数量情况

其次，在对被调查对象询问其“通常情况下，您每天在工作之外，花费在互联网社交软件的时间是几个小时”，本报告获得了一个关于软件工程师日常生活中上网进行社交活动时间的数据（见图 3－25）。虽然超过一半的软件工程师花费在互联网社交软件的时间不超过 2 小时（56.43%）。但仍有近 1/5 的受访者（18.00%）每日会花费超过 4 小时在社交软件上。甚至有 6.88% 的软件工程师社交软件的使用时间超过了 6 小时。

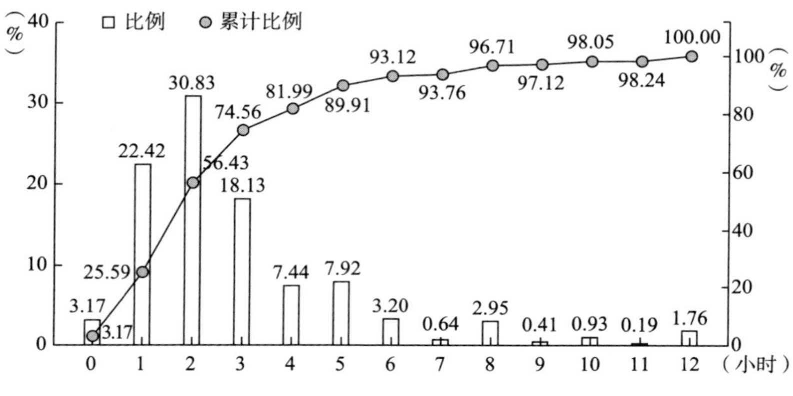

图 3－25　软件工程师每天社交软件使用小时数情况

世界经济论坛与数据统计网站 Statista 于 2020 年发表的数据报告称，全球互联网用户使用社交媒体的平均时间为 2 小时 22 分钟，其中中国网民每天花费在社交媒体的时间为 1 小时 57 分钟。[①] 2023 年 10 月，互联网行为研究团队 Kepios 发布的报告则称，全球社交媒体用户每天花费在社交媒体上的时间为 2 小时 26 分钟，并且活跃使用 6.7 个不同的社交平台。[②] 相比过去这两份报告，本次调查中软件工程师的平均数达到了 2.9 小时（其中未缩尾数据的平均值为 2.99 小时，1% 缩尾后的平均数据为 2.91 小时），较 2020 年报告的中国网民社交媒体每日花费时间高出 1 小时，较 2023 年的全

① 世界经济论坛：《在社交媒体上花费时间最多和最少的国家》，2020，https://cn.weforum.org/agenda/2020/11/zai-she-jiao-mei-ti-shang-hua-fei-shi-jian-zui-duo-he-zui-shao-de-guo-jia/，最后访问日期：2023 年 10 月 30 日。

② Global Social Media Statistics，2023，https://datareportal.com/social-media-users? rq = WhatsApp，最后访问日期：2023 年 10 月 30 日。

球平均值高出半小时。结合图 3 – 24 和图 3 – 25 的内容以及两份全球互联网用户的报告，可以看出，我国软件工程师相对其他网民来说，花费在社交媒体上的时间会更多一些，但对于社交媒体软件的选择则更为专一。

（一）低社交属性的网络活动

人们在互联网上的活动反映了他们网络生活的组成，而对当前多元化网络活动的选择，则反映着人们对于网络生活的观念。本次调查以多选题的方式询问了人们“在工作之外，您在互联网上进行最多的活动是什么”，结果如图 3 – 26 所示。

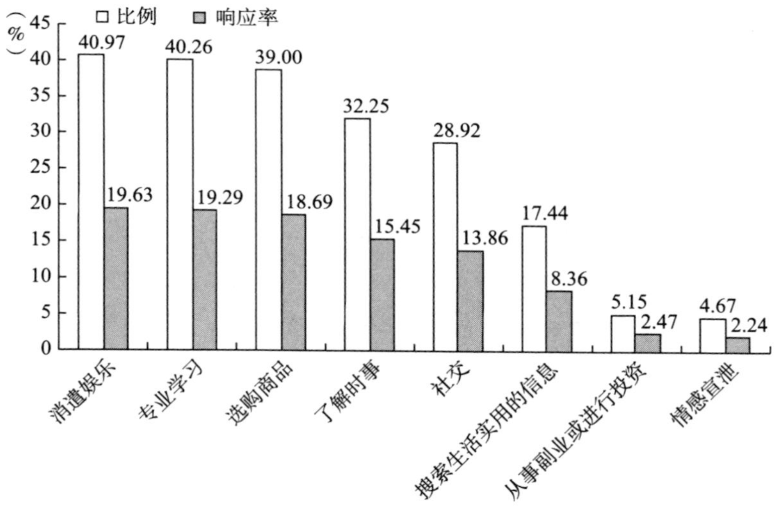

图 3 – 26　软件工程师在互联网上进行最多的活动情况

可以看到，均有超过 40% 的软件工程师将消遣娱乐和专业学习列为他们在互联网上进行最多的活动之一，分别为 40.97% 和 40.26%。紧随其后的是进行选购商品的网络活动，选择比例为 39.00%。但是社交活动在软件工程师的互联网活动中，仅排在第 5 位。因此，有趣的是，虽然我国软件工程师每天平均花在社交媒体上的时间为近 3 小时，但是他们更可能的是进行消遣娱乐而非社交活动，也就是说其中的娱乐属性更高而交流属性更低。被选择最多的前四选项的响应率一共达到了 73.06%，也说明软件工程师的网络活动偏向于低社交，即暴露于其他活动主体的感性卷入较少。这一点也可以从仅有4.67%的人会选择情感宣泄这样更强烈的感性暴露方式得到辅证。此外，另一个值得留意的软件工程师网络活动是专业学习。选择这一活动的受访者几乎与排在第一的消遣娱乐一样多。可见与他们的工作属性相合的是，软件编程等是一个不断迭代更新、需要不断学习的工作。

对不同性别的软件工程师来说，网络活动中的社交需要并未有明显差异，均排在第五位，且前四位也同样由消遣娱乐、专业学习、选购商品和了解时事所组成（见图3－27）。甚至男性软件工程师在该选项上的响应率（13.96%）还要略高于女性（13.60%）。这也与传统观念中认为女性比男性更需要社交和社会支持相悖。

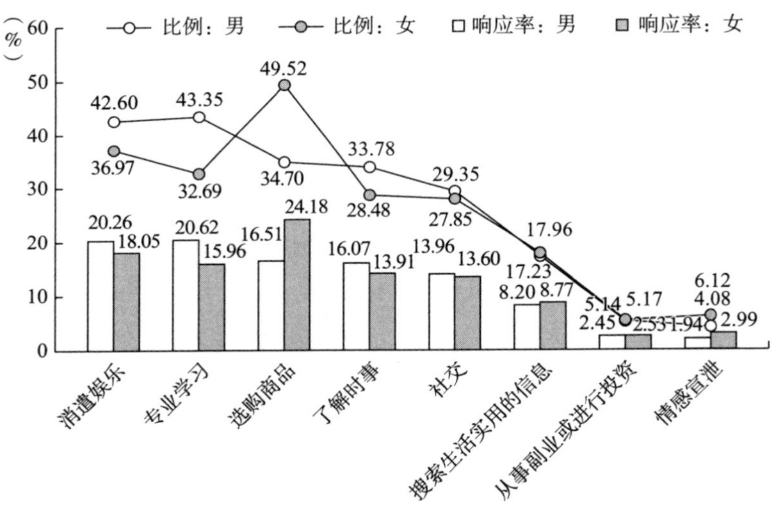

图3－27　不同性别的软件工程师在互联网上进行最多的活动情况

按生命历程的节点来看，家庭的变化，即婚姻和子女也是影响软件工程师网络活动的重要因素。图3－28表明，对于单身的软件工程师，社交活动在其网络活动中的占比明显偏多，仅次于排在第一位的消遣娱乐，比例为37.92%。当有伴侣时，即使未婚状态，软件工程师网络活动中选择社交的部分也明显下降到27.59%。而当进入婚姻状态后，专业学习则成为软件工程师进行网络活动最多的部分，消遣娱乐则下降到了第三位。

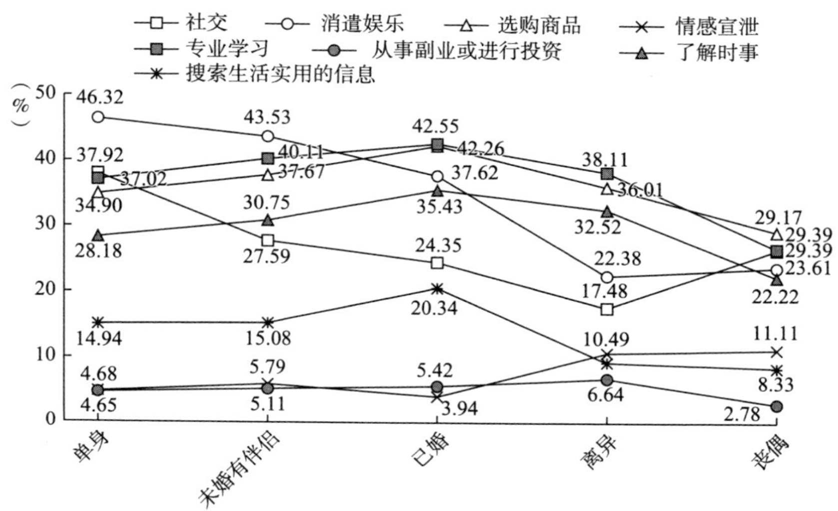

图 3－28　不同婚姻状况的软件工程师在互联网上进行最多的活动情况

相似的特征也出现在无子女和有子女的软件工程师群体中（见图 3－29）。对无子女的软件工程师，消遣娱乐的受选比例为 50.50%，远远高于排在第二位专业学习的 38.44%，同时社交也达到了 33.62%，超过了解时事排在

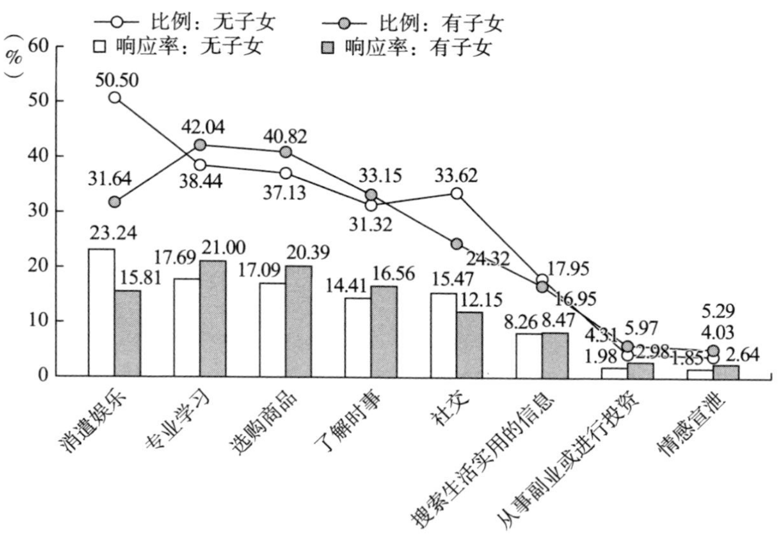

图 3－29　不同子女状况的软件工程师在互联网上进行最多的活动情况

了第四位。而有子女的软件工程师的网络活动前三位则变成了专业学习（受选比例为42.04%）、选购商品（受选比例为40.82%）和了解时事（受选比例为33.15%）。社交排在了第五位，受选比例也降到了24.32%。

将软件工程师的生命历程回归到年龄，我们可以看到一个有关他们网络活动的、更丰富的变化过程。由图3－30所示，首先，伴随着软件工程师从青年到壮年时期，社交在网络活动中的占比逐渐下降，从20岁及以下软件工程师的39.10%，到21～25岁群体的35.74%，再到26～30岁群体的31.25%和31～35岁群体的26.06%，并在36～40岁群体的20.89%达到了相对最低。此后，随着年龄的增加，社交的占比又逐渐增加起来。41～45岁群体的网络活动中社交占比回复到了25.16%，46～50岁群体的为29.58%，并达到了51～55岁的33.94%和60岁以上的32.27%。其次，专业学习在各年龄段，无论是对20岁及以下还是60岁以上的软件工程师来说，都稳定排在前两位。

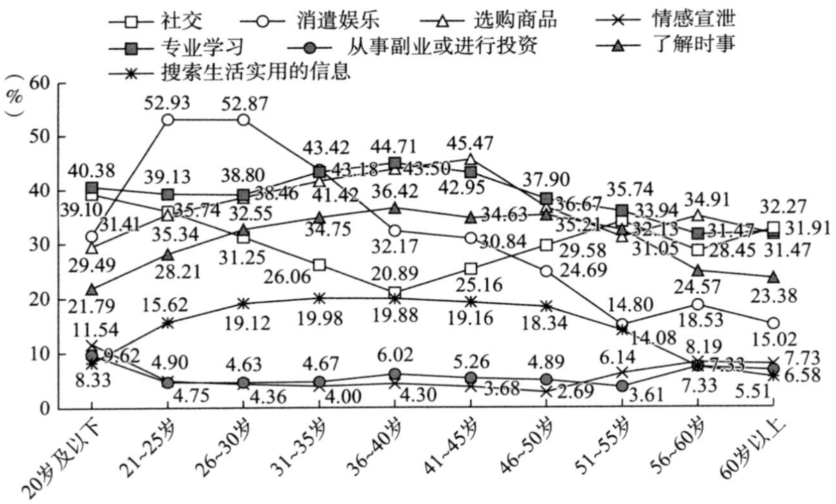

图3－30　不同年龄的软件工程师在互联网上进行最多的活动情况

从响应率上来看，20岁及以下的软件工程师会在网络上进行情感宣泄活动的响应率为6.02%，是所有年龄段中最高的，其后从21岁到50岁年龄段的软件工程师在情感宣泄方面的响应率都不足2%，但对于50岁以上的已步入中年的软件工程师，他们在网络中的情感宣泄活动的响应率又开始增加，从51～55岁群体的3.58%，到56～60岁群体的5.09%和60岁以上群体的5.03%。这三个群体中，情感宣泄在所有网络活动中的排名也脱离了最后一位，上升了一到两位。

（二）少关系卷入的表达特征

相比于现实生活，网络表达的对象既包括生活中的熟人，更包括匿名的陌生人；网络社交的公共事件表达形式既可以是如现实社交交谈般的留言跟帖式对话，也可以是无话语的点赞和转发，还可以是无具体说话对象的发帖。因此为了探究软件工程师在网络社交中对公共事件的反应和相应的公共表达形式，此次调查以“在过去12个月中，当社交媒体上出现与自己日常生活不直接相关的社会公共事件时，您最主要的反应是什么”来测量网络社交的公共表达形式。本次报告更关注无目的性的日常表达和无利益涉入的价值表达，因此提问排除了与被调查者日常生活直接相关的事件，从而回到社交表达的基本分享属性。

如图3－31所示，就软件工程师群体本身来说，他们在网络社交中的公共表达总体上以保守和远离熟人圈为特征，即避免在自己的现实社会关系面前表达。就第一个特征保守来说，可以看到将近一半的软件工程师在网络上看到与自己生活不直接相关的社会公共事件后的行为是“只是看看，通常不采取任何行动”（48.09%）。另外有17.47%的软件工程师仅对相应事件内容进行点赞。就第二个特征来说，可以发现相比于在熟人的网络社交圈中表达自己对于公共事件的观点（发帖、跟帖和转发等行为合计为12.24%），软件工程师更倾向于将自己的观点表达在陌生人的网络社交圈中（发帖、跟帖和转发等行为合计为22.20%）。同时，由三类表达行为的差异来说，无论是在熟人圈还是陌生人圈，软件工程师只要愿意表达，就通常会选择直接发帖或在已有发帖中评论、跟帖，而不是单纯地转发。这也可以看出，软件工程师在表达上也较为直率，如果要发表意见，就会以直接说出来的形式，而不是借其他链接内容进行间接表达。

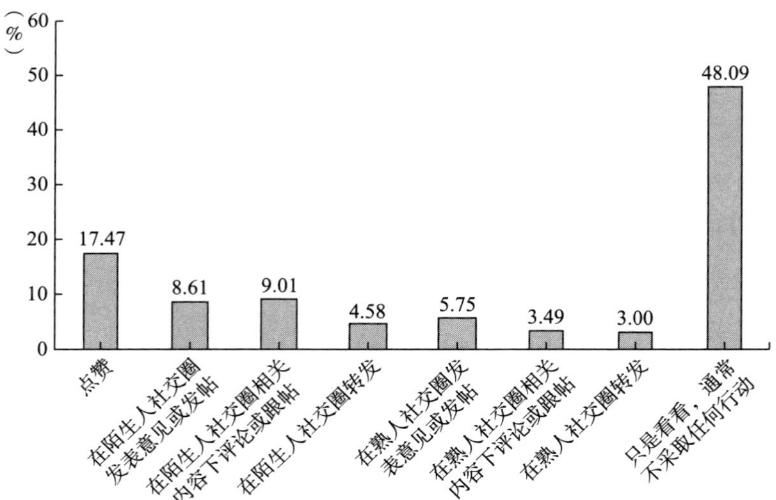

图 3－31　软件工程师面对与自己日常生活不直接相关事件的反应情况

（三）发声事件远离微观生活

在了解软件工程师面对社会事件的表达形式后，本报告转向会引起他们在社交媒体中对公共发声的事件类型，从而进一步对数字社会的网络舆论和公共表达有一个感性的了解。本调查询问了被访者在过去的 6 个月中经常在社交媒体上发声的内容。“发声”指发帖、跟帖、评论、留言、提问或回答等有具体文字表达的行为。因此该问题的回答被分为两类，即选择“只是看看，通常不发声”的软件工程师和多选自己经常在社交媒体发声事件类型的软件工程师（最少选 1 个，最多选 3 个）。

如图 3－32 和图 3－33 所示，有 61.78% 的软件工程师对于各类型的公共事件都选择不发声。在会在社交媒体上发声的软件工程师中，社会事件是最能引起他们关注和发声的事件类型，响应率为 19.67%，其后依次为技术、技能相关的事件的 15.67%，与自己兴趣爱好相关的事件的 14.66%，时政事件的 13.88%，娱乐事件的 13.06%，以及与行业或工作相关的事件的 11.02%。而与自己日常生活直接相关的事件（例如物价、房价或通勤交通等）和与软件工程师身份相关的事件（对软件工程师自身的刻板印象等）的响应率则只有6.94%和5.09%。可以看到排在软件工程师发声或关注前面的事件都和其日常生活的微观层面无关，甚至与其自身的身份形象无关。也就是说，软件工程师对于公共事件的参与，大都保持着一种自我抽离，避免在讨论中牵扯到与自我直接相关的话题。

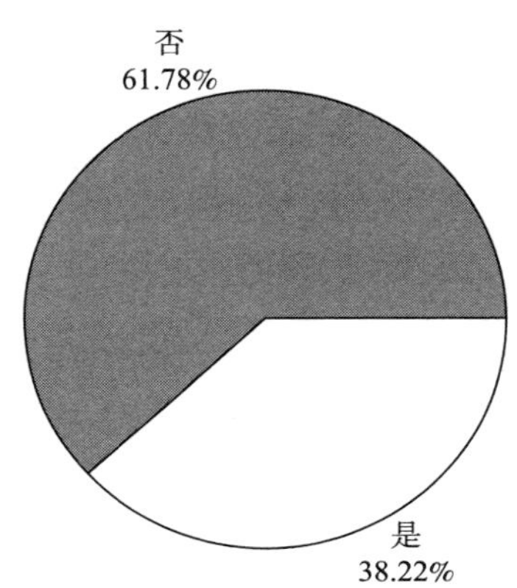

图3-32 软件工程师是否对各类公共事件发声的情况

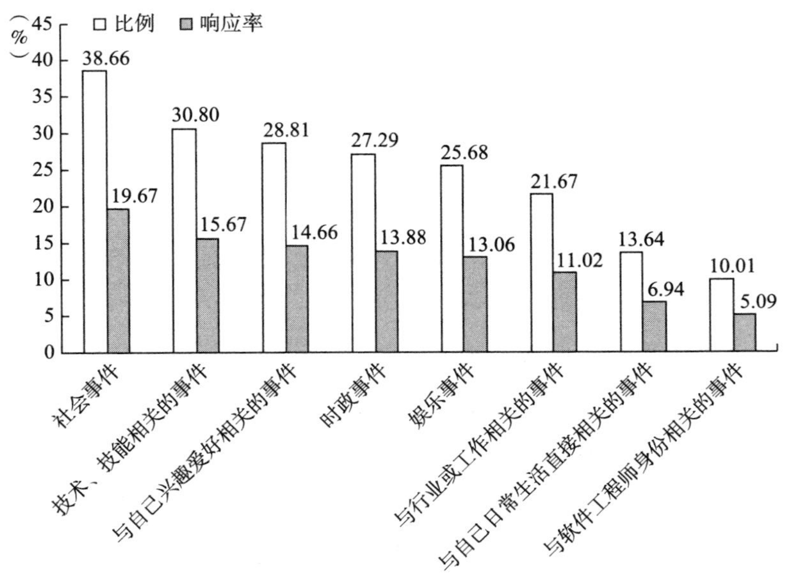

图3-33 软件工程师经常在社交媒体上发声的内容情况

从本节可以看到，无论是从主动进行的网络活动类型，还是从对于公共事件的表达方式，抑或是从能够引起参与兴趣的公共事件类型中，软件工程师都存在一种社会关系抽离的倾向。这种倾向可能是在网络活动中更多进行与自我情感表露无关的活动，隐藏可能产生感性反馈的社交和宣泄活动，从而让自己的感性流露从网络活动中抽离；也可能是回避对公共事件的表达，抑或将自己的公共事件表达划在熟人圈之外，从而让自己的网络表达从社会关系中抽离；也可以是更多对宏观的、社会的、同自己不直接相关的事件发表观点，而很少对自己的生活与身份的言论在网上进行评论，从而让自己的公共观点从微观生活中抽离。

这种种抽离的背后，实际上还是一种自我抽离，即将那些自己的外部观点行为从自我的内部建构中抽离出来，进而产生一种对自己的保护。其中的兴趣爱好和个人见闻也只是自我对客体的投射，是一种可控的自我展现，而不是自我对主体的建构，不反映自己的观点价值。就这样，软件工程师通过回避能够反映自我主体建构的活动、表达和话题，从而将自我隐藏和保护起来。

四　理性信任：被分离的社会关系

（一）社会关系网络匿名双标

网络社交与线下社交一个重要的不同点就是所面对的交流对象的确定性。即，线下社交所面对的是看得见且感受得到其存在的实实在在的人，即使这个人是陌生的，但却不是完全匿名或透明的，仍然具有一定的特征和社会关系。那么这个交流对象的观点也就同其个体存在和社会身份、社会关系相联结。但是网络社交则不同，在互联网上，观点的内容和表达观点的人是相分离的。我们不知道同我们进行交流的对象在社会特征上是什么身份、从事什么工作、具有什么样的社会关系，也不知道交流对象在客观层面上是男性还是女性，是青少年还是中年人，甚至我们都无法确定对方究竟是不是有独立思维能力的人，是网络“水军”还只是 AI 程序。本部分向我们展示了软件工程师在进行网络表达时，会倾向于远离熟人朋友圈，也就是相对不愿在自己的现实社会关系中展露自己，不愿将自己的观点与自己的身份和社会关系联系起来。那么这是否意味着软件工程师本身更适应于数字时代的网络社交，他们更能接受和擅长处理这种观点内容与观点者之间的分离，从而可以更好地就事论事处理观点本身？抑或他们也会受到现实中线下社交特征的影响，希望能够感知到交流对象的身份与社会关系？

为了探究和辨别软件工程师在网络社交中对交流双方身份的要求，并以此探索数字时代下人们的社交关系转型，此次调查分别询问了软件工程师关于在互联网上进行陌生人社交时是否更愿意与有公开身份的人社交，以及是否接受在交流中将自己的信息实名公开。两个问题的结果分别如图 3－34 和图 3－35 所示。

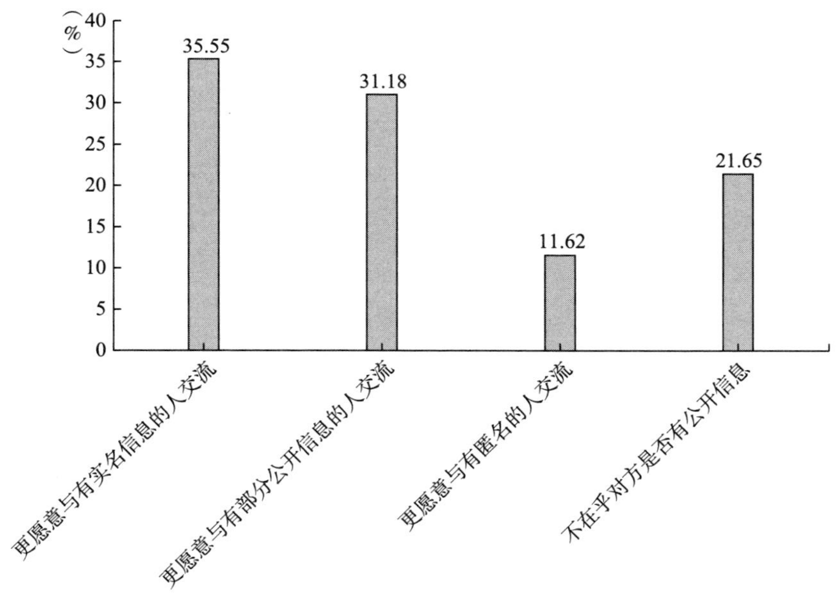

图 3－34　软件工程师在互联网上与陌生人社交的倾向情况

首先，多数软件工程师群体在互联网上进行陌生人社交时，更愿意与具有实名信息或有 IP 地址、职业等一定公开信息的人交流，两个选项合计占比达到了66.73%，超过了2/3。其中更愿意与有实名信息的人交流的选项受选比例达到了35.55%，高于更愿意与有部分公开信息的人交流31.18个百分点。可见即使是平时以软件语言和数字互联网为工作的群体，他们在交流时也会更倾向于对对方在身份和社会关系方面具有一定的了解，以便能形成对交流对象的主体认知。仅有21.65%的软件工程师选择在互联网社交时，不在乎其交流对象是否具有公开信息，而是将重点放在交流的内容上。同时，还有11.62%的软件工程师在网络社交中更愿意同没有公开信息的匿名群体进行交流。

其次，在互联网上同陌生人社交时是否愿意公开自己信息方面，软件工程师的选择则略有不同。一方面，大多数软件工程师同样选择愿意实名交流或公开部分如IP地址或职业方面的信息，二者合计占比同样超过了2/3，达到了68.20%。另一方面，接近一半的软件工程师选择可以接受公开自己的部分信息（49.22%），远多于选择愿意将自己实名同陌生人进行社交交流的同行（18.98%）。并且，要求完全将自己匿名的软件工程师也达到了31.80%。也就是说，相较于希望交流对象的信息公开或部分公开，软件工程师对于自己身份和社会关系的保护更加注重。

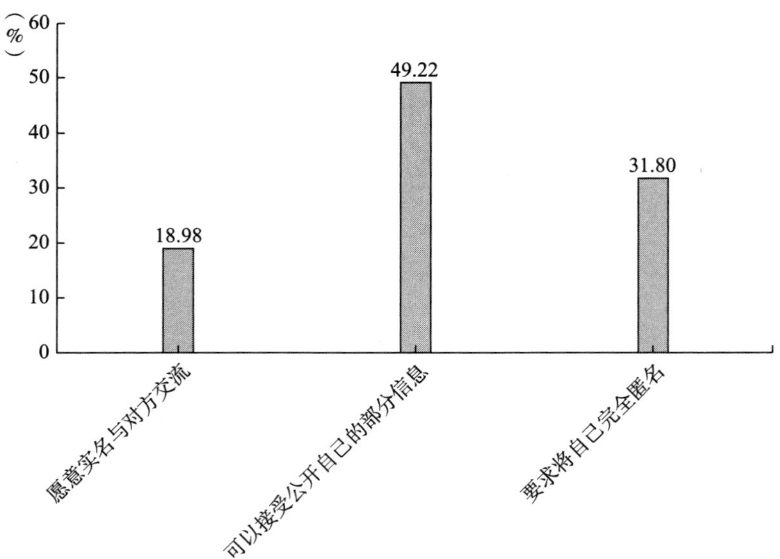

图3－35　软件工程师在互联网上与陌生人社交时是否愿意公开自己的信息情况

在图 3－36 对二者的比例进行交叉分析中，我们也可以看到软件工程师在网络社交中的这一双重标准。两个问题的相关性检验显示，两个问题之间具有显著的正相关关系，即越要求对方公开信息的软件工程师，同时也在一定程度上更愿意开放自己的信息，而对于选择“更愿意与匿名的人交流”或“不在乎对方是否有公开信息”的软件工程师，他们对于对方的身份公开性要求低的同时，相应地对自己身份和社会关系信息的保密度要求也很高。二者选择要求将自己完全匿名的比例都在 50% 左右。但是同时，这两个问题的肯德尔等级相关系数却并不高，仅有 0.235 的低度线性相关。这意味着这种对于自己和对方信息的要求仍然存在一定程度的不匹配，即存在一定的双重标准。例如在选择愿意与有实名信息的人进行交流的软件工程师中，有超过三成的人仍然要求将自己完全匿名（31.44%），这一数据也可以在两个变量的对称转换后得到印证，即在选择要求将自己完全匿名的软件工程师中，有 35.15% 的群体更愿意与有实名信息的人进行交流。

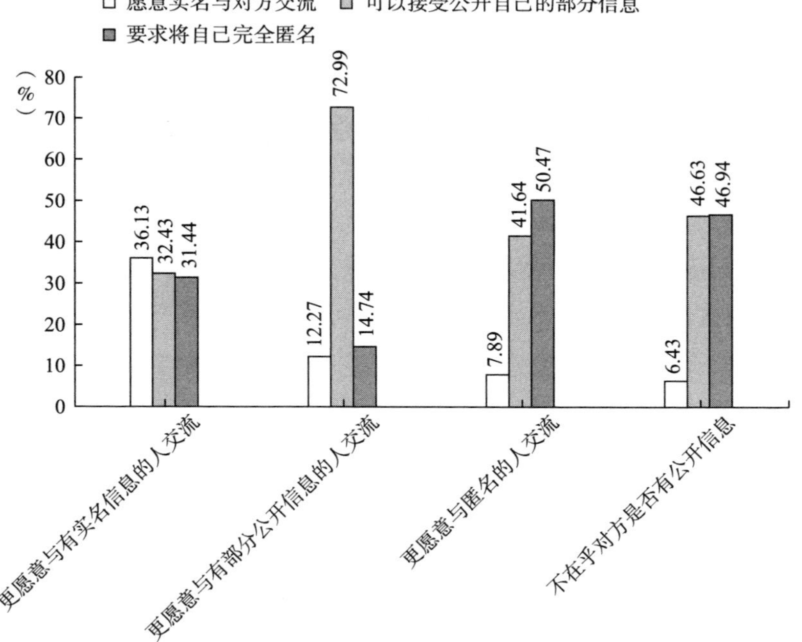

软件工程师在互联网上与陌生人社交的倾向

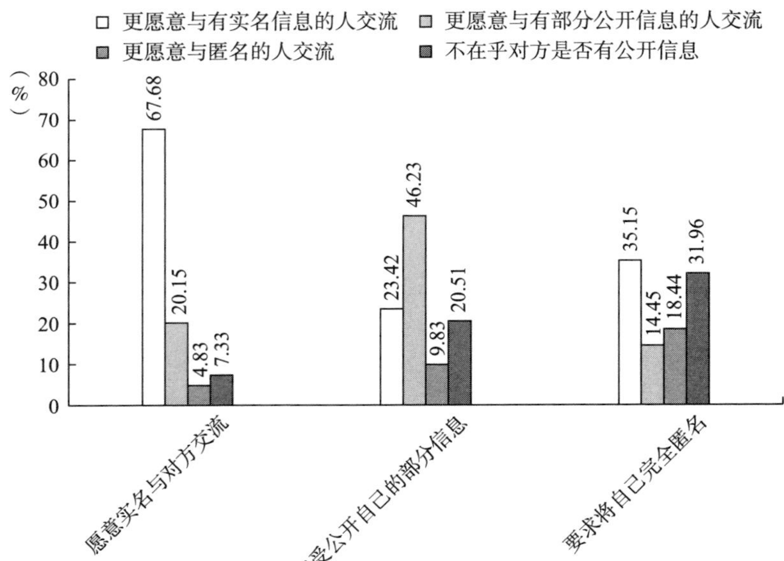

软件工程师是否愿意公开自己的信息的倾向

	愿意实名与对方交流	可以接受公开自己的部分信息	要求将自己完全匿名
更愿意与有实名信息的人交流	12.85%	11.53%	11.18%
更愿意与有部分公开信息的人交流	3.82%	22.76%	4.60%
更愿意与匿名的人交流	0.92%	4.84%	5.86%
不在乎对方是否有公开信息	1.39%	10.10%	10.16%

两项交互后的完全比例

图 3－36　软件工程师在互联网上与陌生人社交的倾向以及是否愿意公开自己的信息情况

这两项数据都远高于愿意自己实名而同非实名对象进行交流的，如在选择愿意实名与对方交流的软件工程师中，选择更愿意与匿名的人进行交流与不在乎对方是否有公开信息的比例仅为4.83%和7.33%。

但是，我们也相信，这种双重标准并不仅仅是软件工程师的特征，甚至他们可能更不是这种双重标准特征最明显的群体。毕竟在两道题交互的完全比例中，选择愿意将自己的部分信息进行公开同时也更愿意同有部分公开信息的对象进行交流的软件工程师仍然是最多的（22.76%）。并且，对于在互联网上进行社交的每一个社会成员，只要他们认识到网络暴力的可怕且对自己隐私具有一定的保护意识，就很可能会避免公开太多信息。因此有近一半的软件工程师群体愿意选择对自己的信息进行部分公开，很可能代表他们已经走在了数字时代开放交流的前端。

同时，毕竟当下处于从现实社交到网络社交的变迁中，交流本身也不仅仅是文字的相互传递，需要触及主体与主体之间的相互感应，因此我们也理解任何人对于交流对象身份和社会关系确定的希望。

（二）社会关系与信任的分离

交流是作为主体的人与外部世界产生联系的过程，是不同主体之间的相互影响。从一定意义上来说，正是相互之间的交流，作用于并塑造了每一个个体。而影响交流发挥这种塑造作用的一个关键因素即为信任。本次调查以多项选择题的形式询问了软件工程师在对于自己所不了解的事件时更倾向于相信谁的观点（其中最少选1个，最多选3个）。进而试图探究软件工程师群体的交流信任结构。

在图3－37中，首先可以看出，我国的软件工程师对于事件信息的信任也符合中国文化中对中央到地方政府的信任差序。对于以国家级官方媒体为代表的“中央政府信任”（如：《人民日报》、中央电视台，以及各中央部委的新媒体账号）在所有的对象中是最高的，首选率达到了52.76%，综合响应率为27.46%，遥遥领先于其他各选项。同样是官方媒体，相对来说地方媒体在软件工程师眼中的被信任度就低了很多，即使是事发地的官方媒体，受选比例也只有16.95%，不到国家级媒体受选比例的1/3。

其次，除了官方媒体机构之外，在对个体或自媒体等的信任中，软件工程师则从事件的逻辑出发，表现出了较强的理性。软件工程师对个体的信任首先更多集中在现实中的亲历者身上。这一选项的受选比例达到了32.71%，虽然比国家官方媒体的受选比例低了20.05个百分点，但仍排在第二位。而对有影响力的自媒体（例如“网络大V”[①]等）的观点，软件工程师们即使不了解该事件，也会相对谨慎。选择倾向于相信他们的比例只有12.40%，响应率为6.45%。而对于网络媒体上所谓的事件亲历者，软件工程师则持有较强的怀疑态度，仅有6.97%的受访者会选择相信他们，综合响应率仅为3.63%。这可能是因为，作为互联网的积极参与者，软件工程师群体深知网络媒体报道内容的“水分”，包括不排除一些自媒体为了流量而编造经历，从而即使他们宣称自己有亲身经历，也不会获得软件工程师的信任。

最后，这种理性不仅仅存在于事件的情景逻辑中，也延伸到了被信任对象的个人特质中。如果说地方媒体或者是有影响力的自媒体尚且有一定探索事件信息的渠道的话，有名的科学家和企业家理应跟并不是从事媒体行业的普通人一样对本质专业外的事件具有信息盲区才是。但出乎意料的是，软件工程师在自己所不了解的事件上，对于有名的科学家的信任程度甚至高于事发地的官方媒体，选择相信的比例达到了29.74%，响应率为15.48%，排在所有选项的第三位，仅次于国家级官方媒体和现实中的亲历者。而对成功企业家的信任也排在了第五位，受选比例为16.84%，高于有影响力的自媒体。相应地，也更令人意外的是，软件工程师在自己不了解的事件上，对自己朋友、家人，以及伴侣或配偶的信息信任度最低，甚至出现了社会关系越近，越不相信他们观点的奇怪现象。即社会关系与信任出现了分离。其中信任朋友观点的响应率（4.87%）大于对家人观点信任的响应率（4.18%），大于对配偶或伴侣观点信任的响应率（3.33%）。

① “网络大V”指的是在新浪微博、腾讯微博等社交平台上获得身份认证，拥有众多粉丝（通常超过50万）的用户。

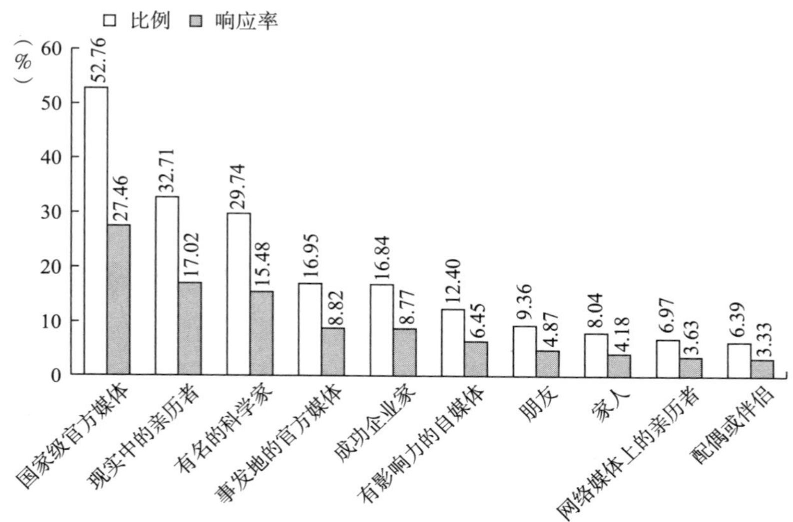

图 3－37　软件工程师对于不了解的事件更倾向于相信谁的观点的情况

对于这一信任的反差现象，一个解释可能是有名的科学家或成功企业家可能因其社会地位而能接触到更多的消息来源，但是消息来源多并不能代表其观点的正确性，而且企业家的社会接触面应该比科学家更广才是，但软件工程师对有名科学家的信任比例却高出成功企业家 12.90 个百分点。

另一个更可能却又反常识的解释是，软件工程师更愿意相信权威。但是这种被相信的权威是一种通过技能或成就证明的理性权威，即科学家或企业家因其成就，显得更具有理性特质，从而成为一种代表理性的权威。而对于社会关系近的身边人来说，越对其了解或与其一起生活，软件工程师们就越会发现其感性的一面，从而出现了关系越近越不信的悖论怪圈。

第四章
科技理性：软件工程师的观念本位

作为掌握软件开发专业技术的职业群体，软件工程师在学习、工作和日常生活中大量接触计算机语言，高强度地运用程序思维应对各类问题，形成了以科技理性为本位的价值观念。在一些媒体报道中，以软件工程师为代表的从事计算机相关工作的专业知识人才又被称为“极客”（Geek），其群体文化则相应地被称为“极客文化”（Geek Culture），[①]即高度认可科学技术的经济与社会价值，热衷于亲自创造某个工具或实现特定功能，对探索新技术具有浓厚兴趣等。[②]

“极客”一词原指马戏团中残忍的表演者，后专指痴迷且擅长于科学技术（尤其是计算机科技）的怪才，带有贬义色彩，长期用于形容难以融入主流社会的高技术边缘人群（如电脑黑客等）。[③]这主要是因为软件工程师被认为是一个古怪的群体：他们不解风情、不善言辞、不修边幅、逃避社交，偶尔还会离经叛道，却又精通技术、追求创新、善于钻研、逻辑严密。然而，这些描述主要来自新闻媒体等外部群体对软件工程师的判断，是否符

---

① 《新青年群体的新活法》，2005，https://zqb.cyol.com/content/2005－03/09/content_1045237.htm。

② 李晓天：《程序员工作的性别化——以中国信息技术产业为例》，《社会学研究》2023 年第 3 期。

③ M. Perlman, "The Transformation of the Word Geek", *Columbia Journalism Review*, 2019, https://www.cjr.org/language_corner/geek.php，最后访问日期：2023 年 10 月 30 日。

合软件工程师的自我认知尚无法确证。随着数字时代的来临，人们越发重视数字技术的发展和应用，软件工程师等技术精英由此从后台走向前台，“极客”的语义色彩逐渐趋向中立，对极客文化和软件工程师价值观念的研究也越发受到广泛的关注。

本章基于“2023 年中国软件工程师调查”的问卷数据，通过“科技理性导向的兴趣偏好”“人际交往中重视逻辑秩序”“技术认同奠定的行业自信”“对社会发展的理性化解读”四个小节的内容，分别从自我、人际、行业和社会四个维度反映软件工程师的价值观念。由此，本章一方面有助于弥补软件工程师只被他人解读而缺少自我呈现的缺憾，另一方面可以较为立体且丰富地呈现该群体的思想特征，凸显其以科技理性为本位的价值观念，最终深化人们对数字时代技术精英的理解。

一 科技理性导向的兴趣偏好

科技理性对软件工程师价值观念最直接的形塑体现在对他们日常生活的影响。软件工程师最典型的特征之一即注重对个人兴趣爱好的满足，而这种兴趣主要是对科学技术的兴趣：他们痴迷于顶尖产品和深层机制，热衷于探索普通民众眼中晦涩难懂、枯燥乏味的技术后台。

（一）作为日常交往与媒体活动核心的兴趣爱好

一般认为，兴趣会影响注意力和资源的分配，而行为更加专注和投入更多时间、金钱等资源意味着对某件事情具有更浓厚的兴趣。[①]因此，对兴趣的测度可以由日常行为的发生频次间接反映。本次调查从日常聊天话题的选择、在社交媒体上的发声内容、工作之余在互联网上的主要活动和参与开源项目的原因等行为切入，以多元化地反映软件工程师的兴趣特点。

---

① 章凯：《兴趣与学习：一个正在复兴的研究领域》，《宁波大学学报》（教育科学版）2000 年第 1 期。

第三章中图 3－18 显示，“软件专业技能”是受访软件工程师日常与朋友聊得最多的话题（37.91%），而“兴趣爱好”紧随其后（35.62%），亦是受访者与朋友聊天的主要话题之一。可以看出，软件工程师群体是一个对软件专业技能有较高兴趣并且注重个人兴趣的群体，对软件技术的兴趣是其个人兴趣的重要组成部分。除了上述 2 个话题，“职场相关内容”也是被软件工程师频繁与朋友提及的话题（31.82%），可见其职业本身是其生活的核心构成，其余话题的被选比例则均低于 30%。

分性别来看，兴趣爱好在两性受访者的聊天话题中都占有重要地位，被选频次均位列第 2。软件专业技能依然是男性受访者与朋友聊得最多的内容（40.99%），比例高于不分性别的总体数值（37.91%）；而在女性受访者中，该选项的被选频次滑落至第 3 位（30.36%），“职场相关内容”成为女性受访者与朋友最主要的聊天话题（34.90%）。通过上述对比可以发现，男、女受访者与朋友的聊天主题选择并无明显差异，都更多地涉及软件专业技能和兴趣爱好，而较少涉及家庭和私人感情生活；在一些细节上，两性存在差异，如女性更多谈论职场相关内容（女性响应率为 16.34%，男性的为 13.76%）和娱乐八卦（女性响应率为 10.97%，男性的为 6.02%），男性更多谈论行业或金融市场信息（男性响应率为 12.33%，女性的为 10.60%）和时政新闻（男性响应率为 11.45%，女性的为 8.91%）（见图 3－19）。

分年龄段来看，软件专业技能在全年龄段的受访者中，都是其与朋友聊天的重要话题（比例均超过 35%）。具体而言，20 岁及以下、51～55 岁和 60 岁以上这三个年龄段有更多将软件专业技能作为日常与朋友聊天主要话题的受访者（分别为 42.95%、48.56% 和 44.15%，见图 4－1），而在 26～30 岁、31～35 岁、36～40 岁和 41～45 岁的受访者中，软件专业技能较少成为他们与朋友聊天的主要内容（分别为 35.81%、35.43%、36.55% 和 36.70%）；兴趣爱好的分布情况与之不同，21～25 岁和 26～30 岁两个年龄段的受访者成为最倾向于与朋友谈及兴趣爱好的群体（分别为 45.65% 和 43.01%，见图 4－2），且在 21 岁之后，有类似倾向的受访者比例不断降低。两相对比可以发现，在从业期间，受访的软件工程师相对较少与朋友谈及软件专业技能，而更多地谈论兴趣爱好；在进入职业前和结束工作生涯后，软件专业技能则更多地被其与朋友谈及。

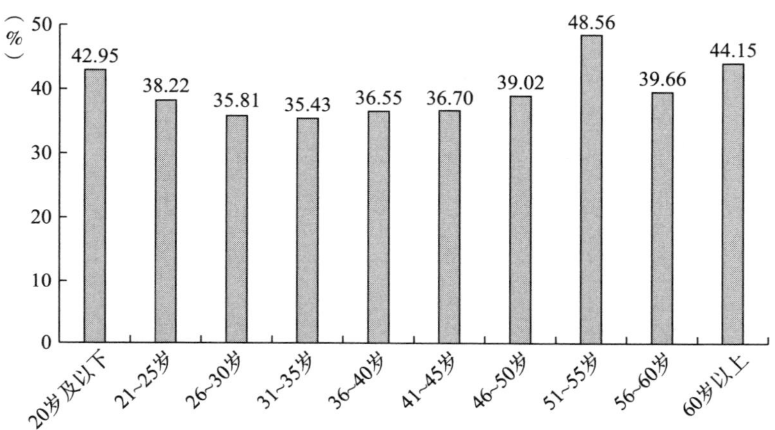

图 4－1　不同年龄的软件工程师以“软件专业技能”为和朋友聊得最多的话题的情况

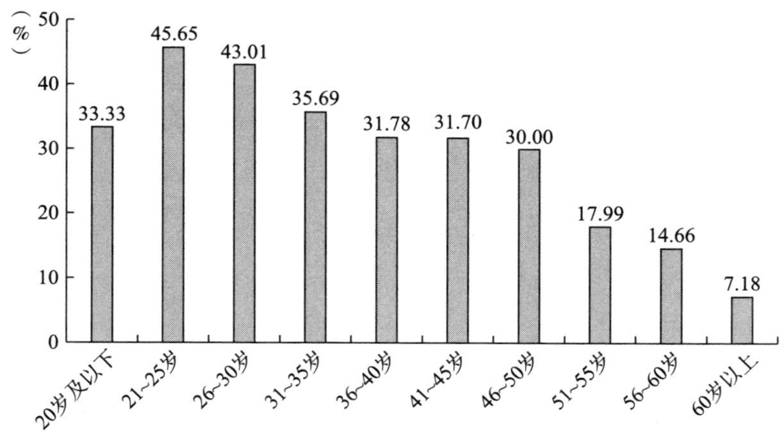

图 4－2　不同年龄的软件工程师以“兴趣爱好”为和朋友聊得最多的话题的情况

通过考察受访者与朋友聊得最多的话题，我们可以看出，虽然在细节的变化中，软件专业技能和兴趣爱好被受访者与朋友在聊天时谈及的比例有所变化，可以从中解读出工作压力与社交偏好之间的关系等潜在信息，但是整体而言，软件专业技能和兴趣爱好都是受到软件工程师高度关注的内容，以至于在与朋友的日常交往中投入大量时间用于讨论相关话题，从而间接反映出他们对软件专业技能的浓厚兴趣和对实现个人兴趣爱好的重视。

在非熟人关系的线上社交媒体行为中，“只是看看，通常不发声”① 是许多受访者的主要表现（占比为 61.78%）。在其他的会发声的受访者中，“技术、技能相关的事件”和“与自己兴趣爱好相关的事件”是受访者近 6 个月中经常在社交媒体上发声的内容，分别以 30.80% 和 28.81% 的被选比例位列第二位和第三位（见图 3－32、图 3－33）。

具体而言，两性在社交媒体上为“与自己兴趣爱好相关的事件”发声的比例很接近（女性为 26.74%，男性为 28.72%，见图 4－3）；而为“技术、技能相关的事件”发声的比例则存在差异：男性为其发声的比例（33.03%）高于女性（23.24%）（见图 4－4），这一差异与图 3－19 中不同性别的软件工程师与朋友聊天的话题集中度的差异相呼应。

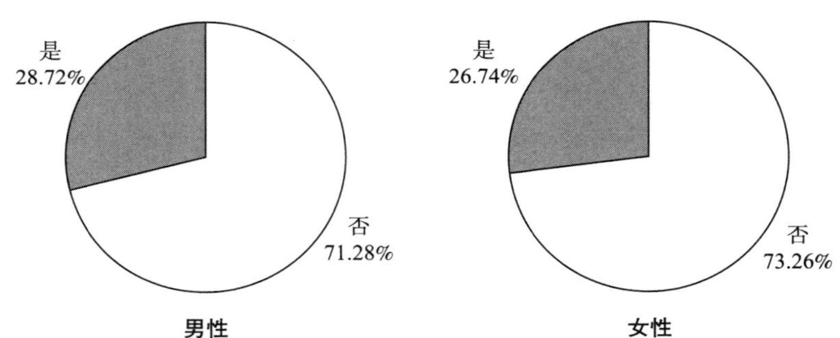

图 4－3　不同性别的软件工程师在社交媒体上为“与自己兴趣爱好相关的事件”发声的情况

① “发声”指发帖、跟帖、评论、留言、提问或回答等有具体文字表达的行为。

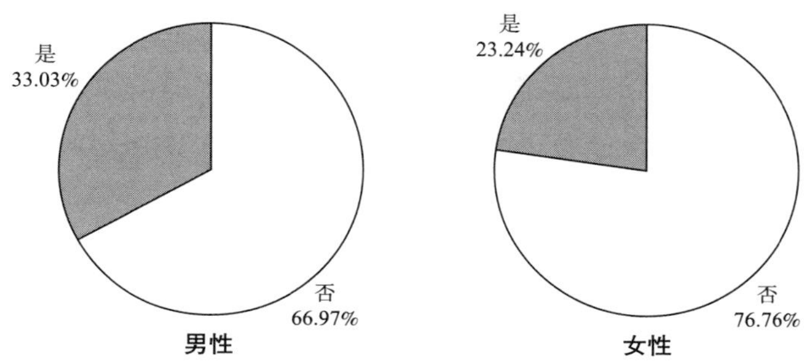

图4－4　不同性别的软件工程师在社交媒体上为“技术、技能相关的事件”发声的情况

分年龄段来看，35岁及以下年龄段的受访者为“与自己兴趣爱好相关的事件”发声的比例整体上更高（最高为“26～30岁”年龄段，占比为37.22%；最低为“20岁及以下”年龄段，占比为20.97%）。在36岁及以上年龄段的受访者中，为兴趣而在社交媒体上发声的比例均未超过30%，最低比例出现在“60岁以上”年龄段，仅有6.67%的受访者在过去6个月中曾在社交媒体上为“与自己兴趣爱好相关的事件”发声（见图4－5）。

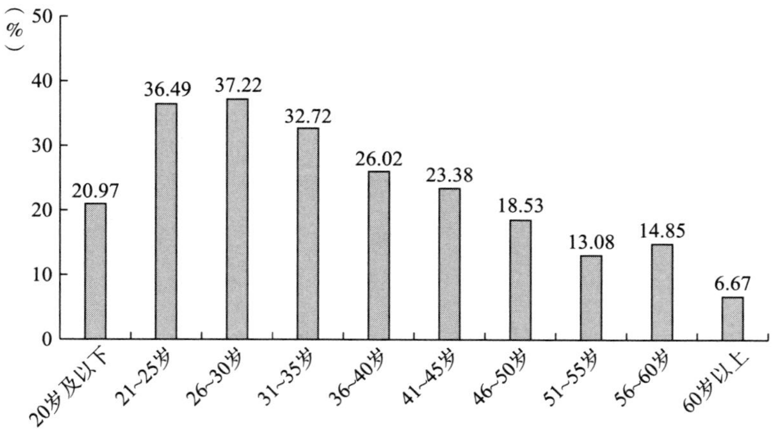

图4－5　不同年龄的软件工程师在社交媒体上为“与自己兴趣爱好相关的事件”发声的情况

与图4－5所反映的情况不同，为“技术、技能相关的事件”发声的比例在不同年龄组的分布相对均匀，全年龄段的受访者在过去 6 个月中在社交媒体上为“技术、技能相关的事件”发过声的比例大致都在 17% ~34% 之间，几乎与总体的平均比例持平（见图 4 -6）。

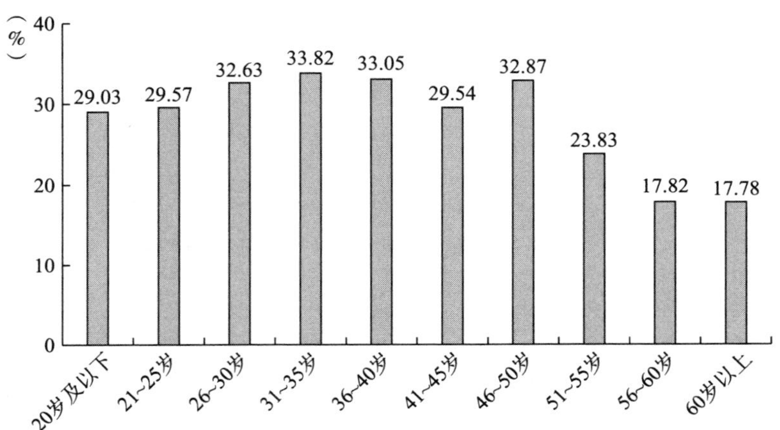

图 4 -6　不同年龄的软件工程师在社交媒体上为“技术、技能相关的事件”发声的情况

由此可见，在陌生的线上社交环境中，软件工程师也愿意为与兴趣爱好和专业技术或技能相关的事件投入更多的时间精力，再次间接反映出这一群体对软件专业技术的兴趣和注重个人兴趣爱好实现的价值倾向。

除了在社交媒体上为特定对象发声，软件工程师在互联网上的另一项主要活动是进行专业学习。40. 26% 的受访者表示，专业学习是他们工作之余在互联网上进行最多的活动，该选项的被选比例位列第 2，仅比位列第 1 的消遣娱乐（40. 97%）低 0. 71 个百分点（见图 3 -26）。由此可见，软件工程师的业余上网活动也与其对软件技术的浓厚兴趣密切相关，所投入的时间几乎与纯粹的娱乐活动时间相同。

分性别来看，在互联网上进行专业学习是 42. 37% 的男性在互联网上进行最多的互动之一，这一比例在女性中为 32. 62% （见图 4 -7）。这一差异与图 4 -4 中男性软件工程师和女性软件工程师为“技术、技能相关的事件”在社交媒体上发声的比例差异相似，反映出男性受访者对软件技术等内容比女性受访者更有兴趣。

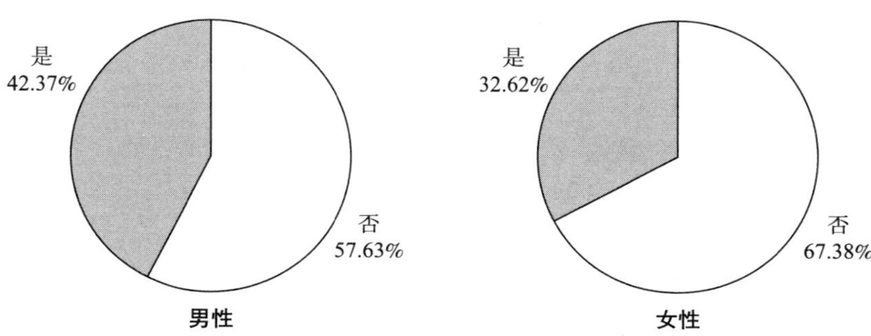

图 4－7 不同性别的软件工程师以“专业学习”为互联网上进行最多的活动的情况

分年龄段来看，工作之余把专业学习作为主要网上活动的年龄段为 31～35 岁、36～40 岁和 41～45 岁（分别为 41.83%、43.48% 和 41.59%，见图 4－8），反映出 31～45 岁是软件工程师投入最多时间进行专业学习的阶段，而相对将更少时间用于兴趣爱好上。这再次表明，虽然图 4－1 和图 4－2 中“软件专业技能”和“兴趣爱好”的比例变化趋势并不一致，但是我们并不能据此认为软件工程师在从业期间对软件技能的兴趣下降了；相反，从图 3－26 和图 4－8 的情况来看，大量的业余时间仍然

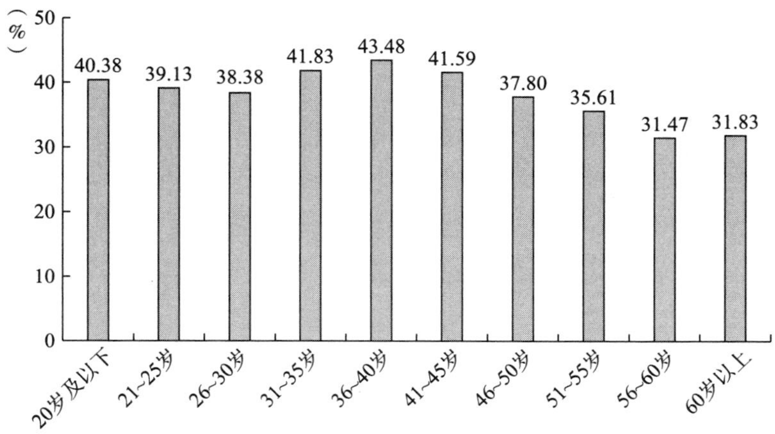

图 4－8 不同年龄的软件工程师以“专业学习”为互联网上进行最多的活动的情况

被用于进行专业学习。26～45 岁的受访者更少与朋友谈及软件专业技能，可能只是由于工作压力大而寻求休闲。

综上可见，软件工程师在日常生活中注重个人兴趣爱好的实现，对软件专业技术具有较为浓厚的兴趣，因而在与朋友交谈、网络社交等活动中都投入较多时间进行与个人兴趣和软件专业技术有关的活动。另外，无论是个人兴趣还是专业技术，都存在年龄上的差异：21～30 岁的软件工程师一方面会将更多时间用于个人爱好的实现，另一方面又乐于在网络上进行专业学习；而在 31～50 岁年龄段内的软件工程师在保持对个人爱好的较高追求的前提下，会将更多的精力放在专业技术的学习上，这一转变的背后可能存在多种原因，除了对软件技术的浓厚兴趣，可能还有现实的工作需要。对软件专业技术的兴趣而言，男性整体上对软件专业的投入比女性更多，其中 26～35 岁是在专业方面投入较多的年龄段。

（二）作为择业与职业成长内在动力的兴趣爱好

除了在日常生活中表现出对软件专业技术的兴趣和对实现个人兴趣爱好的重视，软件工程师的兴趣还成为其择业的重要动力。

在前文第二章中的图 2－1 已经显示，43.34% 的受访者将个人兴趣视为最初选择从事软件相关工作的主要原因，该选项仅以 2 个百分点的差距低于“专业或技能对口”（45.34%），位列所有择业原因的第 2 位。然而，“专业或技能对口”是客观条件，“个人兴趣”则是主观意志。可以认为，除去客观条件上的契合，个人兴趣是源自软件工程师内心的最主要的择业原因。数据反映的这一结果与软件工程师在日常生活中重视满足个人兴趣的特点相呼应。

分性别来看（见图 4－9），男性中有近半的受访者（47.40%）表示“个人兴趣”是其择业的主要原因。与之相比，女性受访者中出于个人兴趣而选择成为软件工程师的比例较低，但也有近 1/3 的女性受访者认为自己是出于个人兴趣而择业（33.05%）。

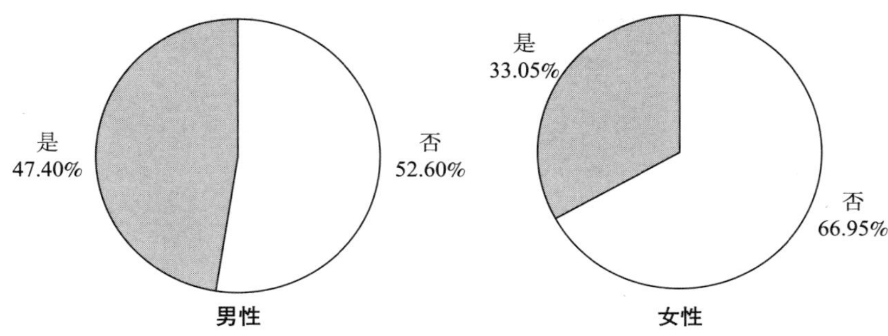

图 4-9　不同性别的软件工程师选择从事软件相关工作的主要原因为“个人兴趣”的情况

分年龄段来看，45 岁及以下年龄段的受访者出于“个人兴趣”而选择从事软件相关工作的比例相对较高，均处在 40% 以上。其中，41～45 岁年龄段的受访者因兴趣择业的比例最高，达到了 45.67%；20 岁及以下年龄段的受访者因兴趣择业的比例略低，为 41.03%（见图 4-10）。在 46 岁及以上的受访者中，因兴趣择业的比例均低于 40%，56～60 岁的受访者是全年龄段中因兴趣择业的比例最低的群体，仅为 32.33%。这背后可能的原因是，相对高龄的受访者在其童年成长、求学和择业时，中国的软件信息服务业仍处在起步阶段，缺乏对软件技术和信息服务业的充分了解，从而难以培育相关的兴趣。

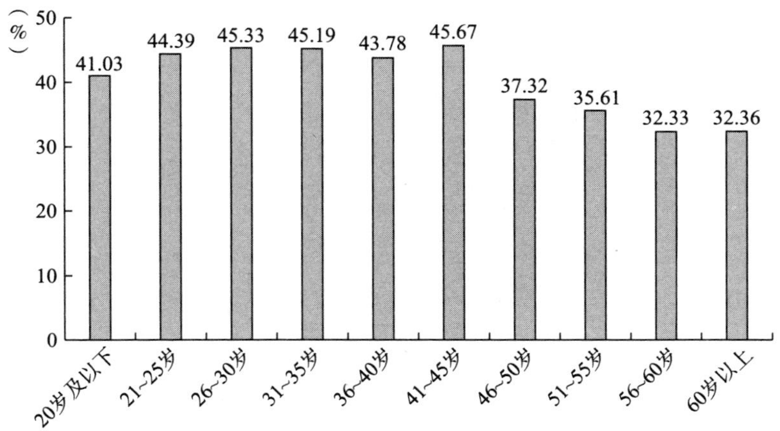

图 4-10　不同年龄的软件工程师选择从事软件相关工作的主要原因为“个人兴趣”的情况

与其他职业不同的是，软件工程师生产的产品主要是各类程序代码或组件，具有非实体性和较高的后台性。这类产品不同于工业时代的计件式实体产品，可以以较小的成本和较快的速度被批量复制、传播和迭代，从而具备一人开发、多人享用、共同优化、整体受益的特点，成为计算机科学领域中一个独特的文化现象，被称为“开源文化”（Open Source Culture）。开源文化在狭义上指支持开放源代码的开发观念，在广义上指涉一种认可知识共享、追求群体智能的技术取向。是透视软件工程师对自身职业和所在行业价值观念的重要切入点，可以反映其对技术、知识、进步和自由等方面的态度。

图 4－11 显示，有超过一半的受访者（56.69%）曾经参加过开源项目。在曾经参与过开源项目的受访者中，因为“制作开源软件可以获得自我满足”而参加开源项目的受访者最多，达到 26.38%；近 1/5（19.92%）是“出于个人兴趣”而参加开源项目，仅以 0.33 个百分点的微弱差距低于“为了丰富个人履历”的被选比例，位于第 3（见图 4－12）。在被选较多的 3 个选项中，只有“为了丰富个人履历”这一选项相对较为功利，“获得自我满足”和“个人兴趣”都与内在价值观念密切相关，有助于软件工程师的自我实现。

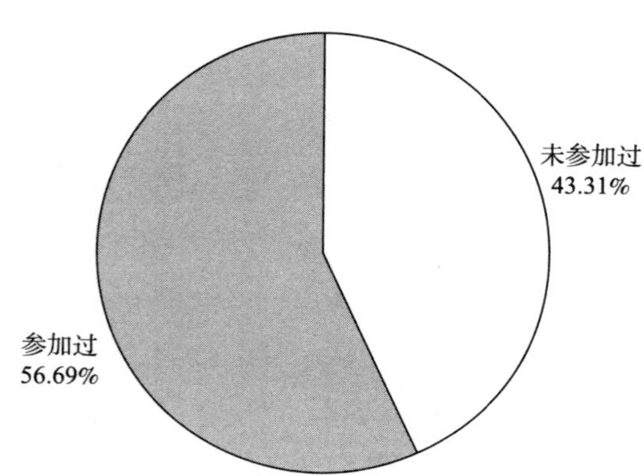

图 4－11　软件工程师参与开源项目的情况

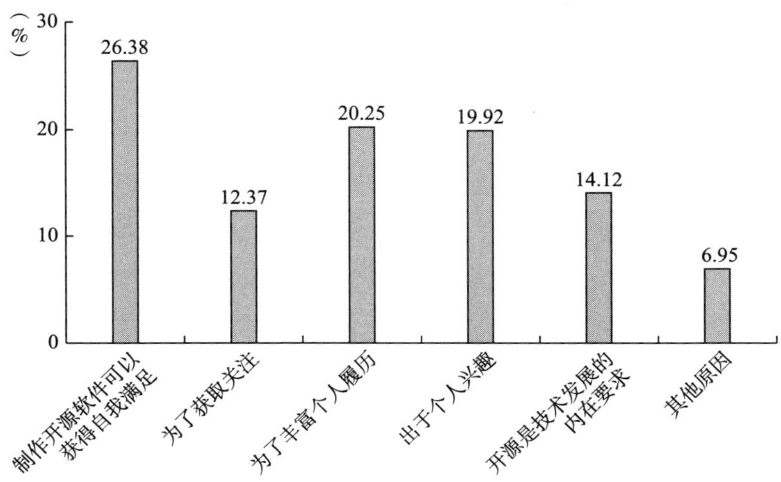

图 4－12　软件工程师参加开源项目的原因情况

而在不参加开源项目的受访者中，“没有时间或精力”是受访者不参加开源项目的最主要原因，达到几乎一半的比例（47.93%），而这个原因并非受访者缺少主观意愿；只是因为“没有兴趣”不参加的比例最低，仅有9.04%（见图 4－13）。结合软件工程师参加开源项目的原因大致可见，兴趣等来自内在价值观念的主观因素是软件工程师参与开源项目的重要驱动力。

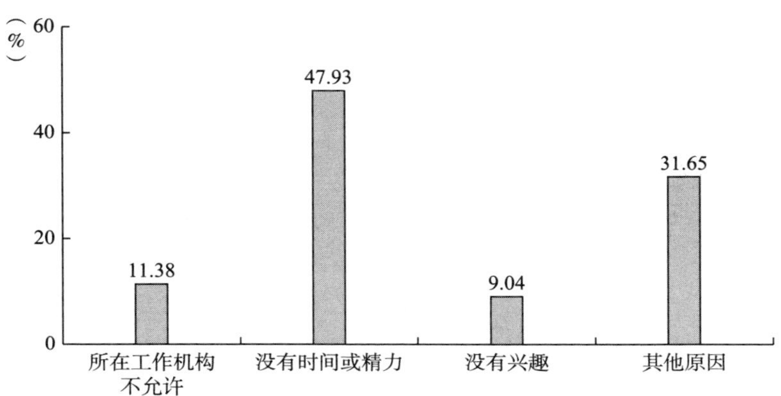

图 4－13　软件工程师不参加开源项目的原因情况

综上可见，个人兴趣乃至更大意义上的自我实现，是软件工程师选择从事该职业和职业成长的主要原因，也是其行动最重要的主观动力之一。个人兴趣对择业的影响在性别和年龄上存在分布差异；其中，年龄因素对是否出于个人兴趣而择业的影响机制可能十分复杂，对其进行解读要更为谨慎。参加开源项目作为一个可以反映软件工程师技术观念和职业观念的行为，考察出于何种原因而参加或不参加，可以发现：兴趣、自我满足等主观因素对软件工程师参加开源项目具有重要的推动作用，并且软件工程师的兴趣和自我满足与参与技术相关的活动密切相关。

总体而言，本章第一节考察了科技理性在个人层面对软件工程师价值观念的影响。有关数据表明：软件工程师是一个对软件专业技术具有浓厚兴趣并且注重个人兴趣爱好实现的职业群体。这一方面表现为在日常生活中投入大量时间精力于专业和其他兴趣相关的活动（如朋友聊天、媒体发声和专业学习），另一方面表现在出于个人兴趣而作出的职业选择。由此可见，兴趣是软件工程师个体行为的重要驱动力。值得注意的是，软件工程师对兴趣的实践受到性别和年龄的影响：男性整体上投入更多时间精力于兴趣活动之中，26～35 岁大致是软件工程师最重视个人兴趣的人生阶段。在参与开源项目与否的题组中，自我满足和个人兴趣是软件工程师最主要的动力，只是因为没有兴趣而不参加开源项目的受访者所占比例最低。可以推断，软件工程师对技术的浓厚兴趣和对满足个人兴趣的重视之间将会形成正向循环，推动其行为活动等围绕对技术的兴趣及实践而展开，进而影响其对人际交往、行业前景和社会发展等 3 个方面的认知。

二　人际交往中重视逻辑秩序

由于具有浓厚的技术兴趣和对满足兴趣的重视，软件工程师将日常生活的大量时间都投入软件技术学习和兴趣爱好实践中，从而浸润于程序化的环境和思维中。因此，其人际交往也不可避免地受到影响而呈现理性化的特征。

（一）人际冲突源于非理性和无逻辑的交往

科技理性在人际层面塑造了软件工程师的价值观念，使其把软件开发过程中对非人事物的秩序期待转移渗透进与人的相处中，最终影响其与他人相处的模式选择和对人际冲突的主观归因。在工程师文化或极客文化的研究中，理性社交和社交观理性化也是该群体的价值观念特点之一。本次调查通过让受访者对“日常生活中，如果大家都能按逻辑和理性交往，就不会有争执或冲突”这一观点表达认同程度的方式，测度软件工程师将理性思维迁移至人际交往的情况。

在回答“日常生活中，如果大家都能按逻辑和理性交往，就不会有争执或冲突”这一问题时，44.25%的受访者（30.87%的受访者认为这一表述“比较符合”自己的观点，13.38%的受访者认为“非常符合”）对此持肯定态度，仅19.06%的受访者（其中，13.00%的受访者认为这一表述“比较不符合”自己的观点，6.06%的受访者认为“非常不符合”）对此持否定态度（见图4-14）。由此可见，多数受访者认为人际交往中的逻辑缺失和非理性因素是造成争执或冲突的原因，这背后暗含的价值倾向是对理性的认可与拥戴，认为人际交往应该是纯粹理性或以理性为主的，话语和

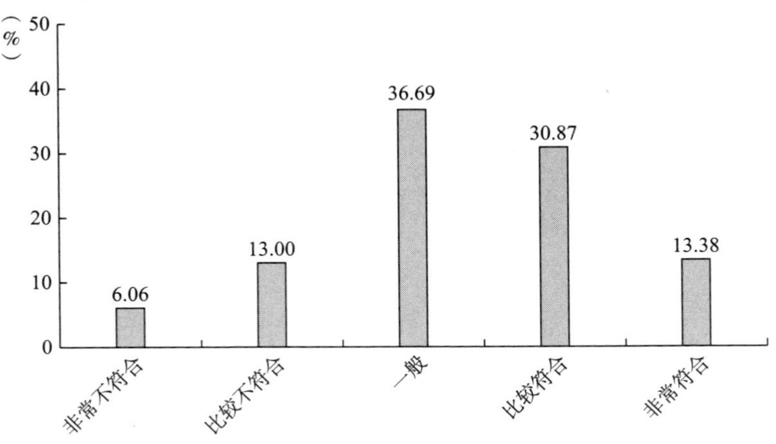

图4-14 软件工程师对人际冲突来源的态度情况

行为应该在某个特定框架中按规则开展，感性、浪漫、冲动以及其他跳脱约束的非连贯因素都是增添不确定性的诱因，进而提升了出现争执或冲突等关系失控情况的风险。

虽然社会/技术二元论的理论框架对工程师气质进行性别化处理，即认为男性更擅长应对抽象、客观的硬技术，而女性更适合进行情感交流和从事人员管理等工作，[①]但是本调查的数据显示，女性受访者中，44.95%的人持肯定态度，18.41%的人持否定态度；男性受访者中，43.97%的人持肯定态度，19.32%的人持否定态度（见图4-15）。由此可见，男性软件工程师和女性软件工程师在对这一表述的态度上并无明显的模式差异，甚至男性受访者对此观点的认同比例比女性受访者还略低0.98个百分点。这一来自软件工程师群体的问卷调查结果进而在一定程度上驳斥了社会/技术二元论对男女工程师在技术-社会属性上存在差异的预设，有助于消解软件工程师群体遭受的性别刻板印象，并启发人们：更应该关注的差异或许不在软件工程师内部，至少不是性别差异，而应着重考察软件工程师与非软件工程师的差异或软件工程师内部其他社会人口属性对人际交往价值观念的影响。

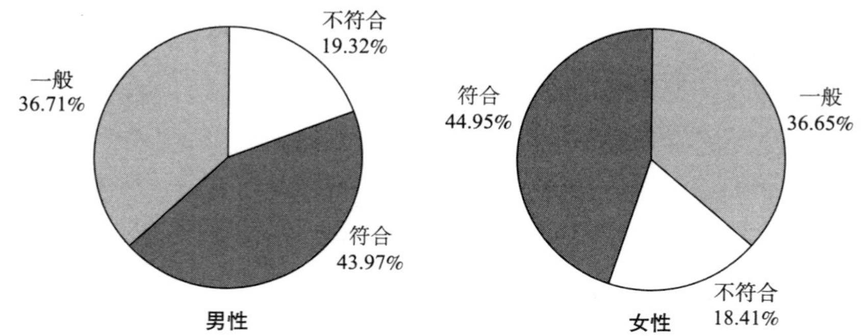

图4-15 不同性别的软件工程师对人际冲突来源的态度情况

① J. G. Robinson & J. S. Mcllwee, "Men, Women, and the Culture of Engineering," *Sociological Quarterly* 32, no. 3 (1991): 403-421.

分年龄来看，不同年龄段的受访者对此表述的态度并无明显差异。图 4 - 16 显示，对该表述持肯定态度最高的年龄段为 41 ~ 45 岁，达到 48.01%；除 56 ~ 60 岁和 60 岁以上年龄段的受访者对此表述的认同比例略低外（分别为 38.79% 和 37.05%），其他年龄段的受访者持肯定态度的比例也都在 42% 以上。56 岁及以上的受访者可能在退休等原因之下，相对远离软件工程师的职业环境和相应的科技理性思维，对人际交往的看法有了不同于其他年龄段的认识。

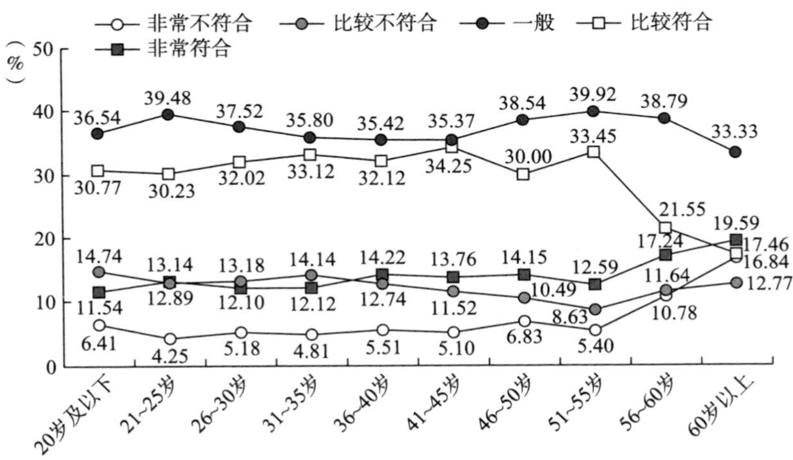

图 4 - 16　不同年龄的软件工程师对人际冲突来源的态度情况

如本章第一节所述，工作之余是否在互联网上进行专业学习可以作为反映软件工程师技术兴趣的间接指标。对兴趣的重视与相应投入使软件工程师长时间基于科技理性工作与生活，从而影响其对人际关系的看法。按照这样的思路，图 4 - 17 和图 4 - 18 分别呈现业余时间是否在网上进行专业学习和从事软件工作的年份的分类标准下不同受访者对人际交往的认识。

如图 4 - 17 所示，当专业学习是受访者工作之外在互联网上进行的最主要的活动时，其认可“日常生活中，如果大家都能按逻辑和理性交往，就不会有争执或冲突”这一表述的比例为 47.58%；反之，则认可该表述的比例减少 5.52 个百分点，降至 42.06%。

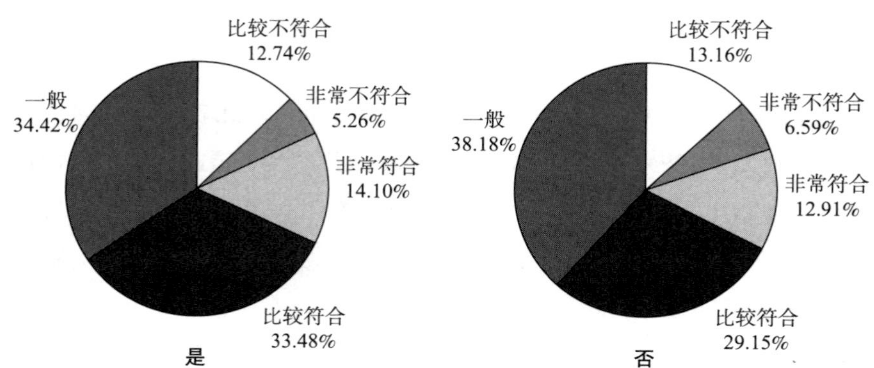

图 4－17　是否将专业学习作为网上主要活动之下软件工程师对人际冲突的态度情况

图 4－18 显示，从事软件相关工作不足 1 年的受访者对“日常生活中，如果大家都能按逻辑和理性交往，就不会有争执或冲突”这一表述的认同比例最低（39.13%），其余组别对该表述的认同比例均高于 40%；其中，工作 10 年及以上的受访者的认同比例最高，达到了 46.70%。

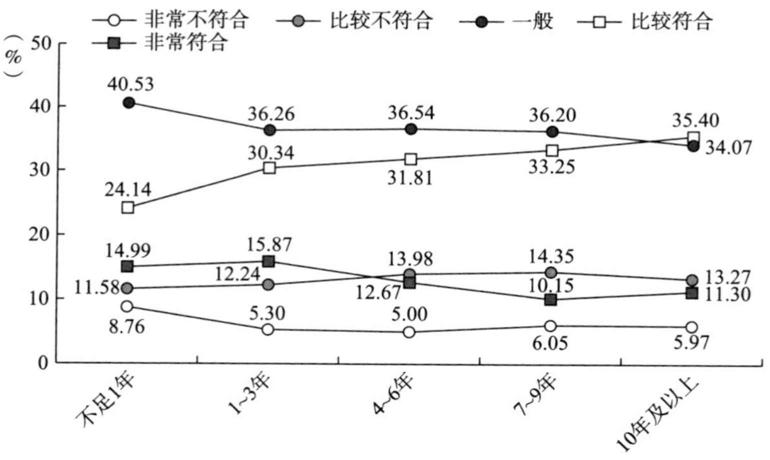

图 4－18　不同工作年份的软件工程师对人际冲突的态度情况

图 4－17、图 4－18 的数据结果大致表明：作为受到科技理性价值观念影响更长的群体，业余时间专业学习更频繁和从业时间更久的受访者有更高比例将这种价值观念迁移到人际交往之中，其对人际关系的认识也更多

地带有理性化色彩，倾向于认同无逻辑和非理性是人际冲突的来源。

综上可见，科技理性影响软件工程师在人际交往方面的价值观念，使其运用理性化思维看待人际关系和人际冲突的来源。通过对性别、年龄、工龄和日常生活中进行专业学习的频率等因素的交互考察，本部分发现：以往研究可能对不同性别的软件工程师的价值观念存在刻板印象；沉浸于程序化的思维和活动（如更长的工作与专业学习时间等），可能推动软件工程师更多地运用理性价值观念看待人际冲突、处理人际关系，使其倾向于认为人际冲突来源于交往中的无逻辑和非理性。

（二） 基于理性因素形成的社会信任

在数字社会中，人际交往的对象除了在线下生活中相识的亲友、同事等，还包括没有实际社会关系但依然在数字平台上产生互动的“熟悉的陌生人”。由于社会信任的形成与群体文化和过往经历密切相关，特定对象对他人的信任倾向在很大程度上能够反映其价值观和认识论。[①]软件工程师的职业环境高密度地充斥着各种信息，除了社会大众都会接触到的时政热点外，还包括更加专业化的前沿技术成果和多元化的各类用户需求。因此，软件工程师长时间处在逻辑严密的理性环境中，其社会信任的倾向也逐渐带有了以科技理性为本位的价值底色。

第三章的图 3 - 37 已经显示，当面对一个不了解的事件时，软件工程师最倾向于相信的三个渠道分别是“国家级官方媒体”（如：《人民日报》、中央电视台，以及各中央部委的新媒体账号），“现实中的亲历者”和“有名的科学家”，所占比例分别为 52.76%、32.71% 和 29.74%。

其中，新华社、《人民日报》和中央电视台等国家级官方媒体受到信任的比例远高于所有其他选项，表明国家级官方媒体在软件工程师群体中具有较高的权威性和公信力，这与我国国家级官方媒体高效的信息更新、深入的事实调查与严格的审核流程等因素密不可分，进而可以间接反映软件

① 王绍光、刘欣：《信任的基础：一种理性的解释》，《社会学研究》2002 年第 3 期。

工程师基于理性而形成的信息采信偏好。

与之相似，“现实中的亲历者”的观点能够获得更多软件工程师的信任，是因为他（她）作为当事人，可以最直接地提供针对事件本身和周遭环境的一手信息。此类信息的丰富度和实证价值往往高于他人转述或其他间接资料，因而更符合软件工程师基于理性而形成的信任取向。然而，“事发地的官方媒体”作为位列第4的选项，其被选频数已经降至20%以下，仅为16.95%，不仅与国家级官方媒体的受信任比例存在35.81个百分点的差距，也比“现实中的亲历者”的被选频率低了15.76个百分点。

此外，“有名的科学家”也是软件工程师相对而言更容易给予信任的信息渠道。虽然名声本身具有中性事象，但是在科学社会学的理论模型中，科学家的名声主要来自重大成果的抢先发现和同行认可，其“承认和名气成了一个人工作出色的象征和奖励”。[①]因此，此处的“有名的科学家”可以大致等同于研究成果丰硕的科学家，具备专业领域的知识优势和科学权威。这也间接可以解释，为何“有名的科学家”可以超越“事发地的官方媒体”，成为软件工程师社会信任排名第3的主要途径。

不难发现，无论是具有更高公信力的国家级官方媒体，还是当事人，抑或是具有科学权威的知名科学家，都共同反映出软件工程师的社会信任主要基于理性而建构。相应地，“朋友”、“家人”、“网络媒体上的亲历者”和“配偶或伴侣”等来自亲密关系或未经理性充分校正的信息渠道，则较难赢得软件工程师的信任。

除了内容真伪等传统的影响社会信任的因素，本次调查还基于数字时代社会交往的特殊性，通过软件工程师对网络实名制的态度，透视其社会信任的其他面向。数字时代的社会交往不同于以往情况的主要特点之一是匿名化的虚拟社交成为可能。第三章已经指出，在互联网上进行陌生人社交时，是否愿意与公开部分信息的人社交和是否愿意公开自己的信息存在显

① 罗伯特·金·默顿：《科学社会学——理论与经验研究》（下册），鲁旭东、林聚任译，北京：商务印书馆，2003，第394~398页。

著的正相关关系。当与互联网上的陌生人社交时，64.73%的受访者更愿意在网上与至少公开部分信息的人交流（其中，“更愿意与有实名信息的人交流”的比例为33.55%，“更愿意与有部分公开信息的人交流”的比例为31.18%）；对于自己是否实名或公开信息时，68.2%的受访者至少可以接受实名或公开自己的部分信息（其中，“愿意实名与对方交流”的比例为18.98%，“可以接受公开自己的部分信息”的比例为49.22%）（见图3-34、图3-35）。

因此，可以发现，超过半数的软件工程师期待一个更加实名化的网络环境。一方面，多数受访者愿意与更加实名化的网络用户社交；另一方面，多数受访者并不排斥至少部分公开自己的信息。由于实名认证可以部分降低网络活动的随意性，强化用户网络行为的责任感和规范性，软件工程师对实名化的期待可以间接反映出他们对数字空间的理性化和秩序感的期待。

综上可见，软件工程师的社会信任机制离不开实际证据、科学权威和行为规范等理性因素。具体而言，本部分所言的社会信任包括对外来信息的内容信任（图3-37）和人际互动中的关系信任（图3-34、图3-35）两部分。从数据结果来看，软件工程师在非亲历世界中更倾向于相信真实性更强的实际证据（来自当事人）和知识权威性更强的知名科学家，并且在网络社交中期待更具实名化的线上环境。

总体而言，本章第二节考察了科技理性在人际交往层面对软件工程师价值观念的影响。有关数据表明：软件工程师倾向于将人际交往理性化，从对人际冲突来源的认知和社会信任的形成两方面均可体现。

三　技术认同奠定的行业自信

软件工程师由于具备专业的软件开发技能和较高的逻辑思辨素养，普遍被认为是数字时代的技术精英。技术是软件工程师最首要的标签：他们的工作内容是掌握并运用技术，他们的日常生活甚至人际交往围绕技术展开，甚至是他们对同行的评价维度也与技术紧密相关。[①]“极客文化”将对技术的高度认同作为软件工程师群体的鲜明特点，有关的实证研究也表明，软件工程师倾向于依据技术水平的高低对同行作出判断。在以科技理性为本位的价值观念的影响下，软件工程师对专业技术和行业发展层面的认识也表现出技术主义的倾向。

（一）作为数字技术生产者的技术认同

在数字时代中，技术的快速发展对技术的创建者——软件工程师提出了比技术应用者更大的挑战。在快速迭代的数字社会中，软件工程师基于自身的理性，对技术本身和技术的发展进行了技术性的判断。

图 4－19 的数据表明，有 26.42% 的受访者认为掌握一种新的编程语言或软件系统（以下简称“新技术”）是比较困难和非常困难的（其中，认为学习新技术“比较困难”的比例为 17.56%，认为“非常困难”的比例为 8.86%），这要略高于认为学习这一技能是相对简单的比例（23.50%；其中，认为学习新技术“比较简单”的比例为 19.65%，但认为“非常简单”的比例只有 3.85%）。而在明确表态的受访者之外，我们看到的是一半多的受访者（50.08%）给出了中间态度——既不认为学习新技术困难，也不认为其简单。由此可见，软件工程师对学习新技术的自评难度较为中性，在群体层面并没有表现出太明确的倾向，反而呈现一种审慎而稳健的态度。

从分年龄段的数据来看，学习新技术的难度与软件工程师的年龄高度相关。第二章的图 2－57 显示，认为掌握新技术相对困难的受访者的比例在不同年龄段上基本呈 U 形分布，而与之相对的是，认为相对简单的受访者的比例基本呈倒 U 形分布。在 25 岁及以下和 41 岁及以上的受访者中，认为掌握上述新技术相对困难的比例高于认为简单的比例，尤其是在 20 岁及以下的受访者中，二者相差 28.85 个百分点，而在 60 岁以上的受访者中相差

① J. Burrell & M. Fourcade, “The Society of Algorithms,” *Annual Review of Sociology* 47, (2021): 213－237.

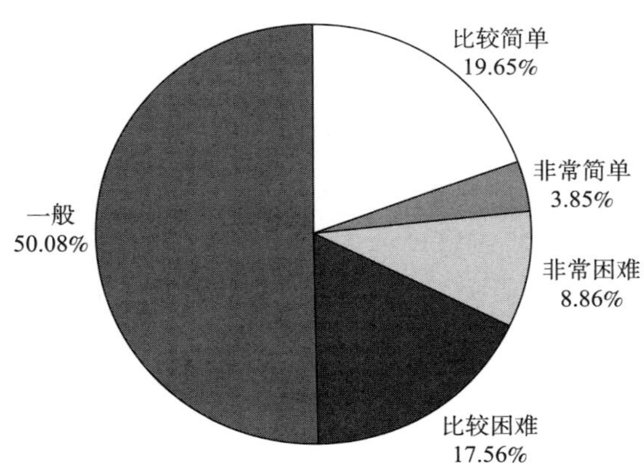

图 4－19　软件工程师自评的新技术（编程语言、软件系统等）学习难度情况

则达到 39.1 个百分点；相反，在 26～40 岁的受访者中，认为掌握上述新技术相对简单的比例高于认为困难的比例。对于大多数年龄段的软件工程师来说，掌握新技术是较为困难的，这很可能与技术的快速迭代有直接关系；而 26～40 岁的受访者是软件工程的中坚力量，一方面有足够的经验，另一方面又有较强的学习能力，因此掌握新技术对其来说可能会相对简单一些。

对于不同受教育程度的受访者来说，其对掌握新技术的难度的判断也是有所不同的。如图 4－20 所示，在大专及以下学历的受访者中，认为学习上述新技术困难的比例要高于认为简单的比例，其中对于初中及以下学历的受访者来说，持两种不同观念的比例相差达 58.49 个百分点（认为相对困难的受访者占比为 68.68%，认为相对简单的受访者占比为 10.19%）；而大学本科及以上学历的受访者的看法则完全相反，也即认为其简单的比例高于困难的比例。此外，相比于硕士研究生，博士研究生中有更多受访者倾向于认为学习上述新技术是困难的（在前者中，认为相对简单的比例为 31.77%，认为相对困难的比例为 15.18%，二者相差 16.59 个百分点；而在后者中，认为相对简单的比例为 33.33%，认为相对困难的比例为 30.35%，二者相差 2.98 个百分点）。不同受教育程度的受访者对掌握上述新技术的不同看法，是一种基于科技理性的判断，这与其所需技能的难度和自身能力密切相关，也是一种综合性的考量。具体而言，在初中及以下学历到硕士研究生之间，随着学历的不断提高，受访者自身的水平也不断增加，因此其中有更多人认为掌握新技术相对简单。而就读了博士研究生的受访者，虽然能力进一步提高（这反映在认为相对简单的比例上升），但其所从事的职业和承担的职责对技术水平的要求大幅提高，因此其中有更高比例的受访者认为掌握新技术的难度较大，且占比高于硕士研究生受访者。

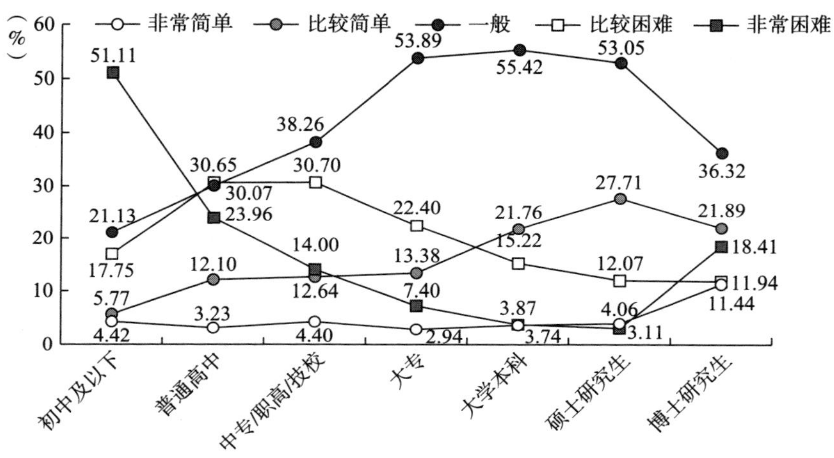

图 4－20　不同受教育程度的软件工程师自评的新技术学习难度情况

对于不同学科背景的受访者来说，掌握新技术的难度是不同的。图 4－21 显示，相比于最高学历所学专业为工程学科（非计算机软件相关）和其他学科的受访者，在最高学历所学专业为工程学科（计算机软件相关）的受访者中，有更高比例认为学习新技术是简单的。具体而言，在非计算机软件相关的工科背景受访者中，认为掌握新技术相对困难（包含“非常困难”和“比较困难”，下同）的比例比认为相对简单（包含“非常简单”和“比较简单”，下同）的比例高 17.93 个百分点；在其他专业的受访者中，认为掌握新技术相对困难的比例比相对简单的比例高 12.70 个百分点；而这一比例差在最高学历所学专业为工程学科（计算机软件相关）的受访者中则呈现相反特征，认为掌握新技术相对简单的比例比认为相对困难的比例高 5.46

个百分点。与前述受教育程度的分析相同的是，受访者做出上述判断，是基于其所需技能的难度和自身能力的综合性考量。通常来说，最高学历所学专业与计算机软件直接相关的受访者，有更强的计算机软件相关技术基础与能力，因此其中有更多人认为掌握上述新技术是较为简单的。

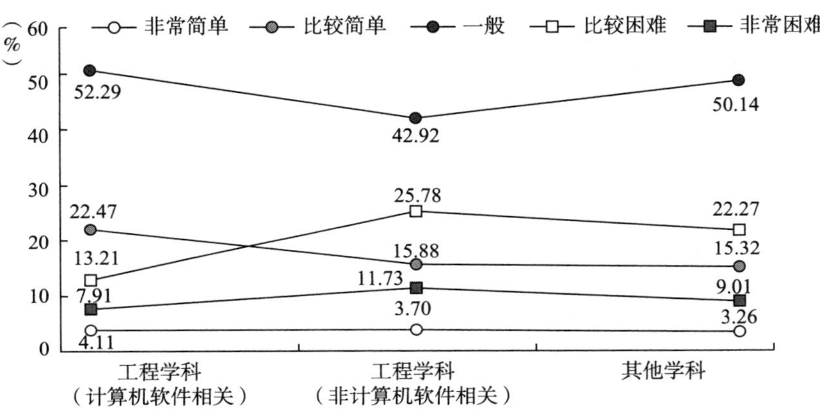

图 4－21　不同学科背景的软件工程师自评的新技术学习难度情况

前述的分析在以不同职称类别进行分类的数据中再次得到了印证。拥有高级职称的受访者相比拥有初级或中级职称的受访者，有更高比例的人认为掌握一种新的编程语言或系统是简单的。在前者中，认为掌握上述技能是简单的比例比认为困难的比例高 8.47 个百分点，而在后两者中，认为掌握上述技能困难的比例比认为简单的比例分别高 19.84 个百分点和 5.83 个百分点（见图 2－56）。

由此可见，软件工程师基于其所需技能的难度和自身能力，对掌握新的编程语言或系统的难度进行了基于科技理性的判断。对于软件工程师来说，掌握上述新技术并不简单，而这种掌握新技术的能力也直接影响其对技术发展的看法。

2022 年 11 月以来，以 OpenAI 的 ChatGPT、百度的文心一言（ERNIE Bot）等为代表的人工智能聊天机器人相继问世。这类人工智能聊天机器人能够以逼真的口吻和流畅度模仿人类对话，并且具有庞大的知识储备和快速应答的能力。虽然 ChatGPT 等人工智能聊天机器人在面对特定的专业问题还存在回答不够精确的局限性，但是在提供代码、编写邮件等规范性高而灵活性低的任务指令中，ChatGPT 等已经具备辅助工作的能力。上述特点使其在很短的时间内迅速在全球范围内流行，激发大量竞品，并引发人们对人工智能和信息技术的热议，包括对技术发展边界的讨论、对人的主体性的忧虑等。

作为一个与计算机技术密切相关并且对前沿技术有浓厚兴趣的职业群体，ChatGPT 等人工智能聊天机器人产品对软件工程师而言不只是一个娱乐消遣的新鲜事物，而是可能辅助甚至代替其工作的新兴技术产物。因此，本次调查以 ChatGPT 为例，专门询问了软件工程师对 ChatGPT 等生成式人工智能对其职业的影响的态度。

图 4－22 的数据表明，有 19.81% 的受访者认为 ChatGPT 等生成式人工智能对其职业的威胁大于帮助，而有 38.13% 的受访者认为对其职业的帮助大于威胁，此外有 42.06% 的受访者呈观望态度，没有给出明确的帮助或威胁的看法。可以认为，在受访者看来，ChatGPT 等生成式人工智能对其职业的影响总体呈现较为乐观的态度。

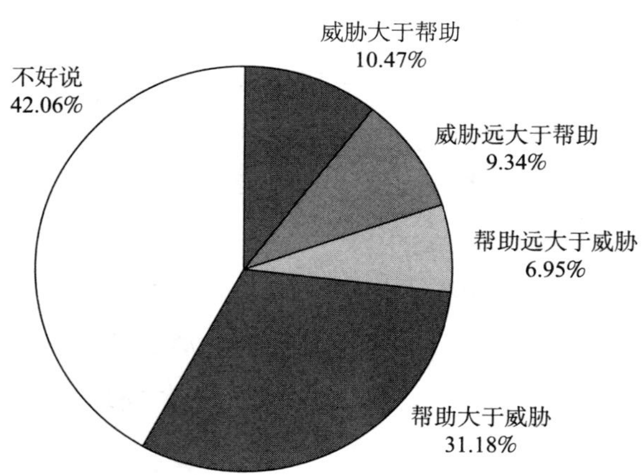

图 4－22　软件工程师对 ChatGPT 及其影响的看法

不同年龄的软件工程师对 ChatGPT 等生成式人工智能对其职业影响的看法有所不同，且其曲线变化情况与图 2－57 相似。具体而言，认为上述技术对其职业的威胁大于帮助的受访者的比例在不同年龄上基本呈U形分布，而认为上述技术对其职业的帮助大于威胁的受访者的比例在不同年龄上基本呈倒U形分布。也即，认为掌握新技术较为困难的曲线与认为ChatGPT等生成式人工智能对其职业的威胁大于帮助的曲线形状较为相似；而认为掌握新技术较为简单的曲线与认为新技术对其职业帮助大于威胁的曲线形状较为相似。此外值得注意的是，在图2－57中，只有26～40岁年龄段的受访者中有更高比例的人认为掌握前述新技术是相对简单的，而在图4－23中，21～50岁年龄段的受访者都有更高比例的人认为新技术对其职业的帮助大于威胁。我们可以看到，对于软件工程师来说，其掌握新技术的能力与其对新技术的接受意愿或开放性有明显的关联性，自认为有更强学习能力的人更乐于拥抱新兴技术。

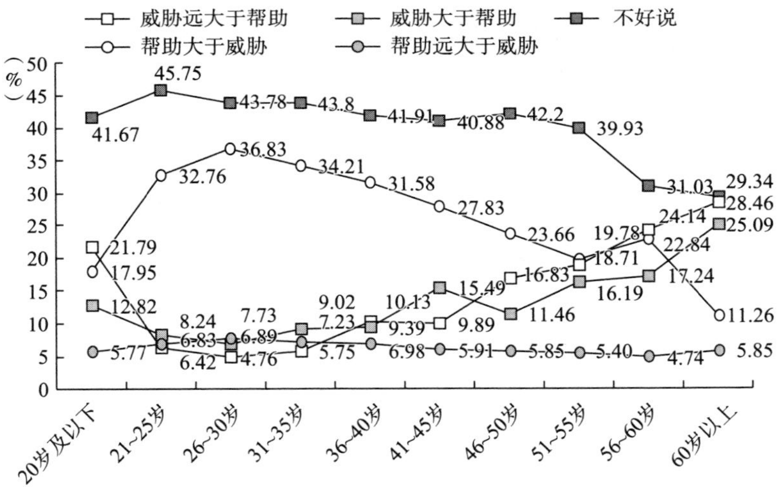

图4－23 不同年龄的软件工程师ChatGPT及其影响的看法

图2－57和图4－23的对应关系并非巧合。如图4－24所示，不同教育的受访者对ChatGPT等生成式人工智能对其职业影响的看法也是不同的，且其曲线变化形状与图4－20所展示的相似。具体来说，在大专以下学历的受访者中，认为上述新技术对其职业的威胁大于帮助的比例高于认为帮助大于威胁的比例，尤其在初中及以下的受访者中，二者的比例相差56.88个百

分点；与之相反的是，在大专及以上学历的受访者中，认为上述新技术对其职业的帮助大于及远大于威胁的比例大于认为威胁大于及远大于帮助的比例，其中相差最大的年龄段为硕士研究生，二者的比例相差 40.40 个百分点。值得注意的是，最高学历为博士研究生的受访者，认为上述新技术对其职业的帮助大于及远大于威胁和威胁大于及远大于帮助的比例之差相比于硕士研究生明显下降，为 10.45 个百分点。这一变化也与图 4 - 20 展现的结果相似。

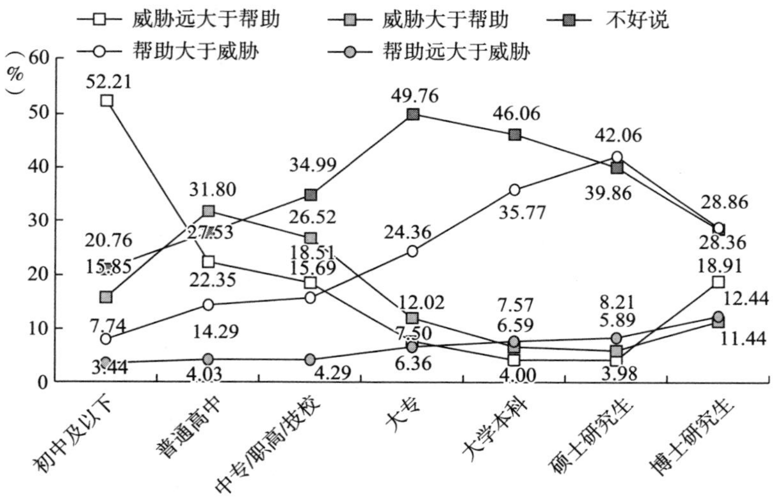

图 4 - 24　不同受教育程度的软件工程师对 ChatGPT 及其影响的看法

拥有不同学科背景的受访者对 ChatGPT 等生成式人工智能对其职业影响的看法也不相同，这也再次反映出前述论断。如图 4 - 25 所示，在最高学历为工程学科（非计算机软件相关）的受访者中，认为上述新技术对其职业的威胁大于及远大于帮助的比例为 33.88%，而认为帮助大于及远大于威胁的比例为 28.58%，二者相差 4.3 个百分点，说明其更可能认为上述新技术的出现对其职业的威胁更大。与之不同的是，在最高学历为工程学科（计算机软件相关）和其他学科的受访者中，认为上述新技术对其职业的帮助大于及远大于威胁的比例高于威胁大于及远大于帮助的比例，尤其对于前者来说，认为帮助大于及远大于威胁的比例为 43.99%，而威胁大于及远大于帮助的比例仅为 15.10%，说明其更可能认为上述新技术的出现对其职业有更多帮助。

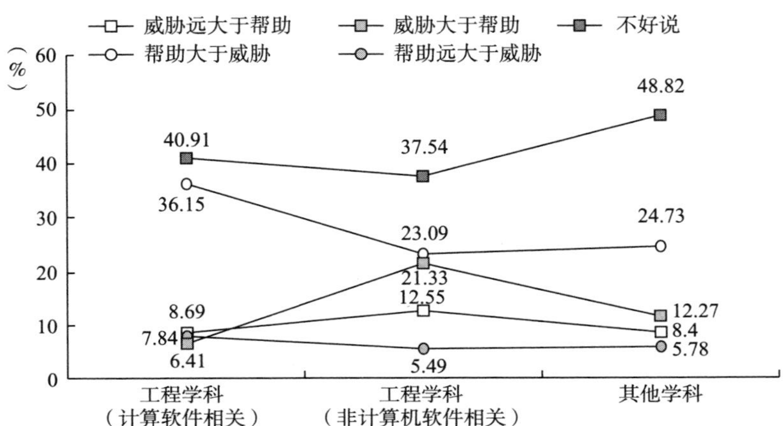

图 4－25　不同学科背景的软件工程师对 ChatGPT 及其影响的看法

更进一步地，无论何种职称之下，均有更高比例的受访者认为 ChatGPT 等生成式人工智能对其职业的帮助大于及远大于威胁，且随着职称等级的提高，认同这一观点的比例不断提高，从 32.66% 上升到 39.48%，而认为威胁大于及远大于帮助的比例从 27.40% 下降到 21.96%（见图 4－26）。

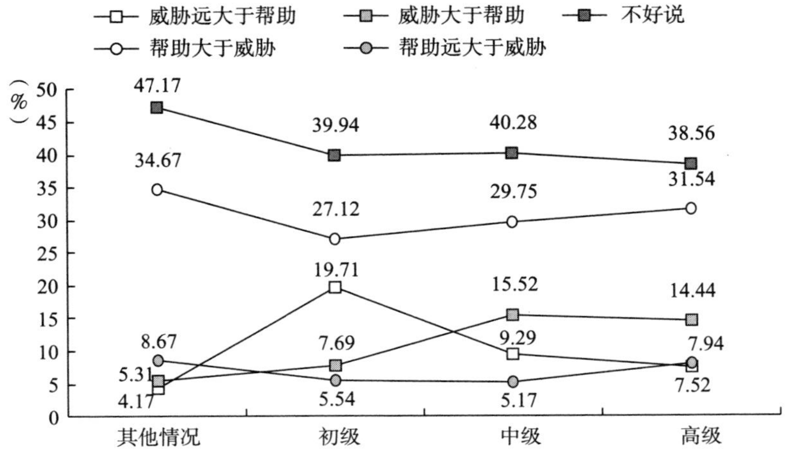

图 4－26　不同职称等级的软件工程师对 ChatGPT 及其影响的看法

以受访者所处岗位为分类，可以更明显地看到软件工程师的理性判断。

如图 4 -27 所示，虽然所有岗位中均有较高比例的受访者认为 ChatGPT 等生成式人工智能对其职业的帮助要大于威胁，但不同岗位之间有明显的区别。具体而言，认为前述新技术对其职业的帮助大于及远大于威胁的比例最低的两个岗位为艺术视觉和前端开发，占比分别为 27.98% 和 30.77%；而认为以上新技术对其职业的威胁大于及远大于帮助占比最高的两个岗位也为艺术视觉和前端开发，占比分别为 27.39% 和 31.31%。与之相反的是，在其他七类岗位中，均有明显更多比例的受访者认为上述新技术对其职业的帮助要大于及远大于威胁，且比认为上述新技术的威胁大于及远大于帮助的受访者至少多出 17.66 个百分点（人工智能岗位）。目前来看，ChatGPT 等生成式人工智能在前端设计、艺术视觉开发等方面具有良好的表现，[①]这可能是从事上述两类岗位的受访者中有更大的比例对于新技术对其职业的影响呈悲观态度的原因。此外，这也可能从侧面说明了软件工程师对新技术的关注，不过很难判断这一关注的起因更多是对技术的兴趣还是职业危机感。

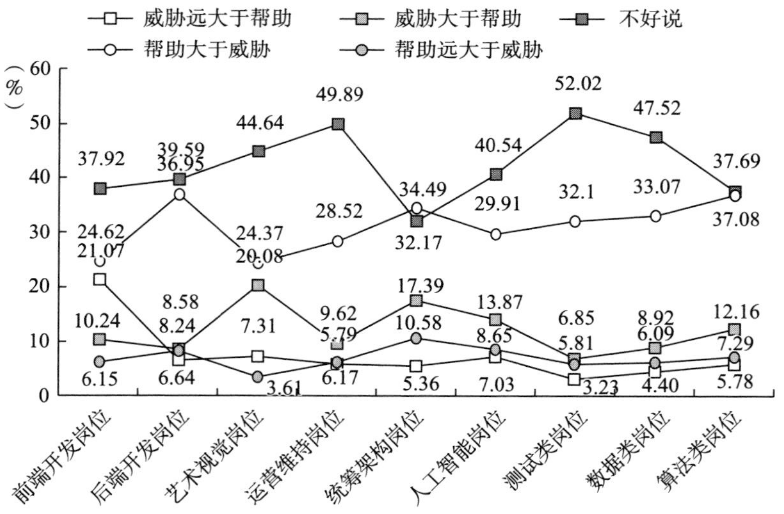

图 4 -27　不同岗位的软件工程师对 ChatGPT 及其影响的看法

① 李耕、王梓烁、何相腾、彭宇新：《从 ChatGPT 到多模态大模型：现状与未来》，《中国科学基金》2023 年 10 月 26 日网络首发。

综上所述，作为数字技术生产者的软件工程师，对新技术进行了基于科技理性价值的判断。这个判断是两方面的：一方面，软件工程师可以理性认识到其所处职位和自身能力，并对新技术的学习进行判断；另一方面，其对新技术本身充满信心甚至是向往，表现出一种极强的自我身份认同和技术认同。

（二） 基于技术认同形成的行业自信

如第二章中图 2 -1 所示，在软件工程师的众多择业原因中，“软件领域发展前景好”是被选比例排名第 3 的选项，占比达到了 43.08%，仅比位于第 1 的“专业或技能对口”和第 2 的“个人兴趣”分别低了 2.26 个百分比和 0.26 个百分比，可以反映出：一方面，对行业前景的判断是影响受访者择业的重要因素；另一方面，软件行业的确在很多受访者眼中（至少是面临职业选择的当下）具有较大的发展潜力和光明的发展前景。

除了询问择业时的原因，本次调查还考察了软件工程师经过一段实际工作后对行业发展前景的看法。图 4 -28 的数据反映的是软件工程师对“我所从事的工作有较好的发展前景”的看法。其中，整体持否定态度的仅有 15.33% 的受访者（其中，认为该观点非常不符合实际的比例为 6.82%，认为比较不符合实际的比例为 8.51%），而整体持肯定态度的受访者比例达

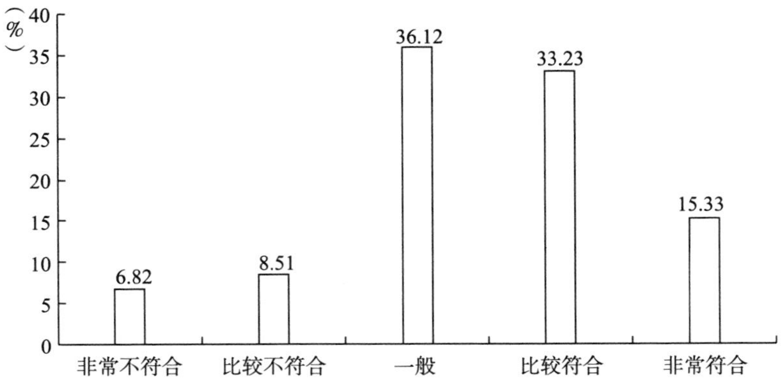

图 4 -28 软件工程师对工作发展前景的态度

到了 48.56%（其中，认为该观点非常符合实际的比例为 15.33%，认为比较符合实际的比例为 33.23%）。由此可见，即使在实际体验过工作内容和行业氛围后，软件工程师依然对自己所从事行业的发展前景有较好的预期。

作为一个技术要求较高的职业，持续学习是软件工程师工作的重要内容之一，而对新技术学习难度的主观认定则可以反映受访者的技术自信，从中解读出其对新技术的态度、学习能力的自我评估等潜在内容。通过将发展预期（见图 4－28）和新技术学习难度（见图 4－19）这两个变量进行交互，图 4－29 的数据结果显示：认为学习新技术“非常简单”的受访者中，对工作前景有乐观预期的占比达到 57.35%（其中，认为“我所从事的工作有较好的新技能学习难度发展前景”非常符合实际情况的有 29.75%，认为该表述比较符合实际情况的有 27.60%），而不认为工作发展前景乐观的仅有 17.38%；认为学习新技术“比较简单”的受访者中，对工作前景有乐观预期的占比更是达到了 60.77%（其中，认为该表述非常符合实际情况的有 18.62%，认为该表述比较符合实际情况的有 42.15%）。与之相反，认为学习新技术“非常困难”和“比较困难”的受访者中，对工作发展抱持乐观态度的比例分别仅有 31.02% 和 44.94%。

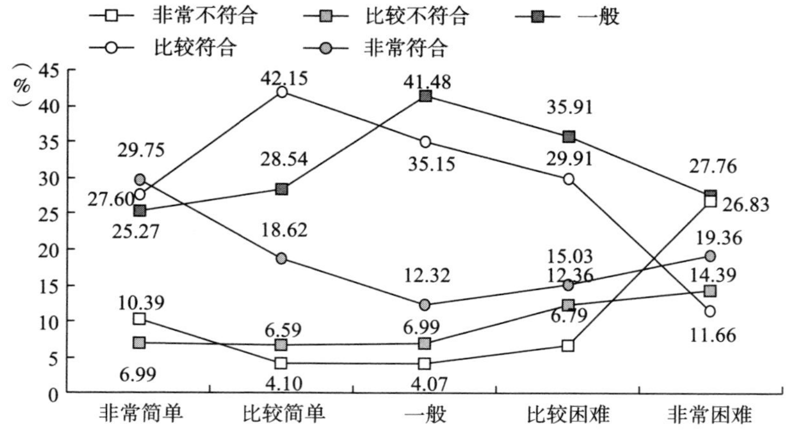

图 4－29　自评新技术学习难度不同的软件工程师对工作发展前景的态度情况

上述结果大致表明，具有较高技术自信的软件工程师对工作发展的预期也相对乐观。斯皮尔曼等级相关系数为 -0.16，该结果在 0.01 的显著性水平上仍然显著。这进一步从统计学上表明，软件工程师对新技术的难度认知和工作前景预期之间呈负相关关系：认为学习新技术的难度较高时，软件工程师对工作前景的预期也会相对不那么乐观。

对于软件开发等具有较高从业门槛的工作而言，从业者对工作和行业本身的了解程度至关重要，而这种了解则与其是否接受系统专业训练有关。换言之，教育背景对其熟知特定领域的演变历程和发展趋势有重要影响。然而，学历在此并不是一个合适的分类变量，因为随着学历增长，受教育者所了解的领域趋于专门化，对非专业领域的内容反而可能随着学历的提升而减少或停止增长。正如一位计算机科学的博士可能完全不了解历史学的最新进展，一位比较文学专业的博士也可能并不熟悉生物学的前沿，但这不妨碍他们在各自领域的拔尖和在特定范畴内的专业。因此，本次调查通过考察受访者最高学历所学专业与其对工作发展前景的判断，来揭示教育背景对从业者职业预期的作用。

图 4-30 显示，最高学历所学专业为与计算机软件相关的工程学科的受访者是对工作发展前景最乐观的群体。作为所学专业与软件工程师工作最对口的群体，毕业于“工程学科（计算机软件相关）”专业的受访者是所有 5 个学科类型中唯一一个对工作发展前景持乐观态度的比例过半的群体，占比达到了 51.17%（其中，认为“我所从事的工作有较好的发展前景”的表述非常符合实际情况的比例为 15.48%，认为比较符合实际情况的比例为 35.69%）。除了上述这一专业最对口的群体，其他学科背景的群体对工作前景持乐观态度的比例按从高到低依次排序为“人文学科、经济管理和社会科学”（46.14%）、“工程学科（非计算机软件相关）”（45.87%）、“自然科学”（43.59%）和“其他”（42.03%）。由此可见，其他所有学科背景类型的受访者对工作发展前景总体持乐观态度的比例都超过 40%，并且在不同类别之间的差距并不大，但都与专业直接对口的计算机软件相关的工科受访者有 5 到 10 个百分点的差距。因而可以大致推断：一方面，软件行业整体上具有较好的发展前景，从而使来自不同学科背景的受访者对其工作的发展前景的乐观比例相近；另一方面，来自对口专业的受访者可能

由于对行业和技术的更加深入的了解而对软件行业和自己工作的前景更具信心，这也反映出一种基于技术认同的行业自信。

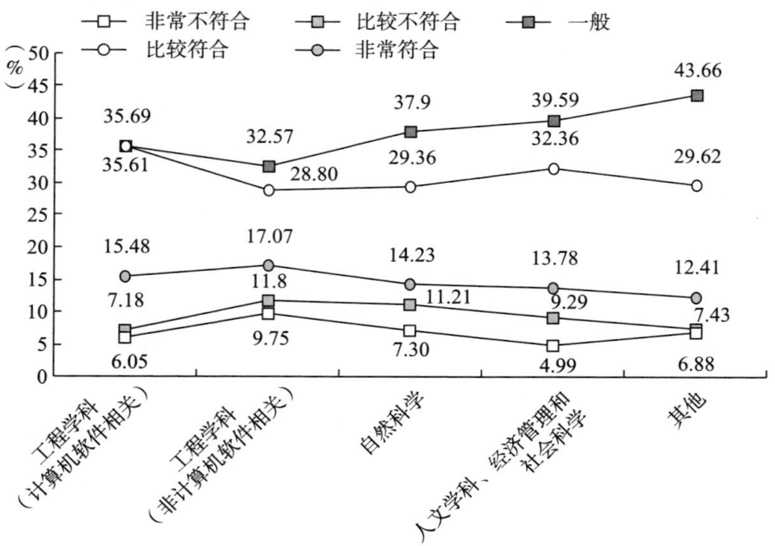

图 4-30　不同学科背景的软件工程师对工作发展前景的态度情况

综上所述，软件工程师对工作发展前景的态度整体上较为乐观。在考察自评的新技术学习难度和不同学科背景等要素后，本次调查发现：自评学习新技术难度较低且专业直接对口的软件工程师，可以被认为是技术自信程度最高的分组，该分组对工作发展的乐观前景也最有信心。

总体而言，本章第三节考察了科技理性在行业层面对软件工程师价值观念的影响。有关数据表明：软件工程师作为一个掌握软件专业技术的职业群体，是数字技术的生产者和深度使用者，有着较高的技术认同，并且可以从年龄、受教育程度、学科背景、职称等级和岗位类型等多个维度反映出这一点。此外，他们还基于这种技术认同形成了对行业发展前景的信心。

四　对社会发展的理性化解读

不同群体的历史传统和文化价值差异与数字技术会产生不同的互动过

程，进而形成多元化的数字技术认知和群体文化①。由于软件工程师是一个技术性、专业性都较高的职业群体，他们具有独特的工作内容、生活习惯和观念特征。因此，在和数字技术的长期交互中，以科技理性为本位的价值观念在最宏观维度则表现为他们对社会发展的理性化解读。

（一）对科学技术的高度价值认同

作为数字时代的技术精英，软件工程师对科学技术有着较高的价值认同。这一点从软件工程师对 ChatGPT 等生成式人工智能技术的态度上也可以间接反映出来（见图 4－22 至图 4－27）。为了更直观地反映软件工程师对科学技术的价值判断，本次调查通过让受访者表达对“社会未来的发展完全取决于科学技术的进步”的认同程度来反映其对科学技术的价值认同。

图 4－31 显示，16.81% 的受访者认为该观点“非常符合”实际情况，29.87% 的受访者认为该观点“比较符合”实际情况，两类比例合计为 46.68%，即有近半的受访者对此观点持相对认可的态度。需要注意的是，该观点使用了“完全取决于”这一语义强烈的表述，将科学技术的作用和

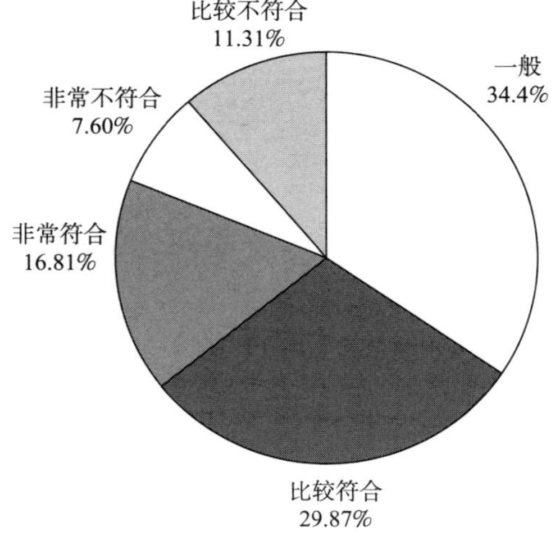

图 4－31　软件工程师对科学技术作用的认知情况

① 王天夫：《数字时代的社会变迁与社会研究》，《中国社会科学》2021 年第 12 期。

重要性抬升至社会发展全要素中的最高级。因此，可以推断，如果选择相对温和的表述，会有更多受访者表示认同。

通过与工作年份进行交互，图 4－32 表明，从事软件相关工作的累计年份达到 10 年及以上的软件工程师是对科技作用的价值认同最高的群体，认为“社会未来的发展完全取决于科学技术的进步”非常符合和比较符合实际情况的比例达到了 52.35%（其中，认为“非常符合”的比例为 17.66%，认为“比较符合”的比例为 34.69%）。相关关系检验的结果显示，工龄与对科学技术作用的认知之间的斯皮尔曼相关系数为 0.0529，该结果在 0.01 的显著性水平上显著，从统计学上表明，软件工程师对科学技术作用的认知和工作年份之间呈正相关关系：工作年份越久，受理性思维的影响越深，倾向于高度认同科学技术的作用的可能性也就越高。

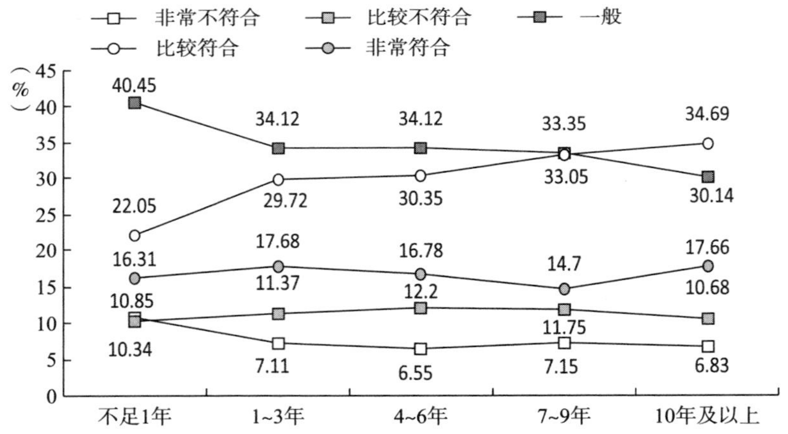

图 4－32　不同工龄的软件工程师对科学技术作用的认知情况

这一点在年龄分布中也有部分体现。图 4－33 显示，不同年龄段的受访者对“社会未来的发展完全取决于科学技术的进步”这一表述的认可程度随着年龄增长而持续增加，到 46～50 岁年龄段达到峰值，认为该表述非常符合和比较符合实际情况的比例达到了 51.22%（其中，认为“非常符合”的比例为 19.51%，认为“比较符合”的比例为 31.71%）。而在超过 50 岁的受访者群体中，对该表述的认同比例开始下降，到 60 岁以上年龄段达到低谷，仅38.56%的受访者对该表述持认可态度（其中，认为“非常符合”的比例为21.72%，认为“比较符合”的比例为16.84%）。这一变化趋势与图4-16所示的结果有相似之处，都是在受访者逐渐远离软件工程师职业的时期（即超过50岁），出现了对科技作用价值判断的回落。

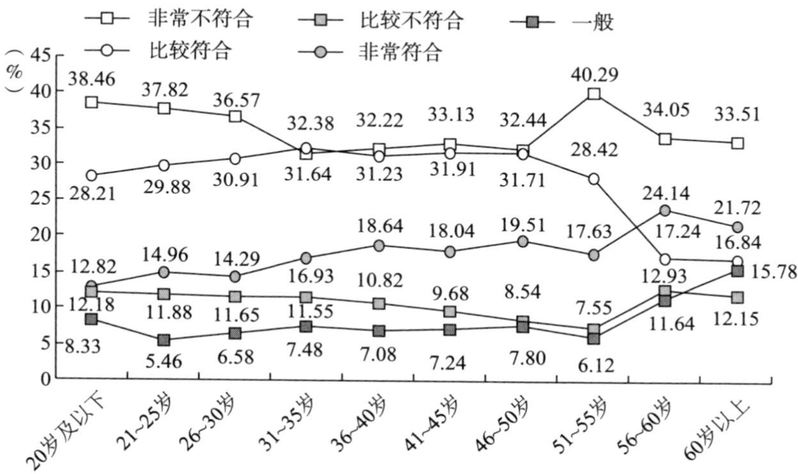

图4-33 不同年龄的软件工程师对科学技术作用的认知情况

除了从正面角度，即科学技术对社会发展的作用方面作出价值判断，技术社会学的先驱还从反面入手，思考技术可能带来的社会问题和风险，并由此产生技术中立性的理论辨析。早在1964年，埃吕尔（Jacques Ellul）就基于技术自主论的视角分析指出，人类社会已经演化为技术社会，现代的工业技术有别于传统的农业技术，是一个庞大而复杂的体系，没有人能精通所有技术知识和操作方式，而现代技术又具有自我增强、自动发展等特点，从而有可能对人类社会造成威胁。① 十余年后，温纳（Langdon Winner）也指出，高度发达的工业技术已经不再是一种绝对中立的、纯粹工

① Jacques Ellul, *The Technological Society*, Translated by John Wilkinson (New York: Vintage Books, 1964), pp. 42-64.

具性的存在，如果不对其进行限制，技术将可能对人类形成反向控制。[①]如今，近半个世纪过去，工业生产追求集约化、规模化和标准化的价值倾向受到数字技术的颠覆，数字技术展现出不同于以往大机器生产的组织形态、演进速度和普及规模。据此，本次调查通过“技术发展本身不会带来社会问题，它是价值中立的”这一问题，专门针对技术中立性对受访者展开调查。

图4－34显示，有一半的受访者（50.48%）对技术中立抱持认可态度（其中，认为“技术发展本身不会带来社会问题，它是价值中立的”这一表述“非常符合”实际情况的比例为17.77%，认为“比较符合”实际情况的比例为32.71%），仅有16.69%的受访者对此观点给出了明确的不认同态度（其中，认为该表述“非常不符合”实际情况的比例为7.08%，认为“比较不符合”实际情况的比例为9.61%）。由此可见，有较多的软件工程师认可技术的中立性。

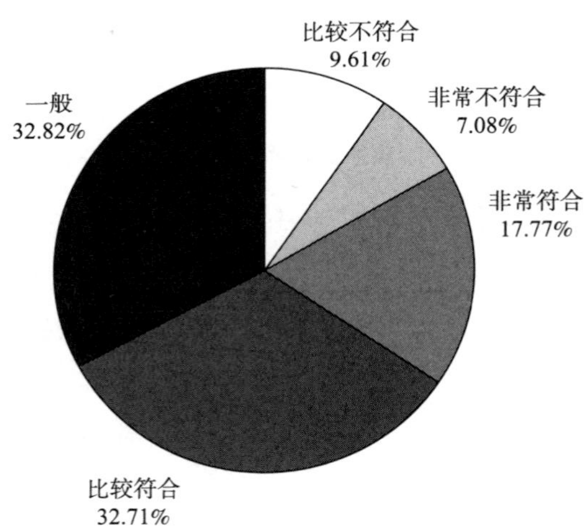

图4－34　软件工程师对技术中立性的价值判断情况

① 兰登·温纳：《自主性技术：作为政治思想主题的失控技术》，杨海燕译，北京：北京大学出版社，2014，第21～25页。

同样，在此将软件工程师对技术中立性的价值判断与工作年份和年龄分别交互（见图 4－35 和图 4－36），从而考察软件工程师受理性思维影响深度对其技术观的改变。在不同工龄的软件工程师中，工龄达到 10 年及以上的受访者对技术中立的认同比例最高，达到了 54.95%（其中，认为该表述“非常符合”实际情况的比例为 16.76%，认为“比较符合”实际情况的比例为 38.19%）；对该表述认同比例最低的工龄分组为“不足 1 年”，认同比例比工龄为“10 年及以上”的受访者低了 13.88 个百分点（其中，认为该表述“非常符合”实际情况的比例为 16.82%，认为“比较符合”实际情况的比例为 24.25%，二者合计比例为 41.07%，虽然是全工龄分组中的最低值，但依然占该组人数的四成）。

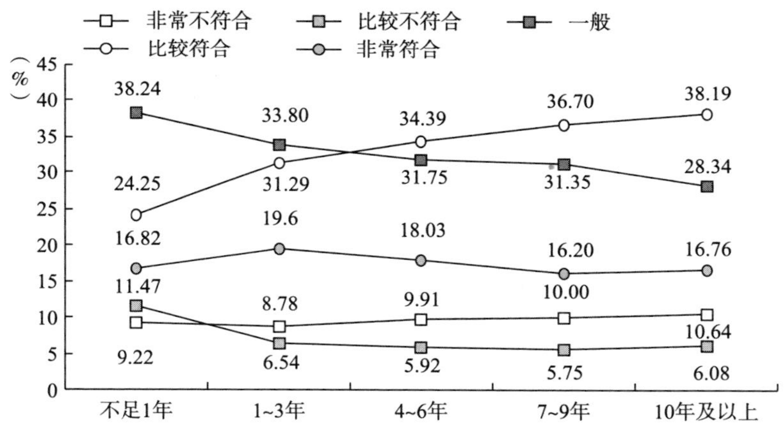

图 4－35　不同工龄的软件工程师对技术中立性的价值判断情况

而年龄与软件工程师对技术中立性的价值认同呈现倒 U 形的趋势，年龄在“20 岁及以下”、“56～60 岁”和“60 岁以上”的受访者对该表述的认同比例均较低，分别为 39.74%、39.23% 和 35.72%。对该表述认同比例最高的年龄组是“41～45 岁”，认同比例为 53.11%（其中，认为该表述“非常符合”实际情况的比例为 17.74%，认为“比较符合”实际情况的比例为 35.37%）。由此可见，随着年龄增长，软件工程师开始从职业新人成长为资深从业者，在与软件技术和各类开发项目的交互中，对技术中立性

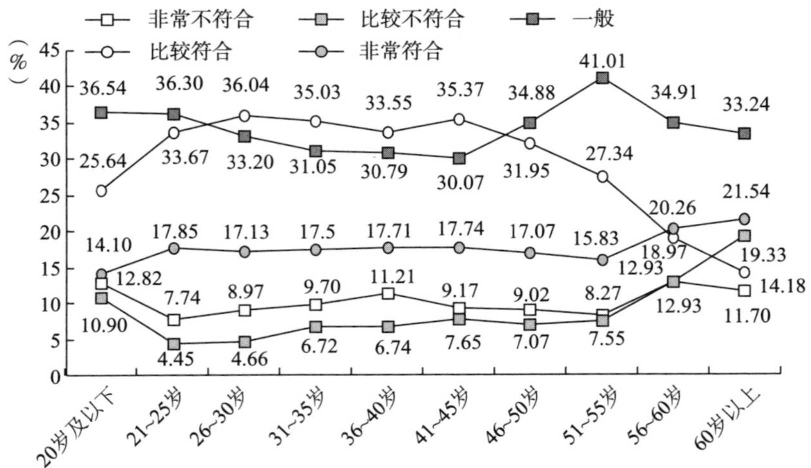

图 4－36　不同年龄的软件工程师对技术中立性的价值判断情况

形成了较高的价值认同。而随着年龄的进一步增长，软件工程师可能从工作量繁重的生产一线淡出，从而可能使其对技术的思考加入了其他因素，最终导致对技术中立性的认同程度下降。

综上所述，软件工程师对科学技术的作用和技术中立性都有较高的价值认同，反映出这一职业群体对社会发展存在理性化解读的特点。通过不同工龄和年龄的分组后，这一现象依然存在。

（二）算法并非最重要的产业要素

随着数字时代的持续深入发展，人工智能、大数据、云计算等应运而生并且对当前的社会组织结构和生产方式都产生了巨大的影响。由此，算法、数据和算力成为数字时代信息技术产业发展的三大要素。

本次调查基于此，通过“您认为在软件行业的未来发展中，数据、算法和算力三者对重要性排序是怎样”这一问题，了解软件工程师对这三大要素重要性的看法。具体结果如图 4－37 所示，受访者认可的三大要素的排序依次是“数据 > 算法 > 算力”（32.89%）、“数据 > 算力 > 算法”（22.34%）、“算法 > 算力 > 数据”（18.91%）、“算法 > 数据 > 算力”（11.98%）、“算力 > 算

法 > 数据”（8.97%）和“算力 > 数据 > 算法”（4.91%）。

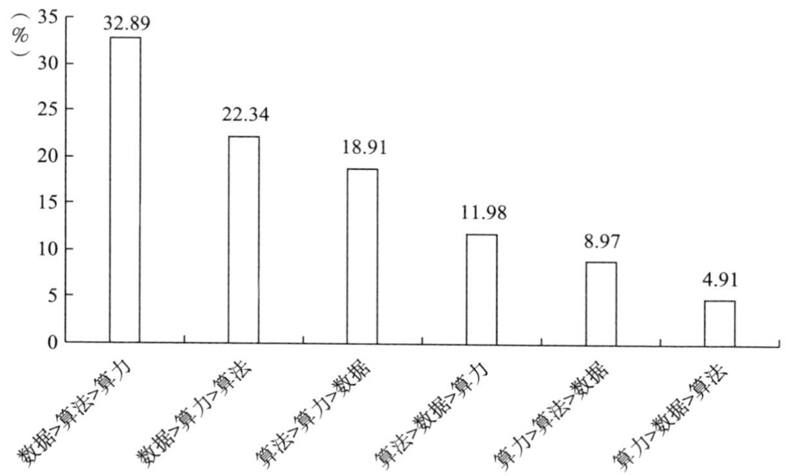

图 4－37　软件工程师对行业发展要素的重要性判断情况

虽然将这三个要素组合排序后形成了 6 个选项，但是结果显示，数据排名第 1 的 2 个选项刚好排在前 2 位；其次是算法排名第 1 的 2 个选项，位列第 3、第 4；最后是算力为首的 2 个选项，位列第 5 和第 6。因此，将排名第 1 的要素选项合并后，图 4－38 显示，认为数据是最重要的产业要素的受访者人数最多，占比达到 55.23%；其次是算法，占比为 30.89%；最后是算力，比例为 13.88%。

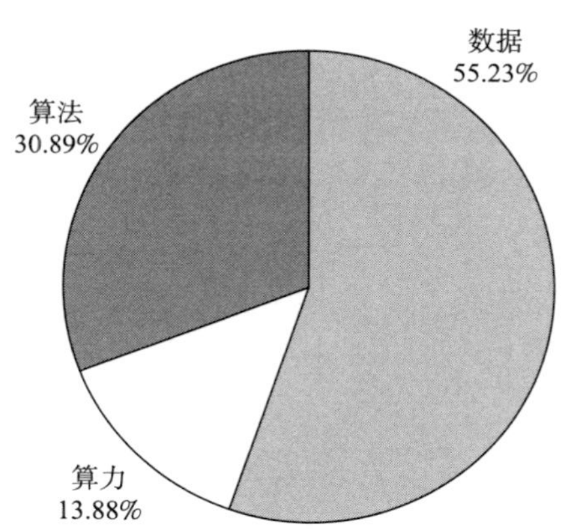

图 4－38　软件工程师对行业发展要素（合并后）的重要性判断情况

数据是数字时代的原料，有助于帮助机构或个人掌握各种信息、进行决策并展开行动，也可以促进非人行动者（如人工智能）进行学习并优化自身的性能。对比三大要素可以发现，在大数据时代，数据其实是对全社会、各方面的行为轨迹的自动监测与记录，象征着社会层面；算法虽然因机器学习的持续发展而具备了一定自主性，但仍然是软件工程师等职业群体得以更多施展主体性的要素，因而代表技术精英的智慧和知识；算力则是最具客观物质性的要素，主要是各类支持计算机体系运转的基础设施。有人曾将数据、算法和算力对于数字行业的意义，类比于一次烹饪任务的完成：数据相当于食材，算法类似于厨师（厨艺），算力则可比拟厨具。上述类比虽然尚显不够精准，但有助于人们大致理解三个要素之间的关系。

因此，虽然前文中图 4 - 34 反映软件工程师对技术中立性有相对较高的认同比例，即认为技术的后果取决于人的行为，看重人的主体性和技术的客观性，但是在产业发展的要素重要性排序上，受访者并未对直接指向“人”的要素，即算法，赋予最高的重要地位。由此可见，软件工程师对行业未来发展的判断较为理性，并没有因为自己从事相关职业而将算法的重要性抬得过高，反而充分肯定了数据的重要性。并没有这样一个来自专业群体的判断，对我们思考数字产业未来发展的方向和资源分配方式具有重要意义，也呼应了当前我国现行的相关制度。2020 年 9 月 4 日，中共中央、国务院印发《关于构建更加完善的要素市场化配置体制机制的意见》，①其中第一次将数据纳入生产要素的行列，与土地、资本、技术和劳动力等其他要素并称为“五大生产要素”。从中我们不难看出，数据将是未来中国数字产业发展和“数字中国”建设的一项重要资源和发力点。

总体而言，本节考察了软件工程师在社会层面的价值观念，指出其对社会发展存在理性化解读的倾向。一方面，软件工程师对科学技术的作用给予了高度的价值判断，即相信科学技术对社会发展的决定性地位，以及

① 新华社：《关于构建更加完善的要素市场化配置体制机制的意见》，2020，https://www.gov.cn/zhengce/2020 - 04/09/content_5500622.htm，最后访问日期：2023 年 10 月 30 日。

认同技术中立的主张；另一方面，软件工程师认可数据而非算法，是数字产业最重要的发展要素，对自身职业的价值和产业发展的需要之间的关系作出了理性的判断。

第四章从自我、人际、行业和社会四个维度依次考察了软件工程师以“科技理性”为本位的价值观念。可以看出，软件工程师的价值观念以科技理性为本位：在个人层面，软件工程师对科学技术具有浓厚兴趣，并且注重在日常生活和工作中实现自己的兴趣；在人际交往层面，软件工程师对人际冲突有着理性化的理解，倾向于认为人际冲突源于非理性和无逻辑的交往，其社会信任的形成也受到理性思维的影响；在行业层面，对新技术潜在影响的看法以及对其学习难度的评估会影响软件工程师对工作发展前景的判断；在社会层面，软件工程师对科学技术有着高度的价值认同，并且认为象征社会的数据是数字产业未来发展最重要的生产要素。温纳曾指出，技术不仅对物质生产、经济增长和社会发展等客观自然对象产生巨大的促进作用，还将潜移默化地重塑人的价值观念和精神世界。[①] 软件工程师作为一个受到技术深刻影响的职业群体，他们担当着连接数字技术和社会大众的媒介，也成了数字时代技术对人价值观念影响的先驱。

---

① 兰登·温纳：《自主性技术：作为政治思想主题的失控技术》，杨海燕译，北京：北京大学出版社，2014 年，第 3～4、20 页。

第五章
“世界体系”与信息技术产业发展：软件工程师的工作时代背景 I

毫无疑问，软件工程师群体的兴起有其独特的技术和产业基础。其中最为重要的是 20 世纪中后期以来世界信息技术产业的发展。鉴于此，本章将简要介绍和回顾当前世界信息技术产业发展的历程与经验，从而更为全面地展现出软件工程师群体所面对的工作生活背景。

本章的主要结构安排是：第一节为导言，讨论信息技术产业发展的要素及其在世界体系结构之下的分配状况；第二节和第三节介绍北美和西欧国家信息技术产业发展的相关状况；第四节和第五节介绍的是东亚及东南亚和东欧国家信息技术产业发展的状况；第六节和第七节则是南亚和拉美国家信息技术产业的情况。

一　导言

（一）信息技术产业发展的要素

从整体上看，产业发展包括三个方面的趋势：一是单个产业的升级，即产业内部的产品更新换代；二是开辟出新的产业部门；三是产业结构升级。显然，信息技术产业的兴起与发展难以被简单地视作单个产品的升级或某类产业部门的更新，而更多应该被视为产业结构的系统性创新与升级。因此需要注意的是，此种系统性的创新并非某种单一经济要素的结果，而是一系列综合的社会经济要素协同作用的产物。①就信息技术产业发展所涉及的相关要素具体而言，大致可以归结出如下四个方面。

第一，信息技术发展的相关产业基础。作为第三、四次工业（科技）革命的重要产物，信息技术的发展需要特定的产业基础。一方面，电子制造行业、材料行业等技术的突破将为信息技术的硬件设备生产和制造提供基础条件；另一方面，软件开发与应用行业、网络服务行业以及相关的通信行业等则为信息技术的应用提供重要的市场空间。

第二，支撑信息科技创新的政策制度。信息技术产业的发展核心在于技术本身的创新，这离不开一系列支撑技术创新的国家政策制度。例如，扶植信息技术产业发展的产业政策、激励信息技术创新的科技政策、推进信息技术产业“产－学－研”协同发展的体制机制，以及保障信息技术研发的知识产权制度等。

第三，有助于信息科技创新的社会环境。信息技术及信息科技的发展并非孤立的，而是嵌入社会整体的发展转型进程之中。故社会层面的相关因素，如特定的社会思想观念、社会层面的文化氛围与协作机制，以及人口的数量与素质等，也可能成为影响信息技术产业发展和信息科技创新的重要因素。

第四，培养信息科技人才的教育体系。推进信息技术等新兴行业的创新与发展，其根本在于培养具有创新能力的人才。因而，教育体系及教育模式等同样是影响某一国家和地区信息技术产业发展的重要因素，其具体则包括社会对特定教育和研究机构的投入、人才培养中的教育教学方式、科技研发过程中的管理服务模式，以及科技人才成果的评价机制等。

根据上述四方面的相关要素，我们可以进一步发现，在推进信息技术

① 〔美〕约瑟夫·熊彼特：《经济发展理论——关于利润、资本、信贷、利息和经济周期的考察》，北京：商务印书馆，1997。

产业发展的进程中，市场、国家、社会是三个层面的重要主体，而人才则是实现其技术发展和产业升级的重要中坚力量。但值得注意的是，在世界信息技术产业的发展实践中，上述的相关要素和资源的分布并不是均匀的，而是嵌入既有的“世界体系”的结构之下展开积累和组合的。也正因如此，世界各国的信息技术产业发展呈现了不尽相同的历程，并带来了各种差异化的发展经验。

（二）“世界体系”与信息技术产业

如前所述，在世界各国信息技术产业发展的实践中，“世界体系”结构或仍将起到明显的影响作用。从理论上看，“世界体系”理论源于社会学家沃勒斯坦对“二战”之后的国际社会分层结构的描述。①具体而言，“二战”之后，殖民体系瓦解，民族国家也随之建立。尽管现代化理论认为非西方国家会跟随西方国家按照同样的道路实现现代化，然而 20 世纪 60 年代以来，发达国家与第三世界国家之间差距不断加大，国际经济不平等状况凸显，这越发挑战了既有的现代化理论。在此情境下，沃勒斯坦提出了“世界体系”理论。其理论并不像现代化理论一样将国家作为分析单元，而是用世界经济体系表示市场联结的国家地区之间相互关联的整体性，从而揭示出现代世界的不平等结构，即不同发达/发展中国家将分别置于世界生产交易体系的核心/边缘结构。其中，核心地区生产具有高工资、高生产率、高利润及高科技发展水平等特征，并且从其他地区汲取大量的发展资源，边缘地区则截然相反，而半边缘地区的生产则同时具有核心与边缘地区的部分特征，它们是边缘地区的核心，又是核心地区的边缘。

尽管信息技术的应用极大地便利了人们之间的联结和交流，看似带来了一种扁平化的社会结构②，然而在其产业的发展实践中，产业发展所必需

---

① 沃勒斯坦：《转型中的世界体系：沃勒斯坦评论集》，路爱国译，北京：社会科学文献出版社，2006。

② 弗里德曼：《世界是平的》，赵绍棣、黄其祥译，湖南：湖南科学技术出版社，2006。

的资金、技术、市场、人才等基础要素的现实配置状况仍不是平衡的，而更多地将受到上述“世界体系”结构的影响。例如，人类学家项飚就基于对世界信息技术产业和印度技术劳工的研究，发现了信息技术产业的发展背后存在一个全球化的“猎身”体系。这个体系包括作为中心的美国、作为根据地的澳大利亚，以及作为初级原料（信息技术产业劳动力）的生产基地的印度，并且，其体系的各结构部分在很大程度上与沃勒斯坦所归纳的“核心－半边缘－边缘”结构具有类似之处。[①]由此可见，借助“世界体系”这一理论视角，我们可以横向地描述和呈现当前世界各国在信息技术产业发展方面的各种历程以及相关联的经验。

（三）信息技术产业的国际分工

信息技术产业的国际分工在现代世界体系中或将同样呈现“核心－半边缘－边缘”的结构关系。首先，核心区通常拥有最先进的信息技术、技术迭代更新快；信息技术市场基础坚实、社会效益显著，在世界体系中处于主导地位，亦在其信息技术研发和创新方面起到更多的推动作用；但同时，核心区的生产机构也往往将中低端软件工作外包给其他边缘、半边缘地区的信息技术产业劳工，并可能对其形成资源的剥夺和技术的封锁。其次，半边缘区往往居于核心区与边缘区之间，信息技术具有一定的“后发优势”，非技术前沿的半边缘国家通常基于对现有先进技术的引进模仿、吸收改良等方式进行技术积累和创新，并以此不断缩小与核心区的发展差距；但同时，随着可供模仿的技术逐步减少，其产业在进一步转型升级和自主创新方面仍面临一定的挑战。最后，边缘区的信息技术发展则大多起步较晚且发展缓慢，其关键技术更多依赖海外市场，缺乏自主创新能力，从而导致其信息产品附加值较低，且相关技术人才流失率高。依照以上的思路，下文大致列举了不同国家的信息技术产业发展的状况。

首先是处在核心区的美国和西欧地区。诚然，美国信息技术产业起步

① 项飚：《全球“猎身”——世界信息产业和印度技术劳工》，北京：北京大学出版社，2012。

较早，技术更新迭代快，产业基础坚实，发展趋势良好，在世界上具有领先地位。在发展过程中，在国家层面，美国政府主抓顶层规划，制定和实施信息产业发展战略、明确清晰的信息产业导向政策，促进信息技术产业化。同时，个人互联网发展优势显著，技术创新对信息通信产业发展发挥了重要驱动作用。[①] 类似地，西欧地区的信息技术产业也具有相对更久的发展历史。例如，近年来，英国信息技术产业得到了进一步的发展，其在基础固定网络、移动通信网络、广播电视网络以及数据服务业务等方面形成了强大的竞争力；而德国的信息技术产业发展势头同样强劲，开启了以智能制造为主导的工业 4.0 进程；此外，芬兰自 20 世纪 90 年代以来的信息技术产业也出现了迅猛的发展，社会的信息化水平处于欧洲乃至世界前列。

其次是位于半边缘区的东欧和东亚及东南亚地区。东欧地区以俄罗斯为例，其信息技术产业从 2000 年以后保持稳步发展，软件和 IT 服务出口保持稳定增长，在全球的地位逐步上升；但同时，其在竞争力、知识产权和人才等方面也面临转型升级的挑战。[②] 而东亚及东南亚地区的情况更为复杂。一方面以日本、韩国、新加坡等为代表的国家较早引进世界前沿信息技术，从而更快地推进本国信息技术产业发展和社会的信息化转型；但另一方面，其他东南亚国家如泰国、马来西亚等，由于距离其产业技术核心较远，其本土市场也相对较少，信息技术产业的发展相对滞后。

最后是相对边缘区的南亚和拉美地区。南亚地区以印度为代表，自 20 世纪 80 年代以来，印度大力发展以计算机软件业为核心的信息技术产业，并取得了一定的成就。其独特的实践措施在于成立了印度软件和服务公司协会（National Association of Software and Service Companies，NASSCOM），并以此为全球信息技术产业输送了大量相关劳动力。而拉美地区则以巴西为

① 韩文艳、熊永兰、张志强：《美国信息通信产业近 20 年发展态势分析及启示》，《世界科技研究与发展》2021 年第 2 期。

② 张冬杨：《俄罗斯信息技术产业现状及发展趋势》，《欧亚经济》2015 年第 2 期。

代表，其“防守国家主义”的发展道路呈现了一种由优先发展软件转为软硬件兼顾的信息技术产业发展模式。但这样的模式依旧在很大程度上依赖于海外市场和国际资本的参与，其本国信息技术的进一步转型升级仍面临诸多挑战。

二 北美国家信息技术产业的发展概况
——以美国为例

美国是最早发展网络信息技术的国家之一。在信息技术产业发展初期，美国就借助其发达的经济基础，从基础研究、应用研究、技术开发、产品开发等技术阶段上全方位推进，形成从研发到销售完整的产业环节。在外部世界与美国内部政府、私营机构、科研机构、公众等多方力量的合力推动下，其信息技术产业至今仍处于世界领先行列。本小节主要讨论美国的信息技术产业发展历程和经验。第一部分为美国信息技术产业发展的主要历程，美国在信息技术产业发展的半个多世纪以来，经历大型计算机发展（1939～1970 年）、个人计算机普及（1970～1990 年）、互联网技术发展和应用（1990～2002 年）以及互联网泡沫和新一轮信息技术革命（2002 年至今）四个阶段（见表 5－1）。第二部分将从国家政策、市场主体、社会参与，以及人才战略四个方面分析美国信息技术产业发展的基本经验。

（一）美国信息技术产业发展的主要历程

美国信息技术产业发展至今已有近百年历史，具体可以划分为四个阶段。[①]第一阶段（1939～1970 年）以大型计算机的研究、开发、应用为特征。1946 年，由美国军方定制的第一台电子计算机“电子数字积分计算机”（Electronic Numerical Integrator and Calculator，ENIAC）于美国宾夕法尼亚大学问世，其诞生是为了满足美国奥伯丁武器试验场计算弹道的需

① 刘勇燕、郭丽峰：《美国信息产业政策启示》，《中国科技论坛》2011 年第 5 期。

要。此后第一代电子管数字机、第二代晶体管数字机、第三代集成电路数字机，将计算机的应用领域逐渐从军事领域拓展至工业控制、科学研究等领域。计算机网络的诞生同样是源起于冷战时期军事防御目的。[①]在美国国防部的资助下，BBN 科技公司（BBN Technologies，前身为 Bolt Beranek and Newman 公司）于 1969 年提出“网络控制协议”（Network Control Protocol，NCP），并开发出对计算机进行网络控制的信息报文处理器（Information Message Processor，IMP）。同年，分别位于加利福尼亚大学洛杉矶分校和圣芭芭拉分校以及斯坦福大学和犹他州立大学的四台大型计算机通过分组交换技术和网络互联技术被首次连接起来，标志着全球第一个计算机网络——“高级研究计划局网络”（ARPANET，以下简称“ARPA 网”）诞生。

接踵而至的第二阶段（1970～1990 年）以个人计算机的研发和大规模普及为特征，并集中表现为半导体产业和通信产业蓬勃发展。1971 年，英特尔（Intel Corporation）公司研制出世界上第一个微处理器芯片 Intel 4004，标志着第 1 代微处理器问世。1981 年，国际商业机器公司（International Business Machines Corporation，IBM）推出第一台个人电脑 IBM－5150，此后计算机正式进入商用与家用。基于个人计算机的诞生，软件行业经历独立编程服务、软件产品、企业解决方案几个阶段后，来到面向大众的成套软件供应的新阶段。而在计算机网络方面，ARPA 网基于已有的技术，于 1974 年进一步推出了互联网协议（Internet Protocol，IP）与传输控制协议（Transmission Control Protocol，TCP）。上述两个协议使互联网成为一个由众多网络组成的“网际网”，并得以拓展至全国范围，从而取代了 ARPA 网。

需要注意的是，第二阶段前后两个 10 年存在一定的差别。20 世纪 70

① 冷战期间，美国国防部高级研究计划局（Advanced Research Projects Agency，ARPA）为寻求高科技支持下的军备优势，出于军事防御战略考虑，认为需要建立一个可以不依靠单一“中央控制计算机”操纵的巨大网络。国防部斥资由 BBN 公司负责研究各计算中心之间的通信方法。

年代中期至80年代前期，信息技术仍然处于创新阶段，大型和小型计算机都属于投资类产品，产业化规模相当小；而80年代后期至90年代初，主流产品由大型及小型计算机更新为个人计算机之时，其信息技术产业才迎来第一次转型。

第三阶段（1990～2002年）是美国信息技术产业发展的关键时期，这一阶段以互联网技术发展和应用为主要特征，信息技术产业的主流产品由个人计算机演进为网络产品。美国信息技术产业的发展步入正规化，信息基础设施不断完善，多项计划不断助力基础设施的建设投入，从而为此后美国信息基础产业的革新与蓬勃发展奠定了重要的基础。

第四阶段则是美国信息技术产业的转型发展时期（2002年至今）。伴随21世纪初“互联网泡沫”的破灭，人们对信息技术革命的热潮有所降温，但信息技术创新仍沿着其内在规律不断演进发展。而直到2010年，由于信息技术企业的盈利模式不断成熟，互联网指数增长加速，以移动互联网、云计算、大数据、物联网为代表的新一轮信息技术革命才再度兴起。[①]在这一时期，美国国内的软件信息服务业的产业占比超过电子制造业。至今，美国在半导体（集成电路）、通信网络、操作系统、办公系统、数据库、云计算、互联网服务、人工智能等全球信息技术产业链高附加值段仍处于领先地位。[②] 2021年，美国信息与通信技术（Information and Communications Technology，ICT）行业更是以年1亿美元的产出总规模占据全球第一，其计算机服务业产出以5000亿美元产值远超全球第二名日本的1000亿美元产值。

① 张强：《美国新一轮信息技术革命和产业变革的主要特点》，中国经济网，2017，http://intl.ce.cn/specials/zxgjzh/201706/05/t20170605_23441293.shtml，最后访问日期：2023年10月30日。

② 参见国务院发展研究中心、国务院发展研究中心国际技术经济研究所的《2020世界前沿技术发展报告》《2021世界前沿技术发展报告》《2022世界前沿技术发展报告》《2023世界前沿技术发展报告》。

表 5－1　美国信息技术产业发展历程

历史阶段	阶段特征	相关政策
1939～1970 年	·大型计算机的研究、开发、应用 ·光纤电缆的研发与投入 ·计算机互联技术 ·军事领域技术进步导向产业发展	·《国家信息政策》（1976） ·《萨蒙报告》（1979）
1970～1990 年	·个人计算机的研发和大规模普及 ·半导体产业和通信产业蓬勃发展 ·互联网逐渐成熟	
1990～2002 年	·互联网技术发展和应用 ·国外市场与全球化战略	·《国家的关键技术报告》《高性能计算法案/HPCA》《高性能计算与通信计划》（1991） ·《国家信息基础设施的行动纲领/NII》（1993） ·《全球信息基础设施行动计划 GII》（1994） ·《全球电子商务框架文件》（1997） ·《面向 21 世纪信息技术计划/IT2 计划》（1999） ·系列法规：《信息科学技术法》《电信竞争与放宽管制法》《计算机安全法》《美国技术领先法》《电信法案》等
2002 年至今	·互联网泡沫 ·新一轮信息技术革命	·《国家宽带计划》（2009） ·《联邦云计算战略》（2011） ·《大数据研究和发展计划》（2012） ·《数据开放政策》（2013） ·《网络与信息技术研发计划/NITRD》（2015） ·《先进无线通信研究计划》、《推动量子信息科学》、《美国半导体制造》（2016） ·《电子复兴计划》（2017） ·《量子信息科学国家战略》、《Ray Baum 法案》、《“5G Fast”战略》（2018） ·《美国量子网络战略构想》（2020）

（二）美国信息技术产业发展的基本经验

美国信息技术产业蓬勃发展并直至领先行列，离不开国家、市场以及社会的协同作用。政府出台一系列战略计划和相关政策与法规，大量投入基础设施建设，坚守其产业发展的服务者与辅助者职能，以此充分发挥市场调节作用，最大限度盘活参与产业发展的各主体的活力。在各主体的广泛参与下，美国信息技术产业发展具备源源不断的动力。本节将从国家政策、市场主体、社会参与以及人才战略四个方面分析美国信息技术产业发展的基本经验。

1. 国家政策

信息技术产业的发展很大程度上有赖于信息技术本身的进步，而在技术迭代升级中，国家的科技战略能够起到积极的引导作用。美国的科技战略是顺应时代背景、维护国家整体利益的产物。“二战”之前，美国政府的研究与发展经费主要用于如农业、国防等与政府职能有直接关系的项目。“二战”后，由于美国国内科学研究的发展以及美苏争霸的需要，美国政府大力投资科学研究。一方面是对基础研究的支持，即从基础研究开始，经过应用研究、产品开发、成品设计、生产等各个步骤，成型产品最终流入市场的一个完整的技术创新的有序过程。另一方面是将用于军事、国防的新产品及新生产工艺研究成果在适当的时间逐渐地“抛甩”到民用工业界。[①]然而，这种只注重“上游”研发而忽视产品设计、制造以及推销等“下游”活动的科技战略使得美国难以真正将科技转化为生产力。

20 世纪 70 年代以来，伴随日益激烈的国际经济竞争，美国的钢铁、汽车、半导体等主要工业受到了来自日本和西欧的强有力挑战。这一时期的美国技术更新缓慢，通货膨胀严重，社会失业率高，经济发展陷入停滞。严峻的国际国内局势倒逼其从 80 年代开始进行大规模的经济结构调整，即以高新技术为中心，以信息通信为先导，掀起了一场新的技术产业革命。同时，其科技战略在这一转型时期也经历调整，即在大力支持技术创新的基础上，注重信息技术的商业化与产业化，将科技进步真正转化为生产力，以维系其全球霸主的地位。特别地，受到新自由主义思潮以及国际政治经

① 吴皆宜：《美国产业向新经济转型的分析》，《经济理论与经济管理》2001 年第 7 期。

济局势影响，对于这一具有无限可能的新兴内生产业，美国政府坚持以市场调节为基础，相继出台一系列具有连续性的、目标清晰的宏观计划与政策，为产业发展确立目标导向与建立框架蓝图。

具体而言，时任美国总统布什于1991年向国会提交的《国家关键技术报告》就设计了与美国国家安全和经济实力有关的6大领域22项高新技术，其中“信息与通信”单列1项占7项技术，分别为：软件系统、微电子和光电子工程、高性能计算机和计算机网络、高清晰度屏幕画面处理和显示、传感和信息处理、数据贮存及其相应装置、计算机仿真及模型建立。这份报告对美国20世纪90年代的信息技术发展提出总要求。1992年，克林顿在竞选总统期间提出“建立信息高速公路，振兴美国经济”的口号。1993年，克林顿成立国家科技委员会，根据国家发展目标制定科技战略和政策。同年，美国政府颁布《国家信息基础设施行动计划》（National Information Infrastructure，NII），计划用20年投资4000亿～5000亿美元建立由通信网络、计算机、数据库以及电子产品组成的网络，为用户提供大量的、统一标准的信息服务。1994年，美国政府在NII计划基础上进一步提出《全球信息基础设施行动计划》（Global Information Infrastructure，GII），旨在通过卫星通信和电信光缆联通全球网络，形成信息共享的竞争机制。①至此，美国信息技术产业框架得以基本搭建。

为了保持其信息技术产业的强大竞争力以及进一步向全球发展，美国政府进一步制定相关政策。一方面，美国政府对内强调技术领先。1996年，美国成立“国会互联网决策委员会”（Congressional Internet Caucus），就电子商务的健康发展进行研究和指导。1996年，克林顿宣布在5年内动用5亿美元的政府资金实施由美国一些科研机构和34所大学提出的开发新一代互联网（Next Generation Internet，NGI）的设想。这一NGI计划使得美国高等教育和研发机构在开发先进的信息技术应用方面保持世界领先地位。1999

① 张彬、李获：《90年代美国政府信息产业发展政策导向及其对中国的启示》，《世界经济研究》2000年第6期。

年，美国国家科学委员会制定"面向21世纪信息技术计划"，旨在开发先进互联网技术提高高等院校及其他民用研究机构的信息基础设施整体水平。[①]另一方面，美国政府积极向外拓展国际市场。其在1996年WTO部长会议中即提出《信息技术协议》主张到2000年取消信息产品的全部关税，在1997年电子商务工作小组的《全球电子商务框架文件》（A Framework for Global Electronic Commerce）中号召各国政府尽可能鼓励和帮助企业发展互联网商业应用，还在1998年参议院商业委员会通过了互联网免税法案（Internet Tax Freedom Act）。[②]与此同时，美国政府还实施标准战略，将产业自愿原则及美国标准推向全球。[③]

步入21世纪后，联邦政府进一步推出《美国国家创新战略》（A Strategy for American Innovation）（2009年），大力发展先进信息技术生态系统；推行"国家宽带计划"（2010年），投资72亿美元用于发展宽带建设和无线互联网接入；实行数据开放政策（Open Data Policy）（2013年）以及"网络与信息技术研发计划"（The Networking and Information Technology Research and Development Program，NITRD），确定包括网络与信息技术、网络安全、高性能计算、数据分析等在内的未来研发重点。

总之，在政府一系列宏观政策的引导以及对于基础设施建设的大量投资下，美国的信息技术产业得到了显著发展。而政府的一些具体法律规范的出台、相关激励措施则是更进一步维系了产业的生态环境，具体包括如：（1）通过直接资助为信息技术领域项目提供资金，同时利用税收手段间接刺激投资等；（2）通过政府采购为计算机和其他信息技术提供初始市场；（3）加强法制建设，包括制定和完善竞争法律以保证信息技术产业的自由竞争、加强信息技术产业监督、加强知识产权的保护；（4）通过实施人才战略促进信息技术产业持续发展；（5）充分发挥信息产业基地（如硅谷）

---

① 卢滨玲：《论美国的政府行为与信息产业的发展》，《现代情报》2003年第11期。

② 李获：《美国信息产业发展及对中国的启示》，《科技进步与对策》2000年第1期。

③ 张建波、胡启萍、郭建强：《美国信息产业发展战略对我国的启示与借鉴》，《生产力研究》2008年第4期。

作用，通过各种手段保护和调动创业者的积极性。但同时值得注意的是，美国政府始终立足于其国家自身的安全和利益，针对网络信息关键技术和核心产业发展进行引导、管理，以及干预，[①]并通过诸如输出标准、垄断产权、争夺人才等策略给其他国家和地区信息技术产业的发展带去了明显的压制作用。

2. 市场主体

在美国信息技术产业发展的过程中，政府在产业发展的初期直接介入，即通过政府采购和投入等方式直接介入信息技术产业发展。在市场建立、产业实力增强后，政府转向制定政策等间接调控，维系产业生态，充分激发市场活力。在宏观政策导向以及规模庞大的技术市场下，广大企业迸发强劲的革新动力。一方面，中小企业是信息技术创新、模式创新的主体和核心力量，是高技术大企业的一个非常重要的技术来源，也是美国创新体系的一个重要组成部分。数量众多、灵活多变的中小企业迅速适应环境变化，具有高度的创新精神，为相关的信息技术行业增加了活力。而云计算、开源软件和风险投资等又使创业成本达到历史最低，极大释放了企业创新活力。[②]另一方面，大型企业在技术创新中同样发挥了重要的领衔作用，其通过兼并集中市场规模和相应技术相对成熟的产业，以重新配置全球市场的占有份额。[③]目前，美国已有英特尔（Inter）、国际商业机器公司（IBM）、高通（Qualcomm）、思科系统（Cisco System）、苹果（Apple Inc.）、微软（Microsoft）、甲骨文（Oracle）、谷歌（Google）等一批信息科技产业的领先机构控制着全球信息技术产业链的主干。[④]

---

① 惠志斌：《美国网络信息产业发展经验及对我国网络强国建设的启示》，《信息安全与通信保密》2015 年第 2 期。

② 张强：《美国新一轮信息技术革命和产业变革的主要特点》，中国经济网，2017，http://intl.ce.cn/specials/zxgjzh/201706/07/t20170607_23491294.shtml，最后访问日期：2023 年 10 月 30 日。

③ 吴皆宜：《美国产业向新经济转型的分析》，《经济理论与经济管理》2001 年第 7 期。

④ 惠志斌：《美国网络信息产业发展经验及对我国网络强国建设的启示》，《信息安全与通信保密》2015 年第 2 期。

特别地，在美国信息技术产业发展中，高新技术企业与创业资本（风险资本）的互动式发展也起到了关键性作用。风险投资是由风险资本家出资，协助具有专门技术但无法通过传统的融资方式筹得资金的科技人才创业，并承担创业时的高风险的一种权益性资本投资行为。1946 年，美国研究与开发公司（American Research and Development Corporation，ARD）的建立是风险投资诞生的标志。1958 年，美国国会通过了旨在支持高科技企业发展的小企业投资法案，并赋予税收优惠，促使风险投资真正发展成一个行业。直至 1999 年，风险资本投资额已达 480 亿美元。[①]美国的实践表明，这样的风险投资模式有助于为新生高科技企业筹得启动资金，从而使高新技术产业积蓄巨大潜能，但一旦监管不力，也可能积累和放大特定的金融风险与社会风险。

此外，就产业组织形式而言，美国在新一轮信息技术革命中最深刻的变革是垂直整合战胜工业时代的专业化分工模式。首先，垂直整合有利于推动技术产品服务化、集成应用、软件和硬件整合发展，从而打造产业新生态。其次，垂直整合打破了创新壁垒和鸿沟，使得价值链各环节协同共鸣，整体产生聚变效应，并且通过提供个性化产品和服务，带来了更好的用户体验。最后，垂直整合颠覆了商业及盈利模式、营销及销售模式、运营模式，使得企业业务模式、盈利模式更加多样化，企业的生存能力也得到了增强。而在全球化加速推进的背景下，垂直整合式的生产组织模式还推动了跨国信息技术企业重塑其产业链及产业组织方式，使得全球信息技术产业的竞争从单个产品的竞争进入了产业体系间的全方位竞争。在其竞争过程中，美国则得以整合其强大的技术和经济实力，通过掌握互联网核心技术和资源，构建互联网制度规则，不断强化对互联网的控制权，从而进一步巩固美国在全球信息技术产业分工体系和产业供应链中的中心地位。[②]

---

① 王玢、吴春旭：《美国信息产业的发展战略及对我国的启示》，《中国科技产业》2005 年第 4 期。

② 张强：《美国新一轮信息技术革命和产业变革的主要特点》，中国经济网，2017，http://intl. ce. cn/specials/zxgjzh/201706/07/t20170607_23491294. shtml，最后访问日期：2023 年 10 月 30 日。

3. 社会参与

美国信息技术产业广泛的社会力量首先见于其国家创新体系之中。政府通过立法和政策引导，从体制上加强了产学研合作，进而使得美国信息技术产业能够真正发挥高新技术的辐射与扩散作用。例如，20 世纪 70 年代以来，美国政府就投资建设数以百计的“科学技术中心、工程研究中心、大学 - 工业合作研究中心”等，加强了政府、企业、高校、科研机构单独或联合资助进行研发活动，促成美国产生大量创新成果，并得以产业化与商业化发展。在这种创新环境中，政府、企业和高校或科研机构逐步适应共同工作，相互交织，在创新进程的各个阶段建立相互联系。

其次，在上述协作网络之下，公众对信息技术的偏好和需求才能够更为即时地反馈给企业生产部门、高校与科研机构的研发部门，以及政府的政策制定部门，从而为其社会在信息技术创新的发展方向上提供了重要的指引作用。

此外，美国社会中鼓励创新与合作的文化也对信息技术产业的发展产生一定的影响。如“硅谷文化”就是其中的典型例子。由于具有鼓励创新合作的文化氛围，硅谷内大量的高科技人才和企业之间的交流合作活动非常频繁，其中的参与者能够即时学习掌握彼此的经验与知识，从而为创新思想与技术发展做更多充分的积累与准备。

4. 人才战略

特别地，信息技术产业发展的关键在于高科技人才，而美国的高科技人才优势来源于其对于教育的大力投入、人才竞争和人才储备战略。

具体而言，首先，美国一度将大力培育本国人才，设法引进和留住外来人才及合理、高效使用人才作为重大国策。例如，从 20 世纪 60 年代开始，美国相继通过《高等教育法》、《教育和理工科教育紧急振兴法》、《电脑设备赠送法》和《美国 2000 年教育目标法》等，将教育的重点放在高技术的应用和研究上。①

其次，在人才培育方面，美国持续不断完善包括基础教育、职业教育、

① 杨兴寿、李安渝：《美国信息产业发展战略及借鉴》，《宏观经济管理》2013 年第 12 期。

职业培训以及高等教育在内的完整且发达的教育体系。例如，在信息技术产业蓬勃发展的20世纪90年代，美国政府就提出，到2000年，高等学校毕业率要达到90%以上；同时，其还强调充分利用信息基础设施，建立电子教育网络，使每个孩子都能上学，全部成人无文盲。[①]

此外，在人才集聚方面，美国还通过诸如修正移民法、出台关于提高H－1B类非移民限额的法令、到其他国家创办企业或设立研发机构等措施，吸引了众多外籍科技和专业人才，以助力其自身信息技术产业的人才聚集和产业发展。[②]

三　西欧国家信息技术产业的发展概况
——以英国、德国、芬兰为例

西欧各国的信息技术产业迅速发展于20世纪末期。作为经济发展水平较高的区域，西欧具备较强的技术创新与产业规划能力。至2010年左右，大部分地区已经建成较为完备的信息技术产业基础设施，为西欧产业信息化、数字化等发展奠定了一定的基础。直至现在，欧洲各国仍在信息技术前沿领域具有重要的地位。本节将着重以传统工业与服务业强国英国，制造业发达且属于欧盟成员国的德国、依靠技术创新与信息化取得强势发展的芬兰三个国家为例，讨论西欧不同类型国家的信息技术产业发展模式。第一部分为英国、德国、芬兰信息技术产业发展的主要历程（见表5－2），其发展阶段均可大致分为“1970～1990年”“1990～2010年”“2010年至今”三个发展阶段。第二部分将从欧盟对于西欧国家发展影响（欧盟影响）、各国具有特色的政府宏观调控（国家政策）、市场的主导作用（市场主体）、广泛社会参与，以及教育人才战略（人才战略）五个方面，浅析西

① 迟文岑：《信息技术及其产业：当今美国经济发展的新动力》，《山西师大学报》（社会科学版）1998年第2期。

② 刘勇燕、郭丽峰：《美国信息产业政策启示》，《中国科技论坛》2011年第5期。

欧国家信息技术产业发展的经验。

（一）西欧各国信息技术产业发展的主要历程

1. 英国信息技术产业发展的主要历程

英国电信市场开放较早，网络升级和信息化应用发展较快，在通信和信息技术产业领域具有良好的基础。20 世纪 70 年代开始，英国出现了通信与光电等新兴制造业和 IT 服务业、软件服务业等新兴服务业。进入 80 年代，英国电子、化工、航空等与信息技术紧密相关的制造业发展极快，而其中的电子数据处理设备部门则尤其受到重视，并且电子工业技术更是出现了诸多突破，从而使其许多电子产品在国际上跻身先进行列。90 年代以后，其信息技术产业与应用部门进入快速增长时期。发展至 2000 年左右，英国信息技术产业主要在基础固定网络、移动通信网络、广播电视网络以及数据服务业务等方面形成了强大的竞争力。

正如世界经济论坛《2012 年全球竞争力报告》所显示的，英国技术就绪度指标位列全球第七。英国在数据科学与数据开放方面具备优势，在运算法则方面已有长足发展，拥有众多世界上最为全面的历史数据集，以及开放科学研发数据。同时，英国具有世界上最复杂、最具竞争力的在线市场之一，从而也拥有进一步发展电子商务的良好生态。[①] 2010 年，英国发布的《技术创新中心报告》就将未来互联网技术、塑料电子等确立为技术与创新支持的重点领域。2014 年，英国技术战略委员会公布了《加速经济增长》的报告，即承诺 2014 ~ 2015 年在 12 个优先领域投入金额将超过 5.35 亿英镑，其中数字经济产业投入 4200 万英镑，包括先进材料、生物科学、电子学、传感器、光子学以及信息技术在内的赋能技术领域投入 2000 万英镑。在这一发展促动下，英国在电子和信息科学与技术领域取得多项重要成果。目前，英国已经步入聚焦数字政府、数字产业和数字人才等领

① 《英国信息经济发展概况》，2014，http://intl. ce. cn/specials/zxgjzh/201401/17/t20140117_2151944. shtml，最后访问日期：2023 年 10 月 30 日。

域，以全面推进数字经济的发展。

2. 德国信息技术产业发展的主要历程

德国一直拥有较好的电子信息技术的理论基础支撑，但由于"二战"的影响，其电子信息技术产业受到重创，这也导致了军用电子信息技术没落、民用电子信息技术工业活跃的状况。20 世纪 70 年代，德国微电子技术在汽车制造、机械制造以及信息通信等行业具有广阔的市场需求，这些产业也由此成为本国的支柱产业。直至 90 年代后期，信息技术及通信领域才成为德国增长最快的行业，这集中表现于在移动通信、互联网及因特网业务以及电子通信技术设施等方面的迅猛发展。其具体的阶段性成就包括：1997 年，德国综合业务数字网（Integrated Services Digital Network，ISDN）的普及居于世界前列；1999 年，德国在欧洲范围内率先完成数字化等。

经过 21 世纪第一个十年的发展，德国的信息技术产业发展逐步向工业化 4.0 迈进。德国工业化 4.0 战略旨在通过充分利用信息通信技术和信息物理系统相结合的手段，推动制造业向智能化转型。在此战略的推动下，德国的信息技术产业在如下四个方面实现了重大突破：第一，人工智能的出现与广泛使用；第二，智能电子仪器的研发和大规模机电的生产；第三，工业自动化与智能制造的紧密结合；第四，发达便捷的网络物流体系。综上可以发现，德国信息技术产业的竞争优势在于，将有特色和有优势的传统制造业工艺与前沿信息技术进行融合，并以此促进传统工业和制造业的转型和升级。

3. 芬兰信息技术产业发展的主要历程

20 世纪 90 年代初，经济不振的芬兰进行了产业结构调整，在对传统造纸、金属、机械等行业重组的同时，加大对信息技术产业的投入与扶持。信息技术产业（尤其是电子、电讯设备制造业）飞速发展，成为与传统森林工业、金属机械工业并驾齐驱的经济支柱产业。在这一时期，以电信业务为重点的诺基亚集团随电信部门的迅速发展而急剧扩张，其 2000 年销售额相当于芬兰国内生产总值的 22%。同时，作为芬兰的信息技术产业龙头企业，诺基亚集团还积极引进众多生产配套产品的中小企业聚集在其周围。这不仅对芬兰技术信息产业的集聚起到了至关重要的作用，也更好地形成了产品加工网交叉连接的优势，从而激活了信息技术产业发展中的“乘数效应”。

进入 21 世纪，芬兰已经拥有发达的信息基础设施并实现网络普及，有线电话网实现 100% 数字化，数字光纤网覆盖全国，并成为因特网接入比例最高的国家之一。同时，芬兰民众的手机持有率和人均上网率均居于世界领先位置。在此基础上，芬兰的信息技术产业持续发展，其业务范围逐渐拓展至游戏、手机硬件和软件、通信服务与网络、信息和通信安全技术、地理信息技术和系统等方面。特别地，在 2010 年以后，游戏产业成为芬兰新兴的数字化产业之一，并构成了芬兰文化产品出口的重要组成部分。行业涌现出了罗维奥娱乐公司（Rovio Entertainment Corporation）、超级细胞有限公司（Supercell Oy）等新兴力量，并吸引众多国际知名游戏公司在芬兰成立研发部门。如艺电公司（Electronic Arts，EA）、育碧娱乐软件公司（Ubisoft Entertainment，SA）、星佳（Zynga Inc.）、战游网（Wargaming. net）等知名游戏公司，以及 Unity 科技（Unity Technologies）、英伟达（NVIDIA）、超威半导体（Advanced Micro Devices，Inc.，AMD）等知名游戏引擎及显卡开发商皆陆续通过收购和设立分公司的形式与芬兰形成了不同程度的合作。①

表 5－2　英国、德国、芬兰信息技术产业发展历程

国家	历史阶段	阶段特征/产业发展	相关政策
英国	1970～1990 年	·新兴制造业与服务业出现 ·电子工业发展迅速	·《电信法》（1984）
	1990～2010 年	·信息技术产业与应用部门快速增长时期	·英国的信息高速公路的信息化计划（1994） ·信息化战略（1999） ·系列法规：《竞争法》《数据保护法》《信息自由法》《电子通信法》《通信法》等
	2010 年至今	·未来互联网技术成为重点领域 ·数字经济	·《技术创新中心报告》（2010） ·《加速经济增长》（2014） ·《英国数字战略》（2022）

① 中华人民共和国商务部对外投资和经济合作司：《对外投资合作国别（地区）指南 芬兰》，2022，http://www.mofcom.gov.cn/dl/gbdqzn/upload/fenlan.pdf，最后访问日期：2023 年 10 月 30 日。

续表

国家	历史阶段	阶段特征/产业发展	相关政策
德国	1970～1990年	·民用电子信息技术工业兴起	—
	1990～2010年	·信息基础设施迅速发展 ·重视各项高新信息技术发展	·系列法规：《电信法》《信息通信服务法》 ·《“知识社会创新”信息促进计划》（1997） ·《INFO2000：通往信息社会的德国之路》（1997） ·《21世纪信息社会创新与就业行动计划》（1999） ·《德国21世纪的信息社会》（1999） ·《2006年信息社会的行动纲领》
	2010年至今	·工业化4.0	·《信息与通信技术战略：2015数字化德国》（2011） ·《德国2020高技术战略》（2013） ·《数字化战略2025》（2016）
芬兰	1970～1990年	·先进技术引进与再创新 ·兴建信息基础建设 ·电信行业发展	·信息社会顾问委员会成立
	1990～2010年	·完全开放电信市场 ·国家创新体系成熟	·《信息社会发展战略》（1995） ·系列法规：《电信法》《数据法》《商务电子通信法》《电子签名法》《信息社会保护法》
	2010年至今	·信息技术产业持续发展 ·游戏产业兴起	—

（二）西欧各国信息技术产业发展的基本经验

虽然西欧各国的信息技术产业发展起步相对晚于美国，但由于其自身在全球传统价值链中占据相当的规模和竞争力，其信息技术产业的发展仍基本能够做到在依靠自主创新推动产业发展的同时，兼顾国内外市场的拓展。甚至在推动信息技术产业发展的同时，一些国家还尤其注重信息技术与传统产业的融合发展，并以此促进社会信息化、网络化与数字化建设。本节将从欧盟对于西欧国家发展影响（欧盟影响）、各国具有特色的政府宏观调控（国家政策）、市场的主导作用（市场主体）、广泛社会参与（社会参与），以及教育人才政策（人才战略）五个方面，浅析上述西欧国家信息技术产业发展的经验。

1. 欧盟影响

整体上看，欧盟主要通过宏观规划以及相关调控政策，对各成员国起到一定的约束和整合作用，进而影响各国内部的信息技术产业政策制定与产业发展模式。而具体分阶段地看，自20世纪90年代中期以来，欧盟自身面临着一系列挑战，主要表现为欧盟整体及德、法、意等主要成员国的劳动生产率增速处于下滑状态，且与美国之间存在明显差距。自1996年起，欧盟先后制定了促进信息社会建设、通信市场自由化、完成欧洲统一市场以及促进卫星通信、电子商业和智能交通的发展等一系列行动措施，旨在提高欧盟信息和通信产业的国际竞争力，加速欧盟信息社会的建设，以应对未来信息社会的挑战。

2000年，欧盟制定了《里斯本战略》，提出要在2010年前使欧盟成为“以知识为基础的、世界上最有竞争力的经济体”。作为欧盟21世纪的第一个十年经济发展规划，《里斯本战略》重点关注科研投入、经济增长和就业增加三个目标，并期望通过提高科研投入以促进创新型知识经济发展。也正是在这一时期，信息和通信技术产业得到了欧盟的重点支持。

2010年出台的《欧盟2020》是欧盟第二个十年经济发展规划。在这一阶段，欧盟将数字化发展正式提上日程。具体而言，《欧盟2020》提出了经济革新、可持续增长和竞争优势三个重点，力求使其成为更智能、更可持续和更具包容性的理想居所。特别地，《欧盟2020》还将欧盟整体增长目标细化为各国目标，通过年度增长调查、政策警告、国家改革程序、稳定性融合计划和针对性建议等形式，提高了其政策对各成员国的约束力和执行效力。

2015年，欧盟正式启动单一数字市场战略，力求整合欧盟区域内的资源。《数字化单一市场策略》及其配套的35项立法提案和政策倡议，对欧洲数字议程进行了具体规划。其内容包括：首次提及网络平台用户隐私保护责任和欧洲非个人数据自由流动计划、强调跨境数字产品服务升级、加大数字网络服务政策支持、激发数字经济增长潜力等。而2017年的《数字化单一市场战略中期审查》还进一步强调了数据经济、网络安全、在线平台三大领域协同发展的重要性。

此外，人工智能则是欧盟近期数字化转型的又一重点。2018年发布的《欧洲人工智能战略》《人工智能合作宣言》和2019年发布的《可信赖人工智能的道德规范》《可信赖人工智能的政策和投资建议》等，就进一步阐释了发展符合欧洲价值观的人工智能的诸多细节。

而在2020年，欧盟还发表了《塑造欧洲的数字未来》、《欧洲数据战略》和《人工智能白皮书》三篇通讯，旨在通过完善数据可用性、数据共享、网络基础设施、研究和创新投资等，助力欧盟完成数字单一市场构建，并首次强调了欧盟的技术主权和自主可控等重要原则。①

2. 国家政策

纵观西欧各国信息技术产业发展历程，我们均能看到国家和政府行为的影响，即政府通过计划、政策与相关法规来引导信息技术产业的发展。诚然，在实践中，各国政府在其宏观调控上的思路与侧重点存在差异。

具体而言，英国的国家政策侧重的是构建便捷各市场主体的信息平台，以及完善相关的政策法规体系。1994年，英国政府宣布其信息化计划，决定在未来10年中投资380亿英镑建设英国的信息高速公路。1999年，英国政府又提出新的信息化战略，强调要建设一个最适于知识经济发展的电子英国，重点是推进电子商务、电子政府的发展和英国公民信息网络应用的普及。而除了宏观目标外，英国政府还完善了信息技术行业内部的管制框架。在政策法制建设方面，1984年《电信法》、1998年《竞争法》与《数据保护法》、2000年《信息自由法》和《电子通信法》、2003年《通信法》等，分别对行业自由竞争、个人数据传送的隐私权保护、政府信息公开与约束、电子签名与存储规范、监管机构作用方面做出限定。同时，英国政

① 《欧盟数字化战略演进：从〈里斯本战略〉到欧盟数字新政》，安全内参，2020，https://www.secrss.com/articles/19582，最后访问日期：2023年10月30日。

府也出台了旨在保护消费者利益的共用设施检讨议案，并组建了公平贸易管理局、电信管理局、独立电视委员会三个市场管制机构对信息技术产业领域进行管制，以配合英国贸工部解决准入方面的问题。特别地，在信息共享平台方面，英国建立了较为完善的公共信息平台和强大的商业信息网，这些信息共享平台使得信息在各主体间传播效率提高，也为英国信息技术产业发展奠定了重要的基础。

德国的国家政策主要着力于将信息技术产业与传统工业和制造业的发展结合起来。其瞄准信息技术产业发展中产业间或产业内高度融合的趋势，将有关联的产业、财政支持、人才教育措施以及相关的基础配套设施相互融合，以更快地拓展国内和国际市场。同时，德国政府也主张发挥市场的主导作用，并致力于营造适合信息技术及其产业发展的环境。这个环境包括健全的法律法规与税收管理、可靠的信息安全保障、良好的创新氛围、合理的投资模式，以及高素质复合型信息人才的培养方式等。

芬兰的国家政策则主要致力于发展信息化的社会规划以及对国家创新体系的建设。芬兰的信息化社会规划起步较早，在 20 世纪 70 年代，其信息社会发展政策已成雏形，信息社会顾问委员持续推动各项信息基础建设的兴建计划。90 年代初，芬兰政府将建成信息化社会作为首要发展目标，并于 1995 年制定信息社会发展战略，即针对不同产业和不同区域的需求，推动了一系列全国性与区域性的建设计划。为此，芬兰制定和修订了《电信法》《数据法》《商务电子通信法》《电子签名法》《信息社会保护法》等，并且开放了电信市场，在信息和通信基础设施建设方面投入了巨资，为信息与通信产业的发展创造了有利环境。同时，芬兰国家创新体系的核心组织则是在六七十年代以及 80 年代逐步建成的，而芬兰政府在国家创新体系的形成中起到了关键作用。60 年代至 70 年代中期，政府高度关注科技政策，并通过引进先进技术和再创新，推进了芬兰由农业国向工业化社会的转型。70 年代后期至 90 年代，芬兰政府抓住了发展知识经济的契机，采取一系列积极措施支持创新，加大对教育和科研的投入，至此国家创新体系已见雏形。90 年代开始，政府已经将“国家创新体系”概念运用于国家科技创新政策。此时，芬兰已经建立了比较完善的国家创新系统，包括与新知识生产、扩散和应用相关联的各种要素，而体系中的政府、大科研机构、企业实验室或技术开发中心，以及科技园区和其他创新支持服务机构各司其职、紧密联系、充分互动，共同构成了极具特色的管理、研发和服务三大体系和涵盖各主体的“六层结构”。[①]

3. 市场主体

西欧国家在信息技术产业发展的过程中，市场本身同样发挥了极为重要的作用，并在特定的信息化政策导向下持续助力全社会的信息化和数字化发展。

具体而言，信息技术产业蓬勃发展离不开企业的创新和转型升级。英国、德国、芬兰等国家均鼓励企业创新，并通过资助、专利保护、税收激励企业的结构优化与技术创新。例如，英国政府在发展大型企业集团的同时，还通过各种途径帮助科技型中小企业进行科技投入和信息化发展，包括在全国各地设立 ISI（信息社会计划）支持中心，向中小企业提供信息技术与商业经营双向咨询专家，为中小企业提供基金、信贷以及税收方面的优惠政策等。再如，德国制定了联邦教研部的专项资助计划（资助高技术信息企业所选择技术领域内的研究开发工作）、中小企业研究合作资助计划（激励中小信息企业与其他企业或研究机构在研究技术领域开展国内和跨国合作）、小型高技术企业投资计划（激励投资公司或其他投资者参与小型高技术信息企业的研究开发工作），以及推出中小企业信息通信促进项目等，为高科技企业合作、研发与发展提供了良好的投资机制和金融环境。[②]同时，企业自身发展也具有充分活力，这主要体现在对内不断增加研究经费、提高自身的创新能力和市场竞争能力，以及对外积极开拓市场，拓展行业中的合作空间等。

① 上海科技发展研究中心：《芬兰模式创新的演变及其国家创新体系的构成》，2006，https://doc.mbalib.com/view/9d03af838a4e6dffe7482c75df0f73ba.html，最后访问日期：2023 年 10 月 30 日。

② 辛欣：《德国信息产业发展状况综述》，《德国研究》2001 年第 2 期。

值得注意的是，信息技术产业作为一个知识、技术密集型产业，还需要大量的资金投入。故除了上述提及的政府采购和直接投资以外，西欧各国的金融市场为高科技发展以及信息技术产业发展提供了重要的资金保障。与美国类似，其中的风险投资基金同样起到了重要作用。

此外，行业协会在西欧各国信息技术产业发展的进程中也发挥了一定的作用。以英国为例，其政府在出台公用设施检讨议案时，就提议在各行业建立一个新的消费者理事会来负责保护用户的利益，而对于能源和电信行业则提出建立管制委员会来替代目前的各自独立的管制机构。类似的行业协会作为市场中的第三方机构，在英国政府大力推进信息化战略过程中发挥了不可或缺的协调与沟通作用。

4. 社会参与

西欧各国在信息技术产业发展过程中的社会参与程度较高。

首先，这体现在社会公众对于信息技术、信息基础设施、信息技术产业相关产品的可及性上。由于西欧国家具有相对完备的信息基础设施建设、庞大的电子商务市场规模以及高教育普及率，社会民众以及社会组织等得以更为充分地参与到信息技术产业之中。例如，英国在21世纪初就提出了企业信息化、政府服务上网和全民上网的信息化建设三大目标。特别地，其公众参与并不只是在消费端享受便捷产品与服务，同样也能够通过形成需求偏好和公众知识等方式影响技术创新与产业发展。如德国“制造2000计划”就是德国政府、企业界、科技界和工会组织共同提出的一项战略计划，侧重研究包括面向制造业的信息技术（特别是通信技术），开发面向制造、高效、可控的系统。然而，在公众运用信息技术的基本技能以及成为信息社会发展高质量劳动力方面，西欧各国发展存在差距。从欧盟整体来看，欧盟委员会2019年6月发布的欧盟数字经济和社会指数的结果显示，43%的欧盟公民没有基本的数字技能，只有31%的劳动力具有高级互联网技能，而这种信息素养只有在瑞典、芬兰等国家中才更为普及。

其次，其社会参与还体现在公众的创新意识以及在产业创新体系中的涉入程度。西欧各国均重视科技与教育投入，注重国民素质与创新能力的提升。同时，西欧各国的科技政策也有极强的创新驱动导向，尤其是前文提及的芬兰的国家创新体系。正是在这一国家创新体系的孕育之下，一名计算机爱好者，就读于芬兰赫尔辛基大学的学生利纳斯·多瓦尔德（Ragnvald Knaphövde）发明了在当时唯一能与美国微软视窗 Windows 相抗衡的计算机操作系统 Linux。无独有偶，诺基亚则由最初的一家木浆工厂，发展成为一个在全球市场占有重要地位的通信综合解决方案提供商。[①]

最后，较高的社会参与程度还体现在民众对于个人信息安全和隐私的感知与重视上。例如，德国作为欧洲信息安全方面的典范，不仅通过重大基础设施的保护，还从不同方面来提升和增强社会各界和不同年龄段民众的信息安全意识，尤其是设立专门的安全门户网站来保障企业和个人的信息安全和隐私，从而增强了互联网相关的信息安全水平。

5. 人才战略

培养高素质的信息技术人才是高科技信息实现产业化的关键。信息技术产业，具有综合性、复杂性与高风险性的特点。这对国家的人才战略提出了新的要求，即需要培养具备一定技术水平、管理能力和协调水平的创新型人才。

在 20 世纪下半叶，西欧发达国家基本都已建立完备的现代教育体系，并且在持续不断地对教育进行投入。例如，德国的教育体系由基础教育制度、发达的职业教育以及高等教育组成，双元制职业教育和产学研转化体系为其信息技术产业的发展提供了高素质专业人才。再如，芬兰也同样致力于健全高等教育体系，并持续推进包括大学在内的全民免费教育。

在 20 世纪 90 年代信息技术产业迅速壮大的时期，西欧各国也紧跟时代潮流，出台了一系列培养信息技术人才的政策。如德国联邦政府 1997 年启动了从高校培养高科技信息企业创业者的竞赛活动，旨在激发高校创新活力，使其成为创办高科技信息企业的辐射源和孵化器。而 1999 年联邦政府颁布的《21 世纪信息社会创新和就业行动计划》更是为此后 5 年德国信息

① 高天明：《芬兰的软件产业》，《科技广场》2023 年第 2 期。

人才的培养确定具体目标。[①]而芬兰则是通过系列教育信息化政策，从而致力于为每一位芬兰公民提供培训机会。1995 年，芬兰在制定信息社会发展战略时就把“全体公民掌握和使用信息技术的能力”列为五大方针之一。其教育当局即规定，受过九年义务教育的学生必须达到使用计算机和上网的技能标准。

此外，部分西欧国家还注重通过相关的移民政策，以招才引智的方式为本国信息技术产业发展聚集人才。随着信息技术产业的高速发展，近年来具备高科技信息通信技术的从业人员愈加供不应求。针对这一现象，德国政府颁布了新的《移民法》，并实施“蓝卡”人才计划，[②]以引进欧盟等周边国家的高素质专业性强的技术信息人才。

四　东亚及东南亚地区的信息技术产业发展概况
——以日本、韩国、新加坡等为例

东亚及东南亚地区信息技术产业的发展并非单一市场行为的产物，而是一系列综合政治经济因素共同作用的结果。本节将先概述东亚及东南亚各国信息技术产业发展的基本脉络（见表 5 - 3），再从国家、市场和社会三者的互动关系进行梳理，并分析国家政策、市场主体、社会参与和人才政策四个方面在各国信息技术产业发展的过程中所起到的作用。本节所提及的东亚及东南亚各国包括以日本、韩国为首的信息技术产业发展较快的国家，同时也涵盖了如新加坡、马来西亚、越南、泰国的后发东南亚国家，其信息技术产业发展阶段虽然在各国的具体经验上有所差异，但整体而言仍然涵盖了：初期国家推动引进资金技术建立基础；中期市场成长逐渐独立；后期形成优势并走向世界这三个阶段。在简要梳理了东亚及东南亚各

---

① 包括确定公民上网比例、中小学上网数量、信息通信技术职业培训岗位数量、信息通信技术专业人才培养数量、信息通信技术专业大学生人数等。

② 对外国信息技术专业人才在德国找到工作后得到 4 年的工作许可见证，并可获得年薪 10 万欧元（2011 年后是不低于 4 万欧元）的政策，即所谓的“蓝卡”。

国信息技术产业发展的历史脉络之后可以发现，东亚及东南亚地区各国在政策优惠、法律保障和人才培养三个方面提供了强有力的支持，国内外市场的强弱对比、国内市场产业结构的调整以及社会氛围整体的倾向对信息技术产业发展有着十分重要的影响。

（一）东亚及东南亚各国信息技术产业发展的主要历程

日本信息技术产业的发展始于20世纪60年代，大致可分为初期阶段（1957～1970年）、赶超阶段（1971～1985年）和产品/产业结构调整阶段（1986年至今）三个时间段。在信息技术产业发展的初期阶段，日本主要依靠政府立法（1957年《电子工业振兴临时措施法》）为引进外资和先进技术奠定产业基础；在中期赶超阶段，日本政府进一步完善了以半导体产业为核心的产业保护促进法律（1971年《特定电子工业及特定机械工业振兴临时措施法》和1978年《特定机械情报产业振兴临时措施法》），以提升本土创新技术和产业人才培养，逐步摆脱对欧美世界的技术依赖；在后期调整阶段，日本政府为了应对泡沫经济的毗连和东南亚金融危机着力于计算机软件技术的开发，在相关法律（2001年《IT基本法》）和国家战略（IT立国战略、制定《e-Japan战略》）的促进下，日本信息化发展迅速。[①]

韩国信息技术产业的发展大致也可以划分为技术引进培育阶段（20世纪60年代至70年代中后期）、发展创新阶段（20世纪80年代早期至90年代中期）和成熟融合阶段（20世纪90年代后期至今）。早期阶段，韩国政府主要追随美国的脚步重视信息技术产业的发展，并将信息技术产业作为国家的四大支柱产业之一，但整体而言该阶段韩国仍以电子消费品制造业为主；进入发展创新阶段，韩国政府进一步从国家层面制定了以半导体为核心的信息技术产业发展的战略计划（1982年“五五计划”、1983年“半

① 陈忠：《日本政府在推进电子信息产业发展中的作用》，《信息技术与标准化》2005年第7期；李彬：《大数据背景下日本信息产业发展成效与问题》，《东北亚学刊》2015年第1期。

导体产业培育计划”、1987 年“六五计划”和 1989 年“尖端产业五年发展计划”）并加强人才培养和技术创新；在后期成熟融合阶段，韩国信息技术产业逐步走向信息社会化应用，逐步实现技术扩散，在国家战略发展计划的推动下（1998 年《面向 21 世纪的产业政策方向及知识基盘新产业发展方案》，“网络韩国 21 世纪计划”，《IT 韩国未来战略》）逐步形成了半导体产业、计算机产业等 28 个技术密集型产业，并实现了产业的社会化、应用化转型。[①]

东南亚各国除新加坡外，信息技术产业的起步较晚，目前仍处于引进建设阶段或形成独立国内市场的初期阶段，因而放在一起分析。在东南亚各国中起步相对较早、发展相对较快的新加坡同样在信息技术产业的发展初期以单纯的电子消费品生产出口为主，并未掌握核心技术；进入 80 年代，新加坡开始重视信息技术的自主发展，并计划以信息技术产业为突破口，带动整个高科技产业的发展；进入 90 年代，新加坡建成了覆盖全国的光缆，信息技术开始向各行各业扩散，实现社会化应用。相较于新加坡，马来西亚、泰国、越南则刚进入起步阶段，马来西亚国家领导人制定了多项促进引进外资、吸引外国人才的政策，为产业初期发展累积技术、资金和人才资本；越南政府则抓紧立法，制定信息技术产业振兴计划，减轻法人所得税、吸引外资和技术人才；泰国政府效仿新加坡和马来西亚，积极建设基础设施，并大力吸引外资和人才进入，但其实践的效果在一定程度上与新加坡和马来西亚仍有一定的距离。[②]

纵观东亚及东南亚各国信息技术产业的发展脉络，不难发现，其产业的发展并非市场自发的行为，而是各种结构性的力量介入共同作用的结果，而要理解东亚及东南亚国家的信息技术产业发展的异同，就需要对这些结构性因素进行进一步的分析。

---

① 金甫炯：《韩国发展信息产业的政策措施及其对中国的启示》，《市场周刊》2006 年第 3 期；朱雪宁：《韩国发展信息资源产业的政策及启示》，《情报杂志》2009 年第 1 期；王鲁明、李孝全：《韩国信息产业发展的实证分析及借鉴》，《经济研究参考》2004 年第 21 期。

② 曾重：《亚洲信息技术革命的霸权之争》，《中国工商》2000 年第 10 期。

表 5-3 东亚及东南亚地区信息技术产业发展历程

国家	历史阶段	阶段特征	相关政策
日本	1957～1970 年	·吸引外资，引进技术	·《电子工业振兴临时措施法》
	1971～1985 年	·本土创新，赶超欧美	·《特定电子工业及特定机械工业振兴临时措施法》 ·《特定机械情报产业振兴临时措施法》
	1986 年至今	·结构调整，着力软件	·《IT 基本法》
韩国	1960 年代至 1970 年代	·吸引外资，引进技术	·将信息技术产业作为四大支柱产业之一
	1980 年代早期至 1990 年代中期	·发展创新，培养人才	·“五五计划” ·“半导体产业培育计划” ·“六五计划” ·“尖端产业五年发展计划”
	1990 年代后期至今	·产业融合，社会化应用	·《面向 21 世纪的产业政策方向及知识基盘新产业发展方案》
新加坡	1980 年以前	·消费加工，缺乏技术	·2000～2001 年信息技术政策
	20 世纪 80 年代	·自主发展，技术创新	
	20 世纪 90 年代至今	·产业融合，社会化应用	
马来西亚	1997 年至今	·吸引外资，引进技术	·“多媒一体超级走廊计划”
越南	2000 年至今	·加强基建，引进资金技术	·《科学技术法》 ·“五年软件领域振兴计划”
泰国	2000 年至今	·加强基建，引进资金技术	—

（二）东亚及东南亚各国信息技术产业发展的基本经验

在初步梳理了东亚及东南亚各国信息技术产业发展的历史脉络的基础上，本小节将进一步从国家政策、市场主体、社会参与和人才政策四个方面切入，以简要说明东亚及东南亚各国信息技术产业发展的经验。

1. 国家政策

就国家政策而言，在产业发展的初期，国家及政府为产业发展创造了政策法律保护条件、基础设施和原始的技术/资金积累；在产业发展中期，国家有意识地培养本国市场的独立自主性，并为国际市场进入设置关税壁垒，同时创造支持创新的社会氛围；在产业发展的后期，国家逐渐从主导型角色变为服务型角色，为市场的扩大化、多元化服务。

作为新兴产业，信息技术产业需要在法律政策的层面取得合法性，并受到特别的保护。例如日本政府1957年颁布的《电子工业振兴临时措施法》、韩国政府1982年的“五五计划”、马来西亚政府颁布的“多媒一体超级走廊计划”、泰国政府努力吸引外资和海外技术人才，以及越南2000年通过的《科学技术法》等都在法律政策或国家/产业发展战略层面确立了该产业发展的重要性、合法性，明确了政府在产业发展中的作用，在此基础上推进引进外资和先进技术，为产业发展奠定了基础。

在产业发展的中期，国家在这一阶段致力于培育优势、核心产业以巩固自己在全球市场中的地位，同时从技术引进转向技术创新，带来了产业结构内部的转型，有关产业内部的市场主体的部分将会放在下一小节单独分析。例如日本政府1971年颁布《特定电子工业及特定机械工业振兴临时措施法》，强化了开展以半导体为代表的电子产业的力度，成功地帮助日本企业通过加强自身研发、生产能力，有效地抵御了欧美半导体厂商的冲击；日本政府1978年制定的《特定机械情报产业振兴临时措施法》加强了以半导体为核心的信息技术产业的发展；日本政府根据《机电法》的规定主导鼓励企业合并，做大做强，设立关税门槛，保护本国企业发展。类似地，韩国政府于1983年制定的“半导体产业培育计划”将信息技术产业的发展提升至战略高度；1989年制定的“尖端产业五年发展计划”将半导体产业作为经济发展的主导产业。

在产业发展的后期，国家逐渐放松对信息技术产业的直接干预，转向修订相关支持性法律政策。为了应对20世纪90年代的泡沫经济和金融危机，日本政府着力于进行产业调整，1989年又实施了《软件生产开发事业推进临时措施法》发展以计算机软件技术为核心的高新技术产业，并通过综合性立法措施缩小与美国的差距，推动网络技术的应用化发展。1998 年，韩国政府制定了《面向 21 世纪的产业政策方向及知识基盘新产业发展方案》，计划在其后 5 年加强发展计算机和半导体等 28 个知识基盘产业。在 1999 年又提出了“网络韩国 21 世纪计划”，目标是到 2002 年跻身“世界十大知识信息强国之列”。2009 年，韩国政府推出《IT 韩国未来战略》，欲实现与传统产业的融合扩散，提升行业信息化应用程度。同样地，新加坡政府也积极推动信息技术产业在教育、金融和政府工作等行业中应用，1998 年建成了覆盖全国的高速光缆网，基础设施业已完善，实施“智能岛”计划、政府上网工程等。

2. 市场主体

东亚及东南亚各国信息技术产业的市场主体能动性的提升与国家政策从保护转向服务是密切相关的。在产业发展的初期，市场主要依赖国家提供的优惠政策，此时市场主体以外资为主；在产业发展中期，各国本土市场的竞争力得到提升，自主性逐渐增强，本土企业发展势头较好，并开始主动寻求技术创新和人才培养；在产业发展后期，信息技术产业的市场主体开始向其他行业扩散并进行融合发展。

在产业发展初期，各国的市场主体都对政府有较大的依赖。例如日本信息技术产业基础的建立就依赖于 1957 年颁布的《电子工业振兴临时措施法》，韩国信息技术产业市场主体在早期也依赖 1982 年韩国政府提出的“五五计划”确立了产业的重要性，马来西亚、新加坡、越南、泰国早期的信息技术产业都依赖政府的支持政策引进海外资金和技术建立起了产业园区，从此奠定了发展的基础。在这一时期，东亚及东南亚各国的信息技术产业都以制造电子消费品为主，处于代理加工商的地位，技术积累不足。

在产业发展中期，各国的市场主体基于前期的资本和技术积累形成了自己的发展优势，开始寻求技术创新，与海外市场相抗衡。日本的信息技术企业在 1971 年颁布的《特定电子工业及特定机械工业振兴临时措施法》的促进下确立了以半导体产业为核心的产业格局，并依据 1978 年制定的

《特定机械情报产业振兴临时措施法》进一步深化该产业格局，本土企业开始进行企业合并，逐渐做大做强，创新能力得到提升，并与欧美市场相抗衡。

在产业发展后期，各国市场主体逐渐走向世界并且与其他行业进行融合，走向社会化、商业化应用。日本信息技术企业在1989年《软件生产开发事业推进临时措施法》的推动下转向以计算机软件技术为核心的高新技术产业，推动了网络技术的应用化发展。韩国信息技术产业在1998年《面向21世纪的产业政策方向及知识基盘新产业发展方案》的推动下逐渐形成了以计算机技术和半导体产业为核心的产业格局，并在1999年“网络韩国21世纪”计划的推动下走向世界；20世纪90年代后期，韩国的信息技术产业一直保持两位数的增长速度，成为国家的主导产业，并走在了世界前列，此时私人企业基本替代集体企业占据了主导地位；2009年，韩国信息技术行业信息化应用程度大幅提高。同样地，新加坡信息技术产业在政府的推动下与教育、金融和政府工作等行业积极融合，逐渐扩散到居民的日常生活。

3. 社会参与

社会氛围及文化观念等对东亚及东南亚各国信息技术产业发展的复杂影响主要体现在创新意识和风险感知两方面。以日本、韩国和新加坡为例，其政府在法律政策上大力支持技术创新、加大对人才体系的建设和培养力度，在社会上初步形成了追求创新的社会氛围，推动了市场的进一步发展，资本也越来越多地进入信息技术产业，教育部门也逐渐完善相关人才培养体系的建设。新技术、新工艺、新产品层出不穷，更新换代很快，不仅直接推动了新兴产业部门的发展，而且改变了传统产业部门的面貌，使其出现了新的生机和活力。

相反地，马来西亚、泰国和越南的政府较晚才意识到信息技术产业的重要性，社会整体的创新氛围不强。但值得注意的是，尽管日本政府在政策上给予了技术创新许多支持，但由于一定程度上受到传统保守文化观念的影响，再加上企业对风险的感知较强，其信息技术产业在目前缺少创新力和盈利能力，相关产业的研发投资也逐渐减少。

4. 人才战略

人才的培养对于信息技术产业的发展具有长远的意义，东亚及东南亚各国信息技术产业对于技术人才的重视也从初期的不自觉到中期的自觉再到后期的高度重视，人才的培养为东亚及东南亚各国信息技术产业的发展注入了源源不断的活力。

在产业发展初期，日本、韩国和东南亚各国都以电子消费品制造业为主，产业形式以代加工为主，依靠的是廉价劳动力，不注重技术人员尤其是研发人员的培养。在产业发展中期，日本、韩国和新加坡都颁布了相关促进政策加强技术型人才的培育，例如日本在20世纪80年代后期先后颁布了《计算机联合开发指导方针》和《软件生产工业化系统》、韩国于1987年在“六五计划”中确立以“技术立国，加强人力资源开发”为根本任务、新加坡实施“智能岛”计划加快信息技术产业在全社会的应用，打破信息技术的教育、阶层壁垒。在产业发展后期，以日本和韩国为代表的东亚国家进一步完善教育系统中对技术人才的培养体系，加强本土人才库的建设，例如日本政府针对工程师人数不足的问题采取了一系列措施，将相关教育纳入基础教育之中；韩国政府在90年代先后提出的4次教育改革方案，都不断强调信息技术教育的重要性并对教育信息化提出了新的要求。

总体而言，东亚及东南亚各国信息技术产业发展的各阶段，国家都在政策法律支持、市场培育和创新激发中发挥着重要的作用；市场在这一过程中逐渐发展壮大并取得了相对独立于欧美市场的自主性，产生了自己的核心产业并逐渐走向社会化应用；社会氛围在国家政策的刺激下逐步走向追求创新；人才战略在各国产业取得独立地位并走向世界和长远发展中占据重要地位；但特定区域的保守民族文化特性因与市场经济所需要的积极进取的气质不兼容而可能阻碍产业的进一步发展。

五　东欧国家的信息技术产业发展模式
——以俄罗斯为例

东欧国家在产业发展的过程中的特殊之处在于经历了20世纪80年代后期和90年代初的体制转轨，从计划经济走向市场经济，国家权力架构进行了深刻的重组，社会文化也是新旧交杂，形成了独特的发展模式。本节以俄罗斯为例，归纳其信息技术产业发展的脉络（见表5－4），在此基础上分析国家政策、市场主体、社会参与和人才战略四个方面如何塑造其独特的发展模式。具体而言，俄罗斯的信息技术产业发展大致经历了以国防目的为主到市场化、社会化应用两个阶段。特别地，在以俄罗斯为代表的东欧国家的信息技术产业发展过程中，国家所发挥的作用更为明显，而市场和社会的作用则相对较弱。

（一）俄罗斯信息技术产业发展的主要历程

在苏联时期，政府十分重视科学技术的发展，但主要集中在航空航天、电子和核能利用等国防重工业。苏联解体后，俄罗斯实行市场化改革，积极融入经济全球化。进入21世纪，俄罗斯信息技术产业主管部门在克里姆林宫组织了“建设21世纪的信息化社会——俄罗斯的未来”等大型学术研讨会，积极重视信息技术产业的发展；俄罗斯政府也陆续出台了《俄罗斯联邦2020年前创新发展战略》、《俄罗斯联邦2014～2020年信息技术产业发展战略和2025年前景展望》等，以进一步推动信息技术产业的发展。目前，俄罗斯的信息技术产业已经实现了稳步发展，国际地位不断提升，产值和出口快速增长，其政府业已将信息技术视作推动经济转型和提升国家竞争力的新引擎，并积极推动信息技术在经济领域的社会化应用。[①]

① 于凤霞：《俄罗斯联邦2014～2020年信息技术产业发展战略和2025年前景展望》，《中国信息化》2014年第15期。

但与此同时，俄罗斯信息技术产业在过去20年内仍是以电子消费品组装业为主，硬件和软件技术水平的发展速度则相对较慢，这导致其信息技术水平和标准落后于一般国际水平，因而仅占据了相对较少的国际份额。此外，其产业发展仍面临如知识产权保护立法尚不健全、知识创新的热情相对不足、人才储备有待加强、相关资金离岸率高、本土企业自主创新能力有限等问题。①

表 5-4　俄罗斯信息技术产业发展历程

发展阶段	阶段特征	相关政策
苏联时期	· 军事应用为主 · 国家主导	—
20 世纪 90 年代至今	· 逐渐走向市场化、社会化应用 · 国家主导性较强，导致发展不充分	· 《俄罗斯联邦 2020 年前创新发展战略》 · 《俄罗斯联邦 2014～2020 年信息技术产业发展战略和 2025 年前景展望》

（二）俄罗斯信息技术产业发展的基本经验

1. 国家政策

无论是苏联时期还是俄罗斯联邦时期，俄罗斯信息技术产业的发展都更为依赖国家的政策支持。在苏联时期，由于冷战格局之下东西两大阵营进行军备竞赛，苏联利用其集体化优势促进了资金、技术、人力在信息技术产业的投入，但主要集中于军事领域。经历体制转轨之后，俄罗斯的信息技术产业仍然对国家的政策支持有着较大的依赖。例如，俄罗斯政府在《俄罗斯联邦2020年前创新发展战略》中提出加大对高新技术产业的投入，但其投入中政府单项投资占比较大，其他市场与社会主体参与投资的比例则明显不足。再如，俄罗斯的高新技术产业的积累大多来自苏联时期，其信息技术研发及生产应用的模式仍在较大程度上受到传统体制的影响，而

① 戚文海：《信息化：经济转轨国家融入经济全球化的路径选择——以俄罗斯为研究案例》，《俄罗斯中亚东欧研究》2010 年第 4 期。

较少形成更具全球市场竞争力的民营信息技术企业。

2. 市场主体

俄罗斯信息技术产业市场在国家主导下的发展过程中虽然取得了一定的成就，但内生动力仍然不足。俄罗斯国内信息技术产业在海内外市场保持稳定增长，至2012年产值达到6200亿卢布（不包含远距离通信设备和移动设备等），同比上一年总体增长3.0%至6.0%。在服务国内市场的同时俄罗斯也向海外市场出口产品，2012年的出口额超过40亿美元，在过去七年内信息技术产业出口额年平均增长率达15%。俄罗斯信息技术产业工资的各项支出中，专家技术员工工资占据了主要部分，企业对于技术发展十分重视。①但俄罗斯本土公司仍以信息服务型企业为主，设备和硬件主要依赖进口，竞争力弱，硬件生产成软肋。俄罗斯信息技术设备制造商和服务供应商所占的国际市场份额低，以及缺少国际知名的大企业，这导致俄罗斯在信息技术领域的国际竞争力低下。近年来，俄罗斯信息技术产业出现了一批初创公司，但这些企业的团队缺乏商业、市场营销和自主创业发展方面的经验技巧，以及国内信息技术领域顶尖创业顾问不足。

3. 社会参与

社会参与信息技术创新热情不高的现状对俄罗斯的信息技术产业的发展构成了极大的制约。俄罗斯技术人才十分匮乏，每个岗位仅收到0.6份简历，社会大众对于进入信息技术产业的热情不高。① 市场未来的增长潜力和目前的人才紧缺、制度缺位推动着俄罗斯政府制定相关政策为发展提供保障。由于缺乏知识产权保护的相关法律政策，俄罗斯的盗版现象较为严重，社会资本和私人资本进入该领域的比例有所下降，相关行业团体的发展较为不充分。

4. 人才战略

尽管俄罗斯政府积极建设信息技术人才教育体系并鼓励技术创新，但

① 于凤霞：《俄罗斯联邦2014～2020年信息技术产业发展战略和2025年前景展望》《中国信息化》2014年第15期。

俄罗斯信息技术行业的人才仍面临着结构性短缺。根据俄罗斯联邦总统2012年5月签署的第599号《关于在教育和科学领域落实国家政策若干措施》令，至2018年实际工资增加1.4~1.5倍，高技术等级人才在总人才数中的比例提高0.3个百分点，包括通过在信息领域及其他具有高技术等级员工需求的领域创造新的就业岗位。[①]但这些激励政策收效甚微，非营利性机构的数据显示，在2012年仅有不到10%的俄罗斯企业对教育系统的工作给予好评，学校教育与市场需求出现严重错位；企业从业人员对教育部门的意见较大。由于体制转轨时期的人口下降，在未来一段时间，俄罗斯的人才短缺将进一步扩大。与此同时，出于对未来前景发展和国内目前就业环境的考虑，许多俄罗斯信息技术行业的技术人才都选择前往海外工作，俄罗斯国内的人才流失进一步加重。

综上所述，在以俄罗斯为代表的东欧国家的信息技术产业发展过程中，国家占据了主导地位，且形成了市场长期依赖国家投资导致的相关制度、产业结构发展不充分，这导致了整体社会氛围不利于技术创新人才的成长和发展，同时市场和社会的缺位导致产业发展对国家政策更为依赖，缺乏活力。

六　南亚国家信息技术产业的发展概况
——以印度为例

印度作为一个人口规模庞大、产业基础相对薄弱的发展中国家，其信息技术产业在近20年来却取得了长足的发展。相关软件产品更是在国际软件业市场中脱颖而出，占据了软件出口数量世界第一的位置。本节将着重探讨印度的信息技术产业发展历程和经验。第一部分是印度信息技术产业发展的主要历程，根据印度信息技术产业的阶段发展特征，将其划分为大致的三个阶段，并对各个阶段的主要成就、发展重点和相关产业政策作出说明。第二部分是印度信息技术产业发展的基本经验，同样主要从国家政策、市场主体、社会参与、人才战略四个角度展开分析。

（一） 印度信息技术产业发展的主要历程

从发展的历程脉络上看，印度信息技术产业发展主要始于20世纪80年代。①根据其产业发展的阶段特征，我们可以大致梳理出早期探索阶段、金融化与自由化竞争阶段，以及2000年至今的整合发展阶段。表5－5具体呈现了这三个阶段的相关特征和代表性政策。

表5－5　印度信息技术产业发展历程

历史阶段	阶段特征	相关政策
1980～1991年（早期探索阶段）	·印度本国计算机硬件进口壁垒的解除 ·大量跨国公司计算机系统应用框架进行改变并进入印度	·《计算机软件出口、开发和培训政策》（1984） ·印度软件和服务公司协会成立（1988） ·实行“新经济政策”（1991），放宽限制和引进外资政策
1992～1999年（金融化与自由化竞争阶段）	·以卢比贬值、印度政府大规模实行金融自由化政策、互联网普及和用户快速增长、软件需求量激增为标志 ·印度软件产业外包迅速扩展 ·世界信息技术产业巨头纷纷在印度设立分部或者研发中心	·开放电信业，实施电信产业私有化 ·颁布《反盗版法》 ·成立国家信息技术特别工作组和信息技术部 ·制定《印度信息技术行动计划》
2000年至今（整合发展阶段）	·以美国互联网泡沫破灭和软件需求缩减为标志 ·印度软件产业开始自主创新和价值创造	·印度软件和服务公司协会进一步显示出其强势的外交和协调优势，帮助会员企业和印度软件产业摆脱困境、走向整合创新发展

经过上述三个阶段的积累，现阶段的印度已成为世界上最大的软件技术输出和离岸加工国，以及仅次于美国的第二软件大国，其信息技术产业的发展取得了诸多成就。具体而言，从行业的产值上看，根据印度全国软件和服务公司协会的数据，印度2019年的IT总产值达到1910亿美元，年

① 祁鸣、李建军：《NASSCOM在印度软件产业发展中的作用》，《中国科技论坛》2007年第10期。

度增长幅度为 7.7 个百分点。[①]而在从业机构与人员方面，印度目前共有 3000 多家大、中型软件公司和超过 100 万名高级研发人员，软件开发实力雄厚。同时，在软件产品的市场方面，其软件产品拥有巨大的全球化市场，不仅出口到东南亚地区，还大量出口到美国、日本和欧洲地区。最后，在产业的社会经济效益方面，信息技术产业不仅推动了国内科技生态系统的发展，为数百万人提供了就业机会，也构成了印度国内生产总值的重要组成部分，对国家经济发展做出重要贡献。

（二）印度信息技术产业发展的基本经验

1. 国家政策

印度政府把国外市场提供的机会与本国发展战略较好地结合了起来，加之国家的扶植以及政策的倾斜，铸就了印度目前软件出口大国的地位。

早在 20 世纪 80 年代中期，印度就制定了积极的软件产业政策，时任印度总理甘地提出了“要用电子革命把印度带入 21 世纪”的口号，大力扶持计算机和软件产业。80 年代后期，印度政府根据现代信息技术发展的潮流，制定了重点开发计算机软件的长远战略。为刺激软件出口，1998 年印度政府还成立了“印度软件和服务公司协会”，一定程度上推进了印度软件业的自由化与民营化发展。[②]

在 21 世纪头十年，印度进一步将信息技术产业的发展作为国家的重大战略目标，并为此增设了信息技术部、成立了内阁信息委员会，以及制定了《信息技术法》等法案。同时，在经济支持层面，为了加大信息技术产业发展的力度，印政府还强调要将 2% ~3% 的预算用于发展信息技术。印度各邦和地区的政府也配合中央政府的政策，制定了相应的信息技术政策和一系列优惠措施，极大地促进了信息技术产业在各邦的发展。

---

① 祁鸣、李建军：《NASSCOM 在印度软件产业发展中的作用》，《中国科技论坛》2007 年第 10 期。

② 高述涛：《印度信息技术外包（ITO）产业发展模式弊端及其对我国的启示》，《特区经济》2010 年第 4 期。

印度政府十分重视为软件产业的发展创造良好的融资环境。具体的表现包括如：（1）主要政策性金融机构如印度产业开发银行等，设立信息技术产业风险投资基金，为软件开发等信息技术企业提供信贷支持；（2）为软件公司进入国内外证券市场融资创造宽松环境，允许信息技术企业上市集资；（3）大力吸引外资参与软件产业；（4）鼓励本土软件公司在国际市场上融资收购国外软件企业等。①

此外，兴建软件技术园区是印度支持软件业发展的重要方式。为吸引国内外著名软件公司入园，印度政府为园区内的国内外软件企业提供了一系列优惠政策。例如，从 1987 年起，印度电子和信息部开始建设班加罗尔、布班内斯瓦尔和普那 3 个软件技术园区，匹配了相关的基础设施，并鼓励园区内软件企业开拓国际市场。如今，被称为“印度硅谷”的班加罗尔已成为印度软件之都、全球第五大信息科技中心，吸引了海内外众多信息技术公司到此落地。在班加罗尔的带动下，马德拉斯、② 海得拉巴等南部城市的高科技园区接踵而起，同班加罗尔交相辉映，成为印度南部著名的计算机软件“金三角”。

值得注意的是，印度政府还采取了大量措施以解决产业发展过程中的知识产权保护问题。例如，面对 20 世纪 90 年代初日益猖獗的国内盗版及知识产权保护不力问题，1994 年印度议会对 1957 年的版权法进行了彻底的修订，而修订后的法案成为世界上最严格和最接近国际惯例的版权法之一。再如，印度全国软件服务协会与警方积极合作，在 1995 年成立了反盗版热线，不仅协助警方破获了大量巨额的盗版案件，还增强了国内民众的知识产权保护意识，提高了国家软件和信息技术领域内的知识产权保护力度，从而为软件产业长远的发展提供了保障。

2. 市场主体

印度信息技术产业的市场在很大程度上依附于欧美国家，其最典型的

① 赵刚：《印度软件产业成功因素、现存问题及对我国的启示》，《中国科技产业》2005 年第 2 期。

② 1996 年后被称为金奈（Chennai）。

表现即印度存在大量熟悉英文的印度软件工程师以相对较低的工资价格来获取欧美市场派生出的相关订单。这样的特点一度引得世界主要信息公司和软件巨头前往印度投资办厂，例如国际商业机器公司设立的研究“深蓝”超级电脑开发实验室、麻省理工学院在班加罗尔建设的亚洲媒体实验室，以及微软、英特尔、西门子（Siemens）、惠普公司（Hewlett-Packard Company，HP）、康柏电脑（Compaq Computer Corporation）、英国电信（British Telecom）等数十家大型跨国公司在印度设立的软件开发分部等。值得注意的是，由于美国长期以来是印度软件的最大市场，近年来，随着美国经济增长逐渐放缓，包括康柏、英特尔、思科系统等在内的众多企业大批裁员，印度软件企业及软件工程从业人员也受到了明显的影响。

不可否认的是，印度市场中有相当一部分软件企业仍掌握着世界领先的信息开发技术，企业内的国际高水平软件人才占比较高，因而其企业在世界范围内具有强劲的竞争力。在此方面，印度全国软件服务协会起到了重要的作用。自成立伊始，协会就把对本国和世界软件产业的战略研究置于首要地位，以期通过权威性的、客观的研究、咨询和信息发布，培养更多高技能水平的软件工程人才，从而推动印度软件产业逐步进入中高端软件产业领域。

3. 社会参与

印度社会的英语普及程度较高，为其培养相关的信息技术产业人才提供了有利条件。目前，在计算机领域，英语是世界性通用语言。同时，英语是印度的第二官方语言。因而，印度社会存在更多的熟练英语的从业者，这使得印度成为英语国家客户的首选外包目的地之一。尤为特别的是，这些讲英语的印度人基本上都受过良好的教育，并能够在技术积累、拓展市场、产品研发和推销等方面占据先机。

此外，海外印度人社群在全球范围内发挥了积极作用，促进了印度信息技术公司的国际业务扩展。例如在美国工作的大量印度人就是其中的一大主力，助推着印度与硅谷的交流活动。硅谷中也有许多印度籍高科技或高层管理人才，其中很大一部分会回国创办企业或加入国内信息技术企业参与技术或管理工作，从而带来了先进的技术及适合信息技术产业的管理经验。

4. 人才战略

印度信息技术产业的发展和其所采取的重视教育发展与相关专业人才培养的战略有关。如在高等教育方面，在20世纪60年代以来，以印度理工学院等为代表的高等教育机构已经逐渐开始探索计算机和软件人才培养的相关模式。而在职业教育方面，印度完备的职业教育体系也为软件人才的培养起到了积极作用，几乎每年都为软件业输送上万名能够熟练使用英语的信息技术专业毕业生，极大地丰富了相关人才的战略储备。

伴随信息技术的持续升级，为满足日益增长的海内外信息技术人才需求，印度信息技术部还制定了一项名为“知识行动”的人才培养计划，从而培养了大批信息科学家、软件工程师以及信息技术产业方面的人才。据统计，全印度现有380所大学和工程学院开设计算机专业，每年可培养12.6万名信息技术人才，各大软件公司还对自己的软件工程师不断进行前沿技术的再培训。[①]此外，随着近年来印度对高级人才的待遇逐渐提升，国外人才逐渐回流，并不断带回世界各国的前沿技术，从而反哺其本土信息技术产业的发展。

七　拉美国家信息技术产业的发展概况
——以巴西为例

拉美地区各国的信息化模式千差万别，发展也较不平衡，其中有巴西的“防守国家主义”模式、墨西哥硬件和软件兼顾的双重模式、智利优先发展软件出口业的模式、哥斯达黎加完全开放国际竞争的模式等。然而，拉美各国的信息化进程大多仍然走的是“技术依赖”道路，除了巴西和古

① 赵刚：《印度软件产业成功因素、现存问题及对我国的启示》，《中国科技产业》2005年第2期。

巴之外，拉美国家都没有打破技术依赖的明确计划。鉴于多数拉美国家和地区的信息技术产业发展尚不成熟，本章将以巴西作为地区典型，着重探讨巴西信息技术产业的发展模式和状况。第一部分是巴西信息技术产业发展的主要历程，而第二部分则仍从国家政策、市场主体、社会参与、人才战略四个角度分析其发展经验。

（一）巴西信息技术产业发展的主要历程

巴西是拉丁美洲的第一经济大国，同时也是该地区最早发展信息技术产业的国家之一。综合其发展历程来看，其信息技术产业的发展大致可以分为五个阶段：第一，20 世纪 70 年代的产业发展的政策准备时期；第二，20 世纪 80 年代早期的信息技术；第三，20 世纪 80 年代中后期至 90 年代初的进口替代时期；第四，1991 ~2005 年的贸易自由化时期；第五，2005 年至今的技术推广应用时期。[①]表 5 -6 进一步呈现了各阶段具体的阶段特征以及相关的政策。

表 5 -6　巴西信息技术产业发展历程

历史阶段	阶段特征	相关政策
20 世纪 70 年代（产业发展的政策准备时期）	· 由海军和国家经济发展银行共同成立特别工作组（1971），标志着巴西信息技术产业政策正式出台	· 巴西"第一个国家发展规划"和"第一个科学技术规划"将计算机工业（尤其是小型计算机）作为国家优先发展的目标 · 创立了信息技术产业特别秘书处 · 制定行业相关的《规范法》（1979）
20 世纪 80 年代早期（信息技术产业的制度化时期）	· 发展"第三次工业革命"的动力部门（电讯、航空、核能和信息等） · 《信息产业法》对信息产业作了宽泛的定义	· "第二个国家发展规划"时期 · 通过《信息产业法》（1984）

① 赖明明、袁翼伦、李志云：《希望与困难并存的南美洲第一大网络市场——巴西网络发展与研究报告》，《汕头大学学报》（人文社会科学版）2017 年第 5 期。

续表

历史阶段	阶段特征	相关政策
20 世纪 80 年代中后期至 90 年代初（进口替代时期）	・产业政策陷入政府各部门的行政推诿和社会各种力量的冲突	・军人统治结束（1985） ・在美国的压力之下制定了符合美国要求的《软件法》
1991 ~ 2005 年（贸易自由化时期）	・废除 1984 年的《信息产业法》 ・开放信息技术产业市场 ・对电讯等信息类企业进行私有化改革 ・制定“互联网社会规划” ・制定“信息社会规划”	・通过《信息产业政策法》（1991） ・制定“软件出口计划”（1992）
2005 年至今（信息技术推广应用时期）	・巴西民众购置私人电脑、手机等的热情空前高涨 ・国际电信联盟发布的信息与通信技术发展指数不断提高	・将发展信息技术产业列入《促进增长计划》（2007） ・推出“国家宽带计划”（2010） ・推出“壮大信息业计划”（2012）

经过上述阶段的探索，近年来巴西整体的数字化进程得以稳步推进，信息技术产业发展水平逐渐提升，社会的智能手机和互联网使用也出现了明显的增长。同时，以金融技术和电子商务领域技术为主的创业生态圈逐渐壮大，许多国际科技巨头，如谷歌、微软和华为等，都在巴西设立了研发和创新中心。按照目前的趋势，巴西的信息技术市场仍然有较大的发展空间，在未来全球信息技术产业分工中将会占据更加重要的位置。

（二）巴西信息技术产业发展的基本经验

1. 国家政策

巴西是世界上较早引入税收优惠政策支持企业技术创新的国家。经过不断完善，巴西形成了较为系统的支持信息技术企业研发创新的税收政策，其中就包括如鼓励企业投入技术研发的税收优惠、减少企业经营成本的税费政策等。特别地，其政府还专门围绕电信产业来制定相关的发展目标计划，提高和保障电信服务质量，并以此来带动巴西软件产业的发展。

此外，在信息化改革和电信管理体系的建立上，巴西政府受到美国的影响，逐渐放开国有电信业，允许不同技术的信息产品进入市场，并先后制定了“互联网社会计划”和“信息社会计划”等，以促进企业间竞争的方式来提高本国信息技术的竞争力。诚然，这些改革措施对巴西的信息技术产业初步发展起到了一定的积极作用，但也在一定程度上使得国际资本更为便利地进入其地方市场，从而对其信息技术的进一步转型升级可能产生一定的制约作用。

2. 市场主体

巴西国内信息技术企业的发展很大程度上也依赖于国际资本和国际市场的进入。其引进新技术和外资的具体举措包括：通过引进，进而仿制，然后再创新的过程发展信息工业；保护国内市场，扶助民族信息工业；促进外资企业产品国产化；重视自主技术创新和电子商务的应用等。在这些政策的作用之下，国内市场对数据处理设备和服务的需求也在不断增加，巴西的本土计算机及软件企业因此获得了一定的发展空间，并在数量、规模，以及市场份额方面出现了一定程度的增长。

随着巴西本土信息技术企业的成长，其企业也进一步自发地围绕本国和拉美的特定需求，开发在地化的数字信息技术服务产品。但值得注意的是，巴西的信息技术产业仍面临着一些挑战，包括政治不稳定、监管体系不健全、劳动力技能水平有待提升、产业独立性较弱等。这些问题成为制约其信息技术产业进一步发展的重要因素。

3. 社会参与

社会因素在巴西信息技术产业发展中的作用主要体现于其庞大的人口基数。随着信息技术的发展，网络社交在巴西人的日常生活中扮演着越来越重要的角色，移动互联网用户迅速增加。相关资料显示，至 2015 年底，已达 1.37 亿，移动设备智能手机用户超过 1.2 亿，2015 年智能机的渗透率为 37.6%。巴西移动手机持有量为 2.82 亿部，智能手机普及率为 32.4%。同时，巴西电信业收入和宽带平均带宽远超印度，而且固定宽带建设完善，速率远超同体量的发展中市场。同时巴西的互联网应用强度位居世界第 1

位。巴西人每天通过个人电脑使用互联网的时间是5.2小时。[①]毫无疑问，庞大的人口规模和劳动力基础为其信息技术产业的发展带来了巨大的市场和劳动力供应，从而引得国际资本进入巴西拓展信息技术市场和雇用相关的劳动力。

4. 人才战略

巴西在信息技术产业发展方面的人才战略主要有三个侧重点。第一，侧重以法律和制度的方式推进相关技术人才的发展。自20世纪90年代以来，巴西不断完善支持企业研发和创新活动的法律制度，以提升其自主研发能力及产业核心竞争力。30年来，巴西不断完善支持企业创新的法律制度，激发了企业的研发和创新活动，也在一定程度上提升了STEM学科（科学、技术、工程和数学）的教育水平，为培养信息技术产业人才提供了有益的支持。

第二，侧重借助国际相关资源以实现人才培养。由于巴西所处地理位置和全球信息技术产业分工位置的特殊性，其接触的软件外包业务相对更多，软件行业对外交流活动也更加频繁。为适应国际软件市场的需求，巴西还专门组建了大量关于软件国际化领域专业培训，特别是培训熟悉技术、标准、产品和服务等国际软件领域的专业人才。

第三，侧重完善产学院一体化的基础设施建设。巴西以宽带网络和移动通信等领域为切入点，整合了企业、高校等各方力量，以充分发挥其在信息技术产业创新中的作用。特别地，政府主要在建立行业协会和孵化器等机构、支持和建立软件产业服务体系等方面发挥作用，通过鼓励本土企业承接海外顶点和出口软件产品、设立对应的办事处和商业机构以为企业提供一站式服务、鼓励高校以及相关研究人才至海外合作研发、交流访问等措施，进一步促进其本土信息技术产业的发展。[②]

① 赖明明、袁翼伦、李志云：《希望与困难并存的南美洲第一大网络市场——巴西网络发展与研究报告》，《汕头大学学报》（人文社会科学版）2017年第5期。

② 葛永娇、史超、王雁：《巴西软件产业发展及对我国的启示》，《全球科技经济瞭望》2007年第11期。

第六章

从“科技自立自强”到“软件强国”：软件工程师的工作时代背景Ⅱ

21世纪以来，随着我国对世界经济体系的快速融入以及“科教兴国”战略等一系列事关国家社会发展的重大决策部署的深入实施，我国信息技术的科研与实业发展步入快车道，社会应用渐趋全面与多元，前沿技术创新方兴未艾，产业结构和政策制度深入变革，并逐渐演化为硬件、软件和服务三个主要环节。由此，信息技术在20余年的演进过程中，成为我国培育经济发展新动能、提升国家综合实力和改善人民生活质量的重要引擎。其中，以软件部门最为大众所熟知并在日常生活中广泛使用。因此，软件又被许多人视为“新一代信息技术的灵魂，是数字经济发展的基础，是制造强国、网络强国、数字中国建设的关键支撑”。①

事实上，我国发展软件相关技术的历史开端可以追溯到新中国成立初期，大致分为三个阶段：第一阶段是社会主义革命和建设时期对计算机和信息科学领域的初涉，主要出于建立国防科技体系的目的、依靠举国体制开启自主探索和研发，为软件产业后续的快速发展奠定了重要的人才队伍

① 工业和信息化部：《大力发展新一代信息技术产业！“新时代工业和信息化发展”系列主题新闻发布会第九场实录》，2022，https://www.miit.gov.cn/jgsj/dzs/gzdt/art/2022/art_32881911a76b4db0905d9ec8895190f0.html，最后访问日期：2023年10月30日。

和工业基础。第二阶段是改革开放之后与世界体系的对接，真正的软件产业开始在我国出现，相关企业和个人凭借政策机遇和有利的国际环境得以在业务类型、技术水平和服务范围等多方面迅速发展，软件技术的应用领域从“以军为主”走向“军民结合”。第三阶段是新时代背景下软件产业对高质量发展的追求，在关键技术突破和普惠型应用等多个战略方向上发力，逐步实现从“软件大国”向“软件强国”的飞跃。

通过上述分期和第五章对世界其他地区信息技术产业发展历程的梳理，可以发现，中国软件产业的发展历程既体现着全球的宏观趋势，又反映着我国独有的历史与国情。基于此，本章主要基于中国信息技术产业发展的三个主要阶段，从社会经济背景、具体政策措施和行业发展现状等方面对每一阶段有关软件开发的内容进行梳理，以便读者更加准确地把握中国软件工程师的工作、生活和价值观念等方面的特征。

一　新中国成立与建设时期的初探与奠基

（一）特殊的国内与国际局势

1. “一穷二白”的国内困境

在新中国成立初期，国内由于晚清以来的频繁战争和治理失效而陷入“一穷二白”的处境。据统计，我国 1952 年国内生产总值仅为 679 亿元（2022 年为 121 万亿元），人均国内生产总值仅为 119 元（2022 年为 85698 元），经济基础极为薄弱；与此同时，1950 年，全国财政收入仅为 62 亿元（2022 年为 20.3 万亿元），财政情况十分困难。此外，在产业结构上，新中国成立初期以第一产业为主，工业和服务业相对薄弱，1952 年第一、二、三产业占比分别为 50.5%、20.8% 和 28.7%。[①]

---

① 《沧桑巨变七十载 民族复兴铸辉煌——新中国成立 70 周年经济社会发展成就系列报告之一》，2019，https://www.gov.cn/xinwen/2019-07/01/content_5404949.htm，最后访问日期：2023 年 10 月 30 日。

具体而言，在农业方面，我国 1949 年的粮食平均亩产仅为 68.6 公斤（2020 年为 382 公斤）、人均粮食占有量仅为 209 公斤（2020 年为 474 公斤）；[①]人均布匹和棉花的占有量同样极低，分别只有 3.49 米（2020 年为 32.58 米）和 0.82 公斤（2022 年为 4.2 公斤）。[②]在这样的农业产能下，许多人过着“吃不饱、穿不暖”的生活。

与此同时，新中国成立初期我国的工业基础也十分薄弱，工业部门单一、技术水平落后，重工业部门基本空缺；轻工业数量少、底子薄且产能低下，以手工业和简单制造业为主，只能满足基本的生活需求。[③]在 1949 年的全国工业总产值中，轻工业占比 73.6%，重工业占比仅 27.3%，工业结构严重失调。[④]基于这一情况，毛泽东同志直言道：“现在我们能造什么？能造桌子椅子，能造茶碗茶壶，能种粮食，还能磨面粉，还能造纸，但是，一辆汽车、一架飞机、一辆坦克、一辆拖拉机都不能造。”[⑤]

此外，在新中国成立伊始的四亿人口中，文盲率高达八成，人均受教育年限为 1.6 年，学龄儿童入学率仅为 20%，高等教育入学率只有 0.26%，教育普及水平低、高等教育参与率低，可以说，彼时中国的教育百废待兴。[⑥]

在此情况下，显而易见的是，新中国成立初期的科学技术事业也面临

---

① 农业农村部：《新中国成立 70 年来我国粮食生产情况》，2019，http://www.moa.gov.cn/hd/zbft_news/qzzhrmghgcl70zndshc/xgxw_25845/201909/t20190917_6328044.htm，最后访问日期：2023 年 10 月 30 日。

② 农业农村部，《农业生产生产数据》，2023，http://zdscxx.moa.gov.cn:8080/nyb/pc/index.jsp；华经产业研究院，《2022－2027 年中国布艺行业市场全景评估及发展战略规划报告》，2022，https://www.sohu.com/a/567000065_121396994，最后访问日期：2023 年 10 月 30 日。

③ 《经济结构不断升级 发展协调性显著增强——新中国成立 70 周年经济社会发展成就系列报告之二》，2019，https://www.gov.cn/xinwen/2019－07/08/content_54 07113.htm，最后访问日期：2023 年 10 月 30 日。

④ 中共中央党史研究室：《中国共产党历史第二卷（1949－1978）上册》，北京：中共党史出版社，2011，第 199 页。

⑤ 《毛泽东文集》第 6 卷，北京：人民出版社，1999，第 329 页。

⑥ 《70 年来我国教育事业取得巨大成就》，2019，http://www.moe.gov.cn/jyb_xwfb/s5147/201907/t20190725_392195.html，最后访问日期：2023 年 10 月 30 日；《教育 70 年 与共和国同向而行》，2019，http://www.moe.gov.cn/jyb_xwfb/xw_zt/moe_357/jyzt_2019n/2019_zt24/tbbd/201909/t20190904_397372.html，最后访问日期：2023 年 10 月 30 日。

相似的困境。彼时的中国，科技基础极为薄弱、科技人才非常稀缺、科技投入较为有限，科技事业在极为艰难的条件下，几乎从零开始起步。[①]

对于当时中国的情况，毛泽东同志在《论十大关系》中给出了精准的注释："我们一为'穷'，二为'白'。'穷'，就是没有多少工业，农业也不发达。'白'，就是一张白纸，文化水平、科学水平都不高……我们是一张白纸，正好写字。"[②]

2. "冷战"：两极对立的国际情势

"二战"结束之后，美国和苏联的对峙使世界体系分化为以美国为首的资本主义阵营和以苏联为首的社会主义阵营。为了进一步巩固社会主义阵营的力量，中苏两国于1950年2月正式签订《中华人民共和国中央人民政府和苏维埃社会主义共和国联盟政府关于贷款给中华人民共和国的协定》。在这份协定中，苏联向中国贷款3亿美元（年利率1%），用以帮助新中国在战后时期恢复和发展国民经济。同时，在这份协定中，苏联还派专家来华帮助中国设计了42个项目。

1953年5月，中、苏两国进一步签订了《关于苏维埃社会主义共和国联盟政府援助中华人民共和国中央人民政府发展中国国民经济的协定》，并在随后的5年中持续对苏联援华的项目清单进行新增与调整，最终包含"156项"重点工程（简称"156"工程），初步奠定了中国工业化的部门结构和理论基础。1955年1月，中国科学院院长顾问、苏联专家柯达夫建议中方编制科学发展远景规划，苏联援华的专家组对该规划的制定提供了重要的参考和建议。

1953年2月至5月，华罗庚在中国科学院访问苏联代表团座谈会上，

---

① 《科技发展大跨越 创新引领谱新篇——新中国成立70周年经济社会发展成就系列报告之七》，2019，https://www.gov.cn/xinwen/2019-07/23/content_5413524.htm；科学技术部，《创新驱动 科学发展 谱写民族复兴新篇章》，2009，https://www.most.gov.cn/ztzl/kjzg60/kjzg60btxw/200909/t20090921_73180.html，最后访问日期：2023年10月30日。

② 毛泽东：《论十大关系》，共产党员网，1956，https://fuwu.12371.cn/2013/08/14/ARTI1376449049161135.shtml，最后访问日期：2023年10月30日。

提出成立名为计算数学研究所的专门研究机构。钱三强认为计算机研制先从简单的开始，今后根据需要逐步发展。时任中国科学院副院长吴有训提出要结合计算机的研究，发展计算数学，培养计算数学人才。

（二）以国家需求为导向的中国计算机事业

在华罗庚、钱三强等专家学者的推动下，计算技术引起党和国家领导人高度关注。1956 年 1 月，周恩来同志在全国知识分子问题会议上所作的《关于知识分子问题的报告》中认为，世界科学技术已经发展到了一个新的阶段，“由于电子学和其他科学的进步而产生的电子自动控制机器，已经可以开始有条件地代替一部分特定的脑力劳动，就像其他机器代替体力劳动一样，从而大大提高了自动化技术的水平。这些最新的成就，使人类面临着一个新的科学技术和工业革命的前夕”。此外，周恩来同志还在大会讲话中强调“计算机是新的技术革命”。[①]同时，在这次大会上，周恩来同志代表党中央向全国人民发出“向科学进军”的号召。随后，毛泽东同志在最高国务会议上号召：“我国人民应该有一个远大的规划，要在几十年内，努力改变我国在经济上和文化上的落后状态，迅速达到世界上的先进水平。”自此，“向科学进军”成为我国发展科技的重要政治和思想引领。即使经历了 20 世纪 60 年代初的困难时期，聂荣臻元帅还是看到了趋势，并表示“我们现在需要科学技术，就像 1927 年需要一支人民军队一样”[②]。

在具体的部署上，中科院在 1955 年 9 月决定制定该院十五年发展远景计划。到 1956 年 2 月，在中科院院长的第二任苏联顾问拉扎连柯协助下，科学家参与制定出十五年发展远景计划初稿。同年 3 月，中科院学部和秘书

① 徐祖哲：《“紧急措施”：周恩来与中国计算机事业的奠基》，中国共产党新闻网，2016，http://dangshi.people.com.cn/n1/2016/1103/c85037-28830372.html，最后访问日期：2023 年 10 月 30 日。

② 陈瑜：《科学奇迹！“两弹一星”到底是怎么研制出来的?》，《科技日报》，2021，https://baijiahao.baidu.com/s?id=1702059148211216279&wfr=spider&for=pc，最后访问日期：2023 年 10 月 30 日。

处提出了《中国科学院12年内需要进行的重大科学研究项目》（以下简称《项目》），内容包括原子能、半导体、无线电电子学、电子计算机、自动化系统、火箭、精密机械仪器、新材料、重要矿产资源等，涉及经济建设中带有综合性、关键性的重大理论与技术问题，以及蛋白质结构、生物合成等科学前沿问题。这项工作为国家后续制定科技发展规划奠定了基础，《项目》提出的大部分任务后来被国家规划吸收。①

在国家计划委员会的统筹下，数百名科技专家被分成多个规划组，华罗庚担任计算技术与数学领域的规划组组长，外请苏联专家做规划顾问，负责起草该领域的规划提纲。1956年12月，党中央同意《1956～1967年科学技术发展远景规划纲要（修正草案）》（以下简称"十二年科技规划"）作为我国未来12年的科技发展规划试行方案，并准许实行。十二年科技规划确定了57项任务，包括616个科研课题，并从中选出了12个重点项目，其中第二项"电子学中的超高频技术、半导体技术、电子计算机、遥控技术、电子仪器和遥远控制"就明确了重点发展计算机的任务。

相比于中国科学院制定的规划，由国家制定的十二年科技规划更明确地体现出以国家任务为中心的色彩，体现出党和国家领导人对计算机、自动化、半导体、无线电等前沿技术的重视，特别对这些技术在巩固国防、壮大军力等方面的巨大价值。总体来讲，十二年科技规划澄清了中国科技发展方向，帮助达成了一系列苏联技术援助，使得政府重视科学家的培养、待遇以及科学技术的研发，这些都为后来的中国工业化奠定了重要的基础。②

"鉴于当时复杂的国际形势，为了实现建设一个强大的中国的目标，当时出于战备考虑，提出要实施'上天、入地、下海'的科研战略，建立海

① 孙英兰：《〈瞭望〉：中国科技史上的第一个规划》，2009年9月11日，https://www.safea.gov.cn/ztzl/kjzg60/kjzg60dtxw/200909/t20090911_72745.html，最后访问日期：2023年10月30日。

② 于淑娟、郑竹青：《冷战时代的中国如何造出"两弹一星"》，澎湃新闻，2015，https://www.thepaper.cn/newsDetail_forward_1353265，最后访问日期：2023年10月30日。

（潜艇）、陆（导弹）、空（巡航）战备体系。但这些都涉及计算机、电子学、自动控制、光学等一系列新科学，而我国当时在这方面或是空白或是研究能力十分薄弱，急需建设和加强”，曾任国家科委副主任的吴明瑜回忆道。[①]

1956年下半年，计算技术研究所、自动化及远距离操纵研究所、电子学研究所相继在中关村成立。同时，在应用物理研究所建立了“半导体物理研究室”。同时，由于十二年科技规划中涉及的内容相对全面，而新中国成立初期的资源有限，为了突出发展重点，国务院进一步组织专家研究，筛选出原子弹、导弹、计算技术、半导体、自动化技术和无线电电子学等最重要、最紧急的6项技术；其中，原子弹和导弹属于军工尖端技术，已经在国家发展的战略安排计划中，而计算技术等后4项技术在我国尚处于空白。因此，后4项技术的发展方案被命名为《四项紧急措施方案》（以下简称《方案》）。

在《方案》的推动下，中国于1958年成功研发出第一台电子管计算机（又称“八一型计算机”），《人民日报》对此进行了专题报道，宣布“我国计算技术不再是空白学科”。1959年，我国第一台大型通用电子计算机104机成功研制并生产7台，在部分国家重大工程中发挥重要作用，并在1959年的国庆游行上亮相展示。值得注意的是，103机和104机均是对苏联计算机的仿制，而我国第一台自行设计的小型通用电子计算机107机于1960年4月研制成功。到1960年初，苏联单方面撕毁协议、撤走全部在华专家之前，“四项紧急措施”的目标已经基本实现。

同时，伴随计算机等硬件设施的发展，我国的软件技术在这一阶段也有所进展。1956年秋天，中国科学院计算技术研究所筹备委员会成立程序设计组，这是我国最早专门从事软件研发的团队，也是1985年成立的中国

---

① 孙英兰：《〈瞭望〉：中国科技史上的第一个规划》，2009年9月11日，https://www.safea.gov.cn/ztzl/kjzg60/kjzg60dtxw/200909/t20090911_72745.html，最后访问日期：2023年10月30日。

科学院软件研究所的前身。1961 年，计算所筹委会程序设计组在 104 机上自主研制完成我国第一个能够运行的编译程序，并用该程序解算了 10 个数值分析方面的题目，还与中国科学院物理所合作研制了晶体结构分析计算软件包。1964 年至 1965 年，中国科学院计算技术研究所自主研制了当时具有国际水平的、我国最早的用中文书写的实用高级程序设计语言——BCY（其名字源于“编译程序语言”的名词首字拼音缩写），并利用该语言及其编译系统在 119 机上完成了东方红一号卫星的轨道模拟计算。在硬件基础上加入软件方法的尝试国产系统的试验。[①] 1974 年 8 月，我国设立了国家重点科技攻关项目“汉字信息处理系统工程”（简称“748 工程”），[②] 采用硬件和软件双管齐下的方法实现了汉字信息处理的核心技术突破。

二　改革开放与信息技术产业的全方位快速发展

（一）科学技术发展迎来机遇期

由于受到国内外一系列政治方面的影响，我国发展软件相关技术的步伐相对迟滞。以邓小平同志为核心的党的第二代中央领导集体作出改革开放的重大战略决定，为我国科学技术发展开辟了新的机遇期。事实上，早在 1975 年 9 月，邓小平同志就强调了科学技术和科技人员的重要性。1977 年 5 月，邓小平同志又指出，要着手搞科学技术发展的长远规划。1978 年 3 月，全国科学大会在北京召开，邓小平同志在开幕式上指出，科学技术是生产力，中国的知识分子是工人阶级的一部分，既充分肯定了科技研发的重大意义，又逐渐为科技人才的正常工作解除政治和思想方面的包袱；同时，本次大会还通过了《1978～1985 年十年科学技术发展规划（草案）》，

① 操云甫：《从零开始的中国计算机事业发展史》，《中国科学报》2023 年 7 月 28 日，第 4 版。

② 北京大学王选计算机研究所：《王选与“748 工程”——汉字设计现代之路上的里程碑》，2022，https://www.icst.pku.edu.cn/xwgg/xwdt/2022/1362883.htm，最后访问日期：2023 年 10 月 30 日。

从而使我国从20世纪50年代开始的高技术研发得以延续，为80年代我国高科技事业的全面复兴奠定了良好的开端。这份规划确定了电子计算机科学技术等8个影响全局的综合性科学技术领域、重大新兴技术领域和带头学科，明确指出要开展计算机科学和有关学科的基础研究，并特别点明了要加强软件领域研究。

随后，邓小平同志对科技发展的相关论述经过一系列重大制度改革和政策部署得以明确与落实，并在其同捷克斯洛伐克总统会见时，被确定为“科学技术是第一生产力”这一重要论断。[①]总体而言，改革开放为我国信息技术产业的发展创造了良好的环境，地方各级政府和社会各界的人士或机构的参与形成了支持信息技术产业发展的巨大合力，为未来深化改革、扩大开放和经济发展奠定了坚实的政治思想、发展理论和社会舆论基础。

20世纪80年代，在改革开放引进的外资、外企、外国先进技术和人才等要素的支持下，我国迎来了软件技术发展的重要机遇期。从国内情况看，21世纪初期，我国经济发展进入一个新的重要时期，社会主义市场经济体制的框架基本形成，市场化取向改革进入攻坚期，经济发展进入转型期。同时，国民经济信息化的加速推进、国防现代化的全面加强和现有产业的改造、升级、提高，也为信息技术产业的发展创造巨大的市场需求。党的十二届三中全会通过的《中共中央关于经济体制改革的决定》特别强调，我们的一切改革，都必须有利于促进科学技术的进步，有利于调动人才智力开发的积极性和充分发挥作用。《中共中央关于科学技术体制改革的决定》（以下简称《决定》）进一步强调，必须根除束缚科学技术人员智慧和创造才能发展的体制弊端，扭转对科学技术人员限制过多、人才不能合理流动、智力劳动得不到应有尊重的局面，创造人才辈出、人尽其才的良好环境。为了贯彻落实上述《决定》，应对人才流动等社会新现象，国务院先后于1983年7月、1986年7月和1987年9月印发《关于科技人员合理流动

① 《新中国档案：邓小平提出科学技术是第一生产力》，新华社，2009，https://www.gov.cn/test/2009-10/10/content_1435113.htm，最后访问日期：2023年10月30日。

的若干规定》《关于促进科技人员合理流动的通知》《科技人员兼职条例》等规章，对破除科技人员的体制束缚与限制做出了一系列政策规定。[①]自此以后，我国市场配置人才资源的需求越发强烈，各领域产业化和市场化配置趋势越发明显。

从国际环境看，经济全球化进程的加速、我国加入世界贸易组织以及知识经济的兴起都将为我国信息技术产业进一步开发利用国际市场、国际技术资源和国际资金以及参与国际产业分工、合作提供更多更大的可能性，为我国发挥国际比较优势发展智力密集、知识密集和劳动密集的软件产业提供巨大的机会。此外，在这一时期，世界各国纷纷推出加速本国信息技术发展的具体行动计划，都把信息技术的深度应用，作为本国振兴经济的重要举措。

（二）软件部门的产业化与国际化

1. 整体情况

在改革开放初期，我国信息技术产业的性质开始转变，由以军为主逐步转向军民结合。到了20世纪90年代以后，我国开始进入经济改革的重要时期，电子信息技术产业作为首批改革项目试点，且开始与计算机技术结合。经过50多年的发展，我国已建立了独立、完整的工业体系、高等教育体系、科研体系和国民经济体系，为信息技术产业发展提供工业配套、人才、技术、资金和市场等方面保障的能力日益增强，使得我国信息技术产业迅速发展。信息技术在中国的高速发展，有以下三个主要的里程碑。

（1）个人电脑（Personal Computer，PC）进入中国。从20世纪80年代中期开始，以IBM286、长城0520为先导，PC进入政府和公司的办公室。在20世纪90年代，PC继续遵从“摩尔定律”，在价格下降和性能大幅提高的状况下，开始大规模地进入城市家庭和网吧营业厅。伴随着生产技术的

① 姬养洲：《改革开放初期我党激发人才创造活力纪实》，《中国人才》2021年第4期。

改善和管理水平的提高，工业领域对计算机的使用，也迅速普及开来。

（2）电话、电视大规模普及。从办公室到家庭，到2004年底，电信公司完成了3亿固定电话、3.5亿移动电话、7000万小灵通用户的规模化普及，其中，大约整个用户量的80%是在进入2000年后的3～5年中实现普及的；广播和有线电视公司依靠低价格的年租费和电视机制造商的强力推广，成功地普及近1亿有线电视机用户。

（3）互联网进入中国。互联网的普及进一步加深和强化了上述两个进程。特别是在宽带和无线网络的支持下，互联网正在将电脑、电话、电视三者融合在一起，向经济和社会生活波及。1994～2004年的10年中，中国的互联网成功地穿越全球新经济和资本市场的寒冬，坚定不移地完成了超过9500万用户的普及工作。在网络通信、万维网、内容传播、网络游戏、在线交易、文化娱乐、网络教育等各个方面，宽带和无线互联网的作用和影响日益彰显，各类个人终端成本降低和功能提高，则进一步扩大了普及的规模。①

2. 与计算机相关的重大决定和发展历程

改革开放之初，中国的工业基础薄弱，产业配套、技术水平和管理水平都与工业化国家存在很大差距，工业化水平低，大量劳动力依附于农业。改革开放后，家庭联产承包制使农村的剩余劳动力得以释放。乡镇企业异军突起，吸纳了大量的农村富余劳动力。因此，国内消费需求的释放以及与国际市场的对接，使得丰富的劳动力供给与低廉的工资水平优势得以发挥，并形成了中国制造业的低成本和低价格优势。信息技术产业高速发展拓展了就业空间，增加了就业岗位，并吸纳一定的高素质人才。但在这一阶段我国产业发展主要依靠低成本的初级产品加工制造，对于高素质科技人才的需求依旧紧缺。

不可否认的是，在这一时期，我国信息技术产业基础相对薄弱，无论

① 高红冰：《1984－2004：21年IT回顾》，新浪网科技时代，2008，https://tech.sina.com.cn/it/2008－10－08/15312496595.shtml，最后访问日期：2023年10月30日。

是从生产、产品结构的角度，还是从技术发展、应用的角度来看，我国信息技术产业与国际先进水平存在较大差距。其中最严峻的挑战是国际竞争压力加大，我国存在信息技术产业被强大的国际垄断势力扼杀的可能性。从这一时期的发展趋势看，外国大型跨国公司在已垄断我国信息技术产品市场的核心领域的同时，随着对外开放的进一步扩大，将更多地进入我国市场，不仅争夺产品和服务市场，而且将更加激烈地争夺人才和资金（取得国民待遇和本地融资权），我国企业的处境面临巨大压力和困难。①

由于我国软件领域的技术储备和人力资源相对有限，邓小平同志在视察上海微电子技术应用汇报展览会时说道："计算机普及要从娃娃抓起。"②1986 年 3 月，邓小平同志亲自部署启动了"863"计划，其中包含"智能计算机系统主题""光电子器件和光电子、微电子系统集成技术主题""信息获取与处理技术主题""通信技术主题"等信息技术领域的重要研究方向，并确定了高科技既服务于国民经济，又要增强军事实力的"军民结合，以民为主"的发展方针。1991 年 4 月，邓小平同志为"863"计划工作会议题词，"发展高科技，实现产业化"由此成为我国高新技术产业发展的方向。③

1995 年 5 月，中共中央、国务院颁布《关于加速科学技术进步的决定》，首次正式提出实施"科教兴国"战略，确立了科技和教育是兴国的手段和基础地位。在此基础上，"人才强国"战略和"创新驱动发展"战略等相继提出，为科技创新提供更好的战略保障和人才支撑，更好地促进我国电子信息技术产业的发展。

1997 年，成立中国互联网络信息中心（China Internet Network Information Center，CNNIC），并于当年 12 月发布《第一次中国互联网发展状况调查统

---

① 赵玉麟、林晨辉：《信息技术产业：现状、问题与前景》，《宏观经济管理》2001 年第 4 期。

② 《计算机普及要从娃娃抓起》，中国共产党新闻网，2019，http://cpc.people.com.cn/n1/2019/1030/c69113-31428714.html，最后访问日期：2023 年 10 月 30 日。

③ 《1986 年邓小平亲自决策启动"863"计划》，中国共产党新闻网，2014，http://cpc.people.com.cn/n/2014/1231/c69113-26308784.html，最后访问日期：2023 年 10 月30 日。

计报告》。自 1999 年起，该报告调整为一年两次，通常在每年的 1 月和 7 月发布。截至 2023 年 8 月，中国互联网络信息中心已经发布过 52 次针对中国互联网络发展状况的统计报告，并开发了针对企业、青少年、农村、移动互联网、电子商务、网络媒体、网络游戏、网络搜索、网上社区、互联网视频等不同细分类型的综合性互联网调查报告体系。1998 年，根据第九届全国人民代表大会第一次会议批准的国务院机构改革方案和《国务院关于机构设置的通知》，国务院组建信息产业部。[①]十年后，十一届全国人大一次会议通过关于国务院机构改革方案的决定，国务院组建工业和信息化部，将信息产业部的职责整合划入工业和信息化部，[②]体现出信息技术领域受到的重视。

2001 年底，我国加入世界贸易组织（World Trade Organization，WTO）。两年以后，世界贸易组织在日内瓦总部召开了扩大信息技术产品贸易委员会会议，一致通过中国成为《信息技术协议》（Information Technology Agreement，ITA）的第 58 个参加方。该协议旨在削减信息产品的贸易壁垒，有助于信息技术产品进入国际市场，更好地学习借鉴发达国家先进的信息技术，对我国国民经济和信息技术产业的发展产生重大影响。自中国加入世贸组织和履行《信息技术协议》以来，为了更好地迎接机遇和挑战，我国政府相继出台了一系列鼓励软件产业和集成电路产业发展的若干政策，包括举办相关的会议、论坛，在全国多地成立软件园、科技园和小微信息技术企业孵化器等，并逐步制定了规范我国信息技术市场和服务市场的法规和条例，为我国信息技术产业营造了良好的发展氛围和政策环境。

2008 年金融危机后，世界各国产业发展进入战略调整时期。美国经济学家赫希曼（Albert Otto Hirschman）最早提出了“战略性新兴产业”的概

---

① 《关于印发信息产业部职能配置内设机构和人员编制规定的通知》，1998，https://www.gov.cn/zhengce/content/2010 - 11/18/content_7724.htm，最后访问日期：2023 年 10 月 30 日。

② 《2008 年国务院机构改革》，2008，https://www.gov.cn/test/2009 - 01/16/content_1207014.htm，最后访问日期：2023 年 10 月 30 日。

念并受到学术界和政策界的关注。例如，美国政府曾将新能源产业定位为战略性新兴产业并大力支持其发展。2009 年 9 月，温家宝同志主持召开三次战略性新兴产业发展座谈会，提出中国要发展新兴战略性产业。次年 10 月，国务院颁布了《关于加快培育和发展战略性新兴产业的决定》，致力于使新一代信息技术等 8 个方面的产业在 20 年达到世界先进水平。2016 年，“十三五”规划纲要草案明确指出，“十三五”时期将拓展新兴产业增长空间，使战略性新兴产业增加值占国内生产总值比重达到 15%，并将战略性新兴产业的范围调整为新一代信息技术产业、生物产业、空间信息智能、储能与分布式能源、高端材料、新能源汽车六大领域。其中，新一代信息技术产业主要包括：通信设备制造、下一代通信网络、物联网、三网融合、新型平板显示、高性能集成电路、云计算、高端软件和信息技术服务等 8 个子行业，具有产业规模大且关联度强、产品更新换代周期快、专业技术涉及面宽等特点，将成为引领我国经济、科学技术和社会发展的重要力量。

总的来说，在这一阶段，我国信息技术产业通过增加国际互动来谋求发展，既是机遇也是挑战。21 世纪初期，我国信息和通信产业的发展呈现现有的制造能力、市场潜力较强，但也面临着产业发展的困难，如产业结构急需优化，我国信息技术产业大部分居于产业链下游和价值链低端；信息技术应用水平不高，在国民经济各领域中，信息技术应用大都处于起步阶段；体制机制有待完善等。同时，我国高技术产业也面临着技术挑战、由世界贸易组织框架下的国际规则带来的市场竞争挑战、来自信息通信产业技术标准的挑战和新一代技术革命及信息技术产业的发展影响我国政治安全。

三　新时代中国信息技术产业的高质量发展

（一）中国将进入软件科技的爆发期和黄金期

党的十八大以来，我国社会主义发展进入新时代。相应地，我国软件和信息技术服务业的发展在这一时期也呈现良好态势，产业规模迅速扩大，企业实力不断提升，创新能力大幅增强，涌现出一批竞争力强的创新型产品和服务，行业应用持续深入，质量效益全面跃升，在由大变强的道路上迈出了坚实步伐。从 2012 年到 2021 年，我国软件和信息技术服务业业务收入从 2.5 万亿元增长至 9.5 万亿元，年均增速达 16%，增速位居国民经济各行业前列；2021 年利润总额达 1.2 万亿元，较 2015 年翻一番。2021 年，14 家中国软件名城软件和信息技术服务业业务收入占全国软件业比重达 78.4%，产业集聚效应凸显。[①]根据工信部发布的《2022 年软件和信息技术服务业年度统计数据》，截至当年，我国已有软件企业 35014 家，从业人员合计约为 737.59 万人，软件业务收入合计达到 107790.1282 亿元人民币，软件业务出口额约为 642.6503 亿美元。[②]此外，我国网民规模大，数字技术基础设施搭建完善，日常生活的数字化程度较高，软件市场的发展潜力大。有学者据此认为，中国将进入数字科技的爆发期和黄金期。[③]

整体来看，这一阶段，我国经济社会发展取得新的历史性成就，实现新的历史性跨越，同时也面对纷繁复杂的国际形势以及突如其来的新冠疫情、世界经济深度衰退等多重严重冲击，我国新一代信息技术产业总体也呈现波浪式前进的态势，尤其是国际贸易和投资方面受到深刻影响。在此复杂严峻环境下，我国新一代信息技术总体仍呈现良好发展态势。信息技术政策持续优化，发展水平整体呈不断上升趋势。政策推动是我国新一代信息技术产业发展的强力引擎。这一阶段，国家对符合重大发展战略、重点领域、重大建设工程，以及促进实体经济发展的项目，予以优先支持。而新一代信息技术产业已经深度融入国家重大战略、规划和政策中，成为关注度极高的领域。随着我国政府出台一系列有利于新一代信息技术产业

① 《软件风正劲 十年再出发》，新华网，2022，http://www.xinhuanet.com/techpro/20220707/2eafa634c532421b9e2fe272f3a60650/c.html，最后访问日期：2023 年 10 月 30 日。

② 工业和信息化部：《2022 年软件和信息技术服务业年度统计数据》，2022，https://www.miit.gov.cn/rjnj2022/rj_index.html，最后访问日期：2023 年 10 月 30 日。

③ 祝宝良：《中国将进入数字科技爆发期和黄金期》，2019，https://www.ndrc.gov.cn/xxgk/jd/wsdwhfz/201911/t20191128_1205554.html，最后访问日期：2023 年 10 月 30 日。

发展的政策，我国新一代信息技术产业的发展水平不断提升。

（二）在“科技自立自强”中迈向“软件强国”

2021 年 5 月，习近平总书记在中国科学院第二十次院士大会、中国工程院第十五次院士大会和中国科学技术协会第十次全国代表大会上发表题为《加快建设科技强国，实现高水平科技自立自强》的重要讲话，指出“科技立则民族立，科技强则国家强”，要加快实现我国自主创新事业，实现高水平科技自立自强。实际上，早在 2013 年 3 月，习近平总书记在参加全国政协十二届一次会议科协、科技界委员联组讨论时就指出，科技创新是提高社会生产力和综合国力的战略支撑，必须摆在国家发展全局的核心位置，实施创新驱动发展战略。这是加快转变经济发展方式、破解经济发展深层次矛盾和问题、增强经济发展内生动力和活力的根本措施。实施创新驱动发展战略，提高自主创新能力是关键环节。要坚定不移走中国特色自主创新道路，增强创新自信，深化科技体制改革，加强科技人才队伍建设。①

在“十二五”和“十三五”期间颁布了一系列产业政策，推动产业快速发展。2011 年至 2015 年属于产业发展初期，政策数量较少；2015 年以后，产业发展进入快速成长期，信息技术广泛渗透到各行各业，产业政策数量也随之增长。国务院印发的《“十二五”国家战略性新兴产业发展规划》明确要加快建设宽带、融合、安全、泛在的下一代信息网络，突破超高速光纤与无线通信、物联网、云计算、数字虚拟、先进半导体和新型显示等新一代信息技术的发展。随着近年来信息技术的进步和对社会生产生活渗透作用的不断深入，众多新的增长点正在涌现，未来新一代信息技术的内涵和方向也由此面临重大调整。②

2015 年 3 月，政府工作报告首次提出“‘互联网 +’行动计划”；6 月，

① 《习近平同志〈论科技自立自强〉主要篇目介绍》，2023，https://www.gov.cn/govweb/yaowen/liebiao/202305/content_6883464.htm，最后访问日期：2023 年 10 月 30 日。

② 梁智昊、许守任：《“十三五”新一代信息技术产业发展策略研究》，《中国工程科学》2016 年第 4 期。

根据《政府工作报告》要求，国务院通过《"互联网+"行动指导意见》，在创业创新、电子商务、人工智能等多个重点领域部署推进"互联网+"。①同年，《中国制造 2025》的颁布成为中国实施制造强国战略第一个十年行动的开始，自此针对工业互联网、工业软件、智能制造等的政策法规不断颁布。政策侧重点逐渐清晰，体现了我国发展工业信息化、智能制造转型的决心。2016 年，中共中央办公厅、国务院办公厅印发《国家信息化发展战略纲要》，构建以高等教育、职业教育为主体，继续教育为补充的信息化专业人才培养体系，依托国家重大人才工程，加大对信息化领军人才支持力度，培养造就世界级水平的科学家、网络科技领军人才、卓越工程师、高水平创新团队和信息化管理人才。2018 年，工业和信息化部印发《工业互联网发展行动计划（2018～2020 年）》，建立人才引进绿色通道，完善技术入股、股权期权激励、科技成果转化收益分配等机制。2020 年，国务院印发《关于新时期促进集成电路产业和软件产业高质量发展若干政策的通知》，加快推进集成电路一级学科设置工作，鼓励有条件的高校与集成电路企业合作，优先建设培育集成电路领域产教融合型企业。② 2021 年 1 月颁布的《工业互联网发展行动计划（2018～2020 年）》提出了具体量化目标，在资金来源、税收政策、产学研融合、人才保障方面提出了具体的措施。

"十三五"时期我国新一代信息技术产业政策着力重点有两个方面：第一，深入规范产业市场管理与发展环境。为进一步优化新一代信息技术产业市场环境，国家先后采取众多举措，对新一代信息技术治理难题进行规范。2019 年中国国家互联网信息办公室就《互联网信息服务严重失信主体信用信息管理办法（征求意见稿）》公开征求意见；2020 年工业和信息化部发布《关于开展纵深推进 App 侵害用户权益专项整治行动的通知》。第二，

---

① 中央网络安全和信息化委员会办公室、中国互联网信息办公室：《政府工作报告首提"互联网+"》，中国网信网，2015，http://www.cac.gov.cn/2015-07/06/c_1115824896.htm?ivk_sa=1024320u，最后访问日期：2023 年 10 月 30 日。

② 刘如：《我国新一代信息技术产业政策特点、问题与未来方向——基于 2011—2020 年政策文本的分析》，《全球科技经济瞭望》2022 年第 6 期。

持续实施针对集成电路和软件企业所得税的优惠政策。2019 年，国务院常务会议明确指出，通过对在华设立的各类所有制企业（包括外资企业）一视同仁、实施普惠性减税降费，吸引各类投资共同参与和促进集成电路和软件产业发展。在已对集成电路生产企业或项目按规定的不同条件分别实行企业所得税“两免三减半”或“五免五减半”的基础上，对集成电路设计和软件企业继续实施所得税“两免三减半”优惠政策。

在众多软件门类中，工业软件在贸易战中已经成为被外方用作断供、“卡脖子”的攻击要害，直接关系到产业链供应链安全稳定、关系到中国工业实现创新驱动转变的成败。美国商务部于 2019 年 5 月 16 日公布了“实体清单”，其中包括华为及 70 多家关联企业，禁止电子设计自动化（Electronic Design Automation，EDA）软件公司为华为提供服务。2022 年乌克兰危机发生后，一些大型的工业软件公司如甲骨文、西门子等也停止了在俄罗斯的业务。从西方对俄罗斯的制裁可以看出，实现软件的国产研发替代、拥有自主可控的工业软件势在必行。因此，我国推出了各类政策推动工业软件加速发展。预计未来国家会针对工业软件不同领域推出更具有针对性、支持力度更大的政策。

中美高科技产品贸易摩擦以来，工业软件受重视地位明显提升，2021 年 2 月 1 日，科技部发布《关于对“十四五”国家重点研发计划首批 18 个重点专项 2021 年度项目申报指南征求意见的通知》，工业软件首次入选国家重点研发计划重点专项。根据中国工业技术软件化产业联盟数据，2019 年，全球工业软件市场规模达到 4107 亿美元，近三年同比增长率均在 5% 以上，2012 ~2019 年复合增长率为 5.4%。国内工业软件产业规模仅占全球工业软件市场规模的 6%，但国内产业规模增长速度较快，近三年同比增长率在 15% 左右，2012 ~2019 年复合增长率为 13%，未来有望继续加速。

整体而言，我国信息技术及其产业发展起步相对较晚，但在政府引导、市场驱动和开放发展的多重发展机遇下，我国信息技术产业经历了社会主义革命和建设时期的奠基与初探、改革开放与产业化、市场化和新时代以来迈向高质量发展等 3 个阶段。党的十八大以来，在以习近平同志为核心的党中央坚强领导下，我国新一代信息技术产业规模效益稳步增长，创新能力持续增强，企业实力不断提升，行业应用持续深入，为经济社会发展提供了重要保障。目前，我国信息技术产业具备了较为完备的工业体系，处于“高质量发展”阶段。在软件发展的“量”方面，2012 年至 2021 年，我国软件著作权登记数量从 13.92 万件增长至 228 万件，连续五年年均增长超 20 万件，其中，大数据、人工智能、VR、智慧城市、5G 等新兴领域软件登记数量以高速增长领跑。2021 年，软件百强企业研发投入约 4000 亿元，同比增长 23.4%；授权专利总数达 28 万件，其中发明专利占比超 70%；通信领域软件企业国际专利申请量已居全球前列。在“质”方面，我国关键软件自主创新能力持续提升，国产基础软件取得一系列标志性成果：统一操作系统（统信 UOS）、鸿蒙分布式操作系统（HarmonyOS）等相继推出，工业研发设计软件（CAE）、仿真等技术算法取得新突破，智能语音识别、云计算及部分数据库技术达到国际先进水平，5G 相关核心软件、关键算法等领域初步形成全球竞争优势。①未来，我国将持续在“科技自立自强”的引领下，立足本土实际情况，推动制定行业标准，持续构建智慧软件生态，进一步在产学研一体化中培养掌握关键核心技术的软件人才，将我国从“软件大国”打造成“软件强国”。

---

① 《软件风正劲 十年再出发》，新华网，2022，http://www.xinhuanet.com/techpro/20220707/2eafa634c532421b9e2fe272f3a60650/c.html，最后访问日期：2023 年 10 月 30 日。

第七章
弄潮数字：总结与启示

作为数字时代的弄潮儿和开拓者，软件工程师在数字信息技术的发展与应用方面发挥着重要作用。前文通过对软件工程师的工作模式、生活方式，以及价值观念的梳理和描述，呈现了这一新兴职业群体的基本面貌。本章将在进一步整合既有调研资料的基础上，归纳出现阶段软件工程师在工作、生活以及观念领域方面所存有的若干重要特点，并针对性地提出相关的政策性启示。

一　现阶段软件工程师群体的特征总结

（一）行业加速更新迭代，专业技能积累更具挑战

随着数字技术的迅猛发展，当前的软件和信息技术服务行业的迭代周期更为迅速。在此背景下，现阶段软件工程师往往面临着专业技能积累速率与行业更新迭代速率不匹配的问题。如第二章所指出的，软件工程师在工作过程中所形成的独特技能习得方式、遭遇的职业生涯“分水岭”，以及面对的潜在失业风险等，正是这种周期性不匹配问题的集中表现。

1. 以“自学”为主的技能提升方式

在经典的劳动力再生产理论中，现代工业社会劳动者的技能获得过程

往往集中于专门的教育组织或培训机构内部。然而，对于数字时代的新兴职业群体——软件工程师群体而言，由于数字技术的发展日新月异，其相应对工作技能的形成与提升也不仅是特定劳动力再生产过程的产物，而是嵌入其职业生涯的整个生命周期之中，是软件工程师自身在日常工作生活实践中持续“自学”的结果。

具体而言，其以“自学”为主的技能提升方式直接见于软件工程师自身的从业经历之中。调研发现，在回答“您的专业技能主要是通过何种方式获得的”问题之时，“在工作实践中自主学习积累”这一选项首先受到了最广泛的认可（68.30%），其次则是“授予我学位的学校开设的相关课程”（55.61%）。此外，“日常生活中出于个人兴趣的探索”（33.10%）和“社会培训机构的相关课程”（33.05%）也占据了一定的比重，而通过“单位提供的制度化培训”来提升工作技能的情况则占比最少（18.68%）（见图2－4）。

需要说明的是，软件工程师以“自学”为主的技能提升方式并非意味着对劳动力再生产过程中的教育培养的否定，而是强调一种持续积累、终身学习的能力培养过程。在此方面，本次调研还考察了软件工程师自身对各种人才培养渠道的评价。

在“对软件领域的人才培养，您认为最重要的方式是”这一问题的回答中，高等院校或科研机构培养仍被认为是最为重要的人才培养方式（35.28%），而工作机构的职业培训（29.04%）与软件工作者的自主学习（25.08%）也占据了相当重要的位置（见图2－9）。

2. 职业生涯中的“年龄分水岭”

随着数字技术的加速迭代，软件工程师即使以持续“自学”的方式提升其专业技能，但客观上仍面临一系列职业生涯中的挑战。其中最为典型的是数字信息技术加速迭代与劳动者人力资本积累过程相对缓慢之间的矛盾。在这一矛盾下，软件工程师群体的职业生涯通常存在“年龄分水岭”的现象，即到了35岁左右的特定年龄阶段，其面临的失业风险或工作压力等将迅速增长。

调查发现，软件工程师在职业生涯中的“年龄焦虑”心态即可充分说明上述状况。与传统意义上工作年限越长、职业资历越深的中产阶级工作所不同，在对“我所在的工作机构里，员工年龄越大，被淘汰的风险就越大”这一问题进行回答时，分别有16.42%和25.48%的软件工程师认为其非常符合与比较符合其职业情况，仅有不到四分之一的软件工程师认为比较不符合（14.25%）和非常不符合（7.02%）（见图2－64）。

更进一步来看，软件工程师职业生涯的“年龄分水岭”有其供给侧层面的原因。一方面，就既有的软件工程师群体而言，随着年龄的增长，其所掌握的专业知识或技能往往容易陈旧固化，而一旦其无法成功积累和习得新的对应的知识技能，则其显然将面临严峻的职业压力。调查通过分年龄组对“对您来说，掌握一种新的编程语言或软件系统的困难程度”这一问题进行描述发现，对于25岁及以下的软件工程师受访者而言，其回答“困难”的比例都高于“简单”，这某种程度上是因为其作为参与到信息技术行业的新生力量，具有更多的时间和精力能够掌握新兴技术；对于26岁至40岁的受访者而言，其回答“简单”的比例则要高于“困难”，尤其对于31～35岁年龄组的受访者更是如此，这可能是其职业生涯中的选择性机制所导致，即难以适应新技术要求者在此阶段往往已经从信息技术行业中离开，而继续留下者往往已经更为适应了信息技术行业的技能积累模式；而对于41岁及以上的受访软件工程师来说，其回答“困难”的比例又逐渐高于回答“简单”的比例，这从侧面刻画出了软件工程师职业生涯中的另一类“年龄分水岭”状况（见图2－57）。

另一方面，从外部劳动力市场的角度来看，随着中国信息技术产业的发展，劳动力市场上具备新兴信息技术专业技能的人才逐渐增加，从而可能对既有的软件工程师形成“替代”效应。调查仍按照年龄组对“我的工作机构可以很容易招聘到在技能上取代我的人”这一问题进行描述发现，“符合”选项的应答情况基本呈现倒U形分布的特征，即认为是“符合”的回答更多集中于21～35岁的软件工程师群体之中（见图2－63）。

3. 由智能化技术带来的失业风险

对于当前的软件工程师群体而言，其工作焦虑与职业风险还存在一个独特的需求侧层面的原因，即数字技术智能化发展的趋势或将减少社会对于部分软件工程师本身的需求。在工业时代，工业自动化等技术的进步在减少生产成本、提高生产效率的同时，也可能催生大规模的“机器换工”浪潮，从而威胁既有劳动群体的职业稳定性。

类似地，在数字时代，由智能化数字技术诱发的失业风险也逐渐成为软件工程师群体需要面对的潜在问题。本次调查以 ChatGPT 技术为例，询问了软件工程师对该技术对自身职业的威胁情况的评价。图 4－22 呈现了其回答的总体情况，其中，认为“威胁远大于帮助”和“威胁大于帮助”的比例分别达到了 9.34% 和 10.47%，认为“不好说”的比例为 42.06%，而认为“帮助大于威胁”和“帮助远大于威胁”的比例则分别是 31.18% 和 6.95%。这说明，发达的数字技术未必能持续成为软件工程师群体得以生存发展的基础，随着数字技术转向智能化演变，软件工程师本身的职业稳定性仍可能受到一定的影响。

更进一步而言，通过描述不同教育、职称，以及收入组软件工程师对上述问题的回答，我们可以发现其智能化数字技术传导失业风险的可能路径。首先，图 4－24 和图 4－25 分别呈现了学历和最高学历所学专业等教育相关因素影响下的情况。其次，图 4－26 则说明了不同职称下的情况。最后，图 7－1 展现了不同收入下的情况。可以发现，由智能化数字技术加速迭代而带来的失业风险，往往也将对受教育水平相对较低、技能职称较低，以及收入水平较低的基层软件工程师率先产生影响。

（二）模块化工作更为复杂，社会支持相对有限

第二章表明，不同于以“线下”为主要工作场景的传统工作，软件工程师的工作方式具有更为鲜明的“模块化”特点。亦即，这一群体的劳动对象通常为符号化的程序与算法而非实体化的物件产品，其自身所处的劳动分工位置也更接近于设计与研发等后台岗位而非与社会公众接触频繁的前台岗位。诚然，这样的工作特点往往能较好地满足程序设计与软件开发过程中的效率追求，但仍需注意的是，对于软件工程师群体本身而言，匿

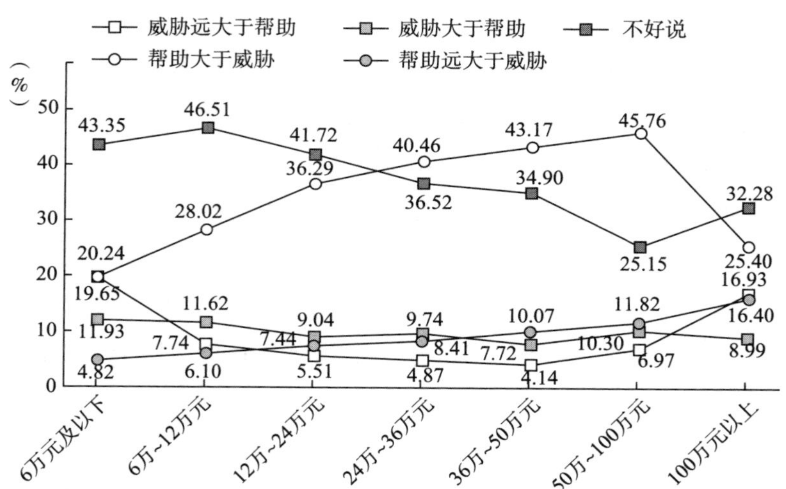

图 7-1　不同收入的软件工程师对 ChatGPT 及其影响的看法情况

名化的工作方式也可能使之与社会的联系更为松散，并导致其所能直接感受到的社会支持状况相对有限。结合本次调查数据可以发现，软件工程师群体的有限社会支持集中体现于其所感知的职业社会认可度、应对日常心理问题的方式，以及对创业实践中社会资本因素的评估等方面。

1. 职业的社会认可程度仍有提升空间

当前软件工程师的工作模式具有明显的“模块化”特征，其工作过程涉及一系列复杂而细分的具体环节，对应的专业技能要求也更为灵活多元。在此情境下，社会公众对于软件工程师的了解则存有一定的门槛。因而，尽管软件工程师是专业性较强的职业群体，其职业的社会认可程度也有待进一步提升。

在本次调研中，我们专门考察了不同主体对软件工程师职业认可情况（见图 7-2）。可以发现，在回答“我的工作受到我家人的尊重”与“我的工作受到我同事的尊重”这两个问题时，绝大多数受访者选择“比较符合”；然而，在回答“我的工作受到社会大众的尊重”时，则绝大多数受访者表示“一般”。

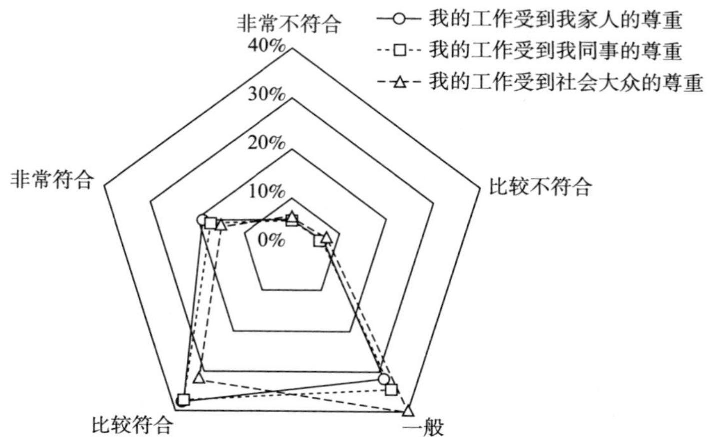

图 7－2　软件工程师所感知的不同主体对其工作的尊重状况雷达

2. 以个体化方式应对日常心理问题

与社会公众对软件工程师的职业了解与认可程度相对有限相一致，软件工程师在日常生活中遇到心理问题时，其也更倾向于以个体化的方式来应对，而较少借助社会渠道和社会支持的方式来应对。

具体而言，本次调研询问了软件工程师在过去 6 个月中是否遇到心理问题，以及如何应对心理问题的情况。图 7－3 显示了其填答结果。除了

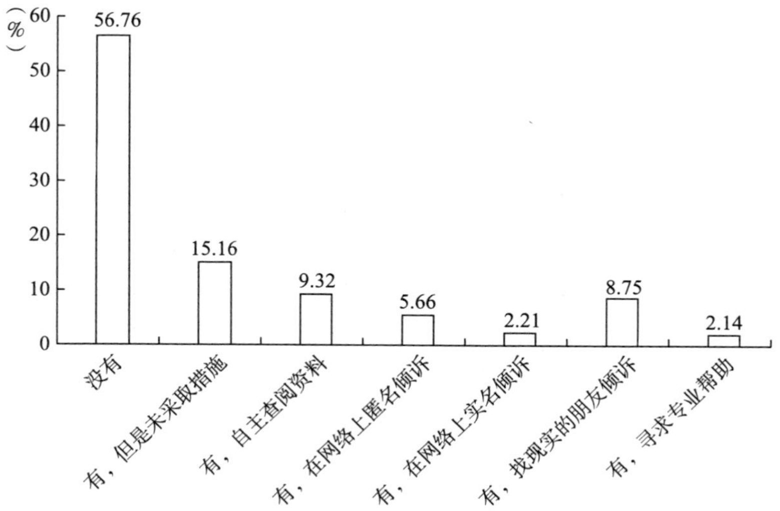

图 7－3　软件工程师认为自己在过去 6 个月中是否出现心理问题及应对的情况

56.76%未遇到心理问题之外，其余遇到心理问题者更多倾向于优先选择"未采取措施"（15.16%）与"自主查阅资料"（9.32%）这两种方式，其后才是选择"找现实的朋友倾诉"（8.75%）与"在网络上匿名倾诉"（5.66%），而只有极少一部分受访者选择"在网络上实名倾诉"（2.21%）与"寻求专业帮助"（2.14%）。

3. 更加注重社会资本因素对创业的影响

由于软件工程师群体在日常工作实践中往往更注重对专业技能的训练和积累，而较少直接面向社会公众展开社会交往，软件工程师群体对于影响创业的各种因素有着独特的评估，尤其对于社会资本等相关方面的因素更为重视。

具体而言，调查统计了软件工程师所认为重要的创业条件（见图7－4）。依据填答比例自高向低排序，最受重视的因素是"人脉关系"（53.46%），接下来才是"启动资金"（40.28%）、"技能水平"（38.73%），以及"创意想法"（38.17%），再次之则为"市场环境与行业前景"（29.72%）、"合作伙伴或团队（29.02%）"和政策支持（12.48%），最后则是"数据或相关信

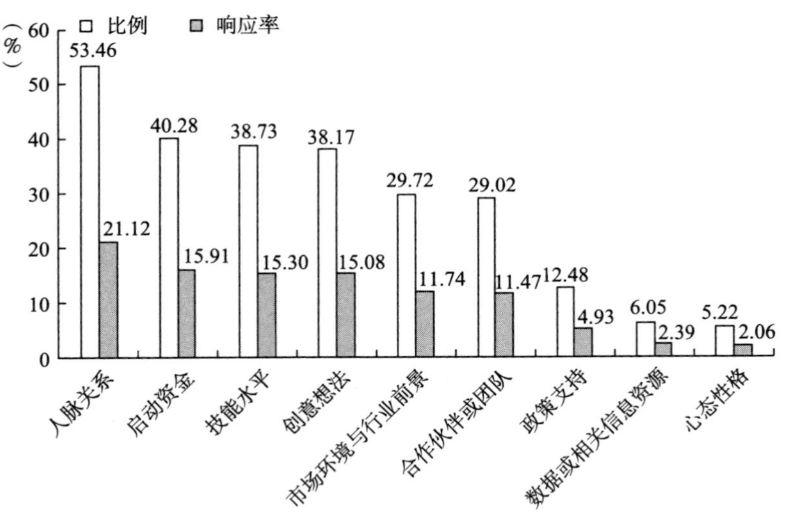

图7－4　软件工程师评估下的影响创业的重要条件情况

息资源”（6.05%）及“心态性格”（5.22%）。这样的结果再次说明，软件工程师群体的工作模式在具有更高的专业性门槛的同时，也在一定程度上距离社会公众更为遥远，其所受到社会公众的理解与支持仍相对有限。

（三）“程序思维”浸入生活场景，情感表达更为私密

本次调查还探讨了软件工程师独特的日常生活方式，相关的讨论可以见第三章和第四章。事实上，软件工程师所从事的软件开发与程序设计工作并不是一系列零散化的劳动任务，而是一类具有整体性和创造性的生产实践活动，其对应着一系列包括“识别问题任务—拆分解决步骤—设计算法实现”等环节在内的“程序思维”模式。有趣的是，对于相当一部分软件工程师而言，这样的思维模式并不局限于“生产－工作”过程，亦可以适用于日常社会生活的诸多方面。而随着此种理性化的“程序思维”逐渐浸入日常社会生活场景，软件工程师们也越发形成了更为私密化的情感表达方式。

1. 高度认可日常生活中的“逻辑与理性”

在软件工程师的日常生活中，讲求逻辑理性的“程序思维”模式极大地影响着其生活态度与生活方式。本次调查就说明，有相当一部分软件工程师对逻辑理性的交往方式抱有极高的乐观期待。具体而言，图4－14展现了软件工程师对于“日常生活中，如果大家都能按逻辑和理性交往，就不会有争执或冲突”这一观点的态度。其中，回答“非常符合”与“比较符合”者的占比分别为13.38%与30.87%，回答“一般”的占比为36.69%，而回答“比较不符合”与“非常不符合”的占比分别为13.00%与6.06%。

2. 以独处或小规模社交为主的线下生活

伴随“程序思维”浸入生活场景，软件工程师的社会交往方式也更多地表现为线下的小规模社交或独处。显然，此种社会交往方式既可以灵活地保障个人生活的私密空间，也能确保适时地参与集体生活和维系社会连接。图3－14显示，当问及“在工作之外的现实生活中，您更喜欢何种的交

往方式”时，调查可得“线下三两朋友小聚”受到最多的青睐（38.32%），其次是“独处”（26.24%），再次是选择“线下和朋友一对一”（14.91%）以及“在线社交”（13.49%），而“线下一群朋友在一起”的方式则最少受到选择（7.05%）。

与上述社交方式反映的特点相一致的，软件工程师们也具有独特的生活场景偏好。根据“工作之外的现实生活中，您最喜欢的生活场景是什么”这一问题的结果，“宅在家中”是最多受访者的偏好（27.57%），其次则是倾向于“以上都行，只要是熟悉的地方”（18.26%），而表示“以上都行，但更想体验不熟的地方”的受访者则不到一成（9.16%）（见图3-1）。

3. “陌生人社交圈”中的沉默参与者

本次调研还发现，软件工程师在公共领域的舆论参与和意见表达方面存在独特的模式。尽管他们熟稔数字技术，但并不总是数字社会中公共舆论的活跃者，而更多的是其中的沉默参与者。

具体而言，首先，在不同社交圈层场景中，软件工程师对与个人不直接相关的公共信息更多倾向于以了解和观察为主。在回答“在过去12个月中，当社交媒体上出现与自己日常生活不直接相关的社会公共事件时，您的主要反应是什么”这一问题时，接近半数的受访者选择“只是看看，通常不采取任何行动”（48.09%），还有接近两成的受访者选择“点赞”（17.47%），而还有部分人选择在陌生人社交圈中发帖（8.61%）、跟帖（9.01%）、转发（4.58%），而在熟人社交圈中对不直接相关的公共信息进行发帖（5.75%）、跟帖（3.49%）、转发（3.00%）者则相对更少（见图3-31）。

其次，对不同主题内容的信息而言，软件工程师同样也优先选择以观察和了解为主，而较少地直接发声。对于“在过去的6个月中，您最经常在社交媒体上发声的内容”这一问题的回答，超过半数的受访者选择“只是看看、通常不发声”（61.78%），而其余的受访者多会对“社会事件”“技术、技能相关的事件”等方面发表相关意见和观点，并且极少直接对“与软件工程师身份相关的事件”进行发声（见图3-32、图3-33）。

（四） 高度崇尚科技理性，信息获取方式更为审慎

除了上述工作和生活方式的特殊性，软件工程师还形成了独特的价值观念特征。第三、四章的分析表明，作为促进数字技术发展的先驱者，软件工程师们更加认同“技术中立”的价值倾向，更可能以科技精神引领自身的择业，同时，其自身在日常生活中也逐渐形成了更为审慎的信息获取方式。

1. 倾向于“技术中立”的价值主张

调查表明，软件工程师群体对“技术中立”的相关观点更为接受。这或许与其职业的专业技术特征有密切的关联。在被问及对待“技术发展本身不会带来社会问题，它是价值中立的”这一观点的态度时，相当多的受访者都认为非常符合（17.77%）或比较符合（32.71%），而认为比较不符合（9.61%）或非常不符合（7.08%）的占有相对较少的比重（见图4-34）。

2. 以科技理性精神为引领的择业观念

需要注意的是，新兴的信息技术产业行业不仅涵盖有专业技术的面向，同时也对应着一系列新兴的科技理性精神。对于软件工程师而言，这样的科技理性精神也深刻地参与影响了其职业选择的实践过程。

具体结合调查结果来看，在被问及“您最初选择从事软件相关工作的主要原因”时，最广被软件工程师选择的是“专业或技能对口”、“个人兴趣”、“软件领域发展前景好”，以及“收入高或待遇好”这几个方面，而极少人表示是“因工作需要，被迫转岗到软件相关工作”“软件相关工作有较高的社会地位”（见图2-1）。

3. 更为审慎的信息获取方式

科技理性精神除了影响软件工程师对职业选择的理解之外，也形塑了其信息获取的偏好与方式。在数字时代，发达的数字技术极大地拓展了个人获得信息的渠道。除了传统的线下媒介信息渠道之外，越来越多的线上自媒体等新兴渠道也丰富着网络社会的信息来源。然而对于软件工程师群体而言，在科技理性精神的影响之下，其往往也形成了更为审慎的信息获取方式。调查结果显示，对于不了解的事件，软件工程师群体首先倾向于

相信国家级官方媒体的观点（52.76%），其次则是现实中的亲历者（32.71%）和有名的科学家（29.74%），而对于网络媒体上的亲历者（6.97%）的信任倾向则相对较弱（见图3－37）。

（五）能动构建数字人生，不断赋意数字化的自我

特别地，本次调研还发现，随着软件工程师群体深度参与数字技术的研发与应用，其还形成了新的与“数字化的自我”相处的方式。亦即，如第三章和第四章所揭示的，软件工程师们主要采用“自我隐藏”和“主体抽离”等方式来重新定义数字化的“我”的形象。

1. 社交生活中的自我隐藏

软件工程师所安放的“自我”更多是一种关心客体化事物而较少涉及非主观个人情绪的形象。这可以从其在社交中交流的话题情况加以说明。具体而言，当问及“整体而言，您和朋友聊得最多的话题”时（见图3－18），调查可知软件工程师日常社交话题主要围绕如“软件专业技能”（37.91%）、“兴趣爱好”（35.62%），以及“职场相关内容”（31.82%）等展开，而较少涉及如“家庭生活”（11.88%）和“感情生活”（7.02%）等方面。这在一定程度上说明，其日常社交中的“自我”更多是由客体化的事物来定义的，而主观个人体验的涉入则相对较少。

2. 网络参与中的主体抽离

同时，软件工程师们对待“线上”的网络参与也有着自身独特的态度。尽管其以软件信息技术为主要从事行业，但虚拟网络世界并没有构成其工作生活的全部。从软件工程师所使用的社交软件数量、在互联网上进行的活动情况，以及进行兴趣和情感交流时的考虑等方面可以发现，软件工程师的网络参与在一定程度上仍具有“主体抽离”的特点。

首先，在社交软件方面，图3－24呈现了除微信和QQ之外，软件工程师经常使用的社交软件个数。结果显示，0个社交软件的占比达到了19.41%，1～2个社交软件的占比最多，为52.49%，而3个及以上的占比则不到30%。这说明，软件工程师群体在整体上的社交软件选择更为集中，

其中的大多数并不是多个社交平台的活跃使用者。

其次，在互联网使用方面，图 3－26 则呈现了软件工程师在工作之外在互联网上参与的活动。可以发现，占比较多的是“消遣娱乐”（40.97%）、“专业学习”（40.26%）、“选购商品”（39.00%），以及“了解时事”（32.25%）等；而占比较少的包括“从事副业或进行投资”（5.15%）和“情感宣泄”（4.67%）。这反映出，软件工程师群体的网络参与和使用更多仍以实用和工具性用途为主，而其情感支持或金融资源支持等则较少来自网络渠道。

最后，在进行兴趣或情感交流方面，图 7－5 展现了软件工程师群体的具体选择。结果表明，绝大多数受访者认为“线下交流更有效；更愿意选择线下交流”（44.70%），而认为“线上交流更有效，更愿意选择线上交流”则明显较少（9.69%）。这进一步反映出，对于涉及更为个人私密体验等方面的内容之时，软件工程师仍倾向于从“线下”的世界中寻找伙伴和进行体验。

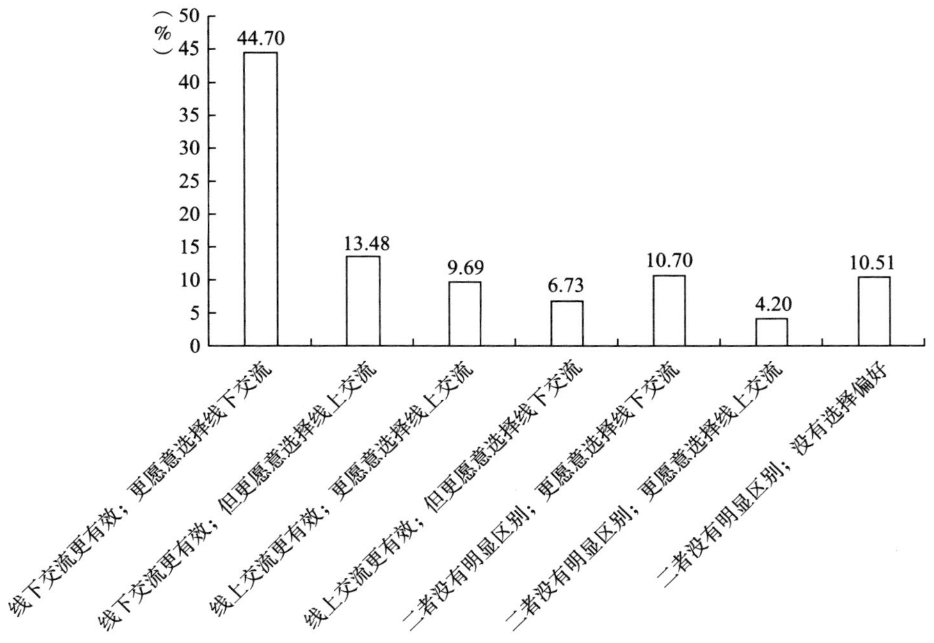

图 7－5　软件工程师群体进行兴趣或情感交流时的选择倾向情况

二　政策性启示

结合本次关于“软件工程师”群体的调查，我们认为，未来相关部门可以在人才培养模式、职称评价体系、社会支持渠道、社会参与机制这四个方面为服务与团结软件工程师群体做出更多的工作。

（一）创新技术人才培养模式

近年来，数字信息技术的发展日新月异，而数字技术本身也越发成为推动生产力水平提升与经济社会事业发展的重要力量。历时多年发展，我国信息技术产业的发展既取得了诸多创新和进步，但同时也在突破关键领域“卡脖子”技术与做好普惠性数字技术服务等方面面临着新的挑战。在此背景下，创新相关的技术人才培养模式则成为应对上述挑战的重要举措。

就突破关键领域“卡脖子”技术方面而言，国家应当进一步注重对创新型尖端数字技术人才的培养，以对接当前前沿科技领域的发展需求。具体来看，第一，注重对人才的终身学习能力与持久创新能力的培养，以适应加速变革的数字信息技术产业发展。本调查说明，当前软件工程师在专业技能积累方面存在持续性的需求，并且仍可能由于智能化数字技术的兴起等而面临一定的职业挑战。故只有加快形成助力于软件工程师等数字技术人才长期技能积累的体制机制，提升其在关键技术领域专业技能的创新能力，才能进一步促进软件工程师人才队伍的建设与数字信息技术行业的高质量发展。第二，注重结合软件工程师群体的兴趣爱好与价值追求设置具体的培养方案，以满足其个人全面发展的综合目标。本调查发现，软件工程师群体有着自身独特的兴趣爱好与价值观念，包括如兴趣驱动的开源项目开发、崇尚科技理性的价值观念等。因而，相关的人才培养方案应进一步充分考虑其群体的内在偏好特点，才有助于建立以人为本、长期有效的数字技术人才培养模式。第三，注重基础理论学习与产业前沿实践相结合，以提升相关人才在具体技术研发突破中的实践能力。如调查所揭示的，软件工程师群体在工作实践中形成了以“自学”为主的技能提升方式，一定程度上说明数字技术等相关技能的形成具有鲜明的实践性。因此，在相关的人才培养过程中，有必要侧重将相关的基础理论知识与具体的技术研发实践结合起来，以培养高水平高素质的复合型人才。

而就普惠性数字技术服务方面而言，国家则可以侧重对应用型数字技术人才的培养，以推动数字技术为具体的经济社会事业发展赋能。在此方面，首先，应加快探索不同类型数字技术的具体应用场景，以布局数字技术与相关产业融合发展的路径。与传统的工业生产不同，数字技术具有更为灵活的应用服务场景，可以便捷地与其他相关产业相结合，以促进其生产服务效率的提升。探索数字技术的多元化应用场景，有助于进一步丰富和拓展软件工程师等数字技术人才就业创业的平台渠道。其次，应加快完善对各类软件工程师等数字人才的职业生涯发展规划，以促进相关人才在助力具体产业发展中的实践效率。如调查所展现的，现阶段软件工程师的职业生涯仍需要持续积累专业技能，但在社会资本等其他要素方面的积累则相对有限。因而，相关部门可以结合具体的产业发展实际，为数字技术人才的培养制定有益的职业规划。最后，应加快构建软件工程师群体与其他社会职业群体的沟通交流平台，以促进软件工程师等专业技术人才综合素质的全面提升。调查表明，当前社会公众对于软件工程师群体的理解与支持仍有待进一步提升的空间。因此，通过建立相关的社会交流沟通平台，有助于丰富该群体的社会融入与社会交往，从而形成数字技术人才与各具体经济产业和社会事业发展互动的良性生态。

（二）优化专业职称评价体系

由于数字技术的加速更新迭代，以软件工程师为代表的数字技术人才具有专业技能门槛更高、劳动工作过程更为复杂等特点，如何更好地对其人才本身加以理解和展开评价，是当前促进数字技术人才发展，助力经济社会数字化转型所面临的重要问题。结合本次的调查结果，我们认为，优化软件工程师群体的专业职称评价体系有以下三方面的着力点。

首先，国家应当建立与完善相应的软件工程师专业技术职称评价标准。2019年，国家人力资源和社会保障部、工业和信息化部印发了《关于深化工程技术人才职称制度改革的指导意见》，强调了要通过“健全制度体系、完善评价标准、创新评价机制、与人才培养使用相衔接、加强事中事后监管、优化公共服务等六项措施”，形成设置合理、覆盖全面、评价科学、管理规范的工程技术人才职称制度。[①]在此基础上，相关部门将工程技术人才的层级职称划分为“技术员、助理工程师、工程师、高级工程师、正高级工程师”五种类型。需要注意的是，与传统的工业技术不同，数字技术具有更短的迭代周期及更灵活的应用场景，因而其对于相关软件工程师的技能要求也更具特殊性。如何针对性地为软件工程师群体制定合理的职称标准，以适应数字技术和信息技术产业发展的需求，仍有待相关政府部门做出更多的探索。正如本次调研所发现的，有相当多的软件工程师群体期待政府在职称评定方面发挥作用，其中，27.43%的受访者认为“由政府主导，建立软件领域的统一认定体系”，24.68%的受访者则表示要“由政府主导，根据具体工作细分多元认定体系”（见图2－77）。

其次，各用人单位主体应探索设立基于技术职称的工作激励机制与考核方式。在国家从宏观层面完善相应的技术职称体系的基础上，如何结合各个地区与行业的实际情况，制定出具有可操作性的职称评定方式，则有待各用人单位主体的进一步探索。同样需注意的是，各用人单位形成的职称评定操作细则应充分兼顾效率原则与公平原则。在激励原则方面，应当明确不同职级职称软件工程师人才的具体业务技能以及对应的工作报酬模式，以促使更多有利于技术进步、产业发展的创新要素的涌流；而在公平原则方面，应当充分在与软件工程师等工作者本身进行协商的基础上，订立以人为本的职称考核方式，并且对于不同细分领域的技术人才，应确立

① 人力资源和社会保障部：《关于深化工程技术人才职称制度改革的指导意见》，2019，http://www.mohrss.gov.cn/xxgk2020/fdzdgknr/zcfg/gfxwj/rcrs/201902/t20190222_310736.html，最后访问日期：2023年10月30日。

能够进行等效替代的工作考核项目，以助力其本身的自由全面发展。

最后，社会相关单位应围绕相应软件工程师的技术职称形成相配合的保障制度。除了用人单位所探索设立的基于软件工程师具体工作过程的技术职称评价之外，社会的相关单位和部门，如地方人才部门、科学技术协会部门等也可以配合其职称体系形成相应的保障制度。如本次调查所发现的，软件工程师的职业生涯往往存在“年龄分水岭”问题（多为“35 岁”前后），并且还可能因为智能化技术的替代而转岗或失业。因此，对该群体职业保障的落实仍有待更多社会部门的参与。特别地，对于尚未取得中高专业技术职称者，地方人才部门与行业协会可以在技能培训、职业生涯规划等方面予以更多扶持和帮助，而对于已经获得高级技术职称的软件工程领域人才，相关单位和部门可以在结合实际情况的基础上，对其在医疗、教育、住房、养老等社会福利方面予以更多的支持。

（三） 拓展软件工程师的社会支持渠道

调查发现，尽管软件工程师们在数字技术等专业领域具有更多的积累，但也许因为其高度专业化的职业特点，在社会生活的其他方面，这一群体受到的关注与相应的支持则相对有限。针对这一状况，我们认为可以从技能积累、工作保障、日常生活、心理服务这四个方面拓展软件工程师的社会支持渠道。

首先，培育有利于软件工程师长效技能积累的社会支持网络。如前所述，在职业生涯中，软件工程师群体存在长期的专业技能积累需求，而目前仍有相当多的软件工程师以“自学”的方式来实现其技能的积累。因而，相关单位或组织可以围绕这一群体的长期技能积累需求，以形成针对性的支持网络。例如，在工作团队内部，可以引导形成人才之间的“传帮带”机制，由高级职称人才带领专业技术学习与工作经验的传承。再如，在各团队之间，可以拓展软件工程师自主学习的资源渠道，加强对其参与各种专业会议、技能培训、学习论坛等的支持力度，并鼓励其共享相关的学习资源，以促进团队整体成员的技能积累。

其次，完善提升软件工程师群体工作稳定性的工作保障机制。除了专业技能积累方面的诉求之外，软件工程师的职业生涯的稳定发展仍需要诸多保障机制加以维持。结合本次调研，我们认为以下两个方面的问题有待进一步改进：第一，工作强度与薪资待遇的匹配。由于信息技术产业的特殊性，部分软件工程师群体在工作中可能存在“过度劳动”“长期加班”等问题。相关单位应当结合实际情况，避免出现软件工程师群体长时期过度加班的现象，并尽可能地提升其对应的薪资报酬和福利待遇水平。第二，技能适用性与转业失业风险的平衡。数字信息技术产业的发展需要专业技能更加对口的技术型人才，但其技术的加速迭代又可能给其技术从业者带来转业甚至失业的风险。故有关部门应当加强落实对包括软件工程师在内的技术人才的劳动保障，确保其用人单位依法依规签订劳动合同，以保障其技术人才的职业稳定性。

再次，建构支持软件工程师日常生活与社会交往的组织平台。软件工程师群体作为数字时代新兴的职业群体，在应对日常生活及社会交往的诸多问题之时，仍需要其他社会主体予以更多的理解和支持。如本次调研问及“自工作以来，您遇到的最主要的生活问题”时，排在前四位的问题分别是“购房经济压力大”（59.21%）、“工作强度高或压力大”（42.72%）、“子女教育费用过高”（16.49%）、“子女就学困难”（13.28%）；而紧接着则是“自己或家人的医疗资源少，看病难”（13.17%）、“找不到合适的伴侣”（11.04%）等方面的问题（见图 7－6）。因而，相关单位在未来的工作开展过程中，需进一步走入软件工程师群体内部展开调研，构建支持软件工程师群体的服务平台，并通过探索包括人才保障性住房政策、职工子女就学保障政策、医疗服务保障政策等措施，有针对性地对其所反馈的日常生活问题加以协调解决。

最后，拓展有助于软件工程师应对特定心理问题的社会渠道。前述调查结果还说明，当在工作生活中遇到特定的心理问题时，软件工程师群体往往倾向于以个体化的方式来应对，而通过亲朋好友或专业渠道来应对心理问题的选择则相对更少。故相关用人单位或社会机构在未来的工作中，

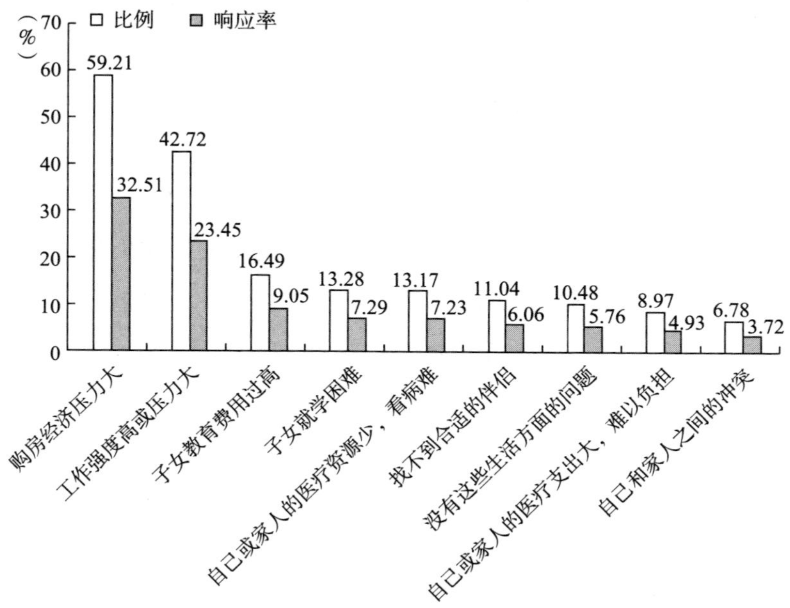

图 7－6　自工作以来，软件工程师所遇到的生活问题情况

亦有必要对软件工程师在应对和解决心理问题方面予以更多的理解和帮助，并尽可能地提供包括如心理咨询、心理健康知识科普等服务。特别地，在缓解软件工程师的“工作－生活”压力等方面，社会力量的进入往往能发挥更大的积极作用。

（四）健全软件工程师的社会参与机制

值得注意的是，作为数字时代的新兴职业群体，软件工程师在数字社会的转型发展过程中仍扮演着重要的角色。尤其在特定的网络公共信息传播过程中，软件工程师群体的参与显然将起到举足轻重的作用。结合本次的调查，我们认为，在未来的数字社会发展与治理实践中，健全软件工程师群体的社会参与机制仍是其中的重要环节。在此方面，包括科协在内的人民团体能够发挥重要的团结联络作用。

具体而言，调查设置了一系列关于软件工程师群体对科协的参与程度、活跃情况及相关期待的问题。其一，就参与情况而言，图7－7显示，在受访的软件工程师群体中，参与科协基层组织的比例仍相对较低，仅为15.81%，反映出基层科协在吸纳和发展新成员方面具有广阔的空间。其二，就已经参与基层科协的会员活跃情况来说，图7－8则显示，有61.77%的受访者表示经常参加该组织的活动，有29.46%的受访者表示偶尔参加，而几乎不参加者仅为8.77%，一定程度上反映出基层科协有能力提供丰富且有价值的活动，并取得其成员的认可。其三，就软件工程师们对科协组织

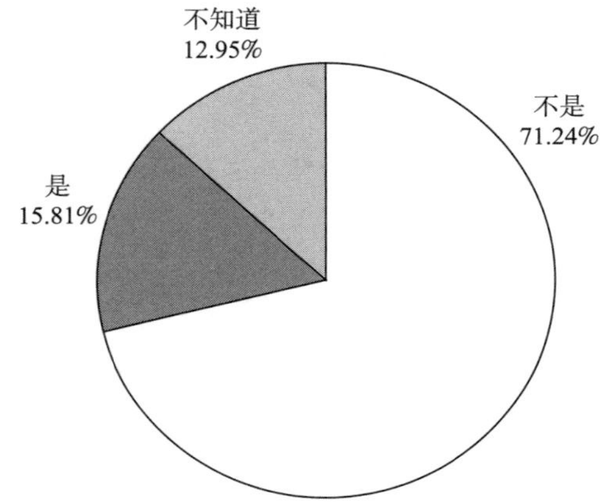

图7－7　软件工程师注册为科协基层组织会员的情况

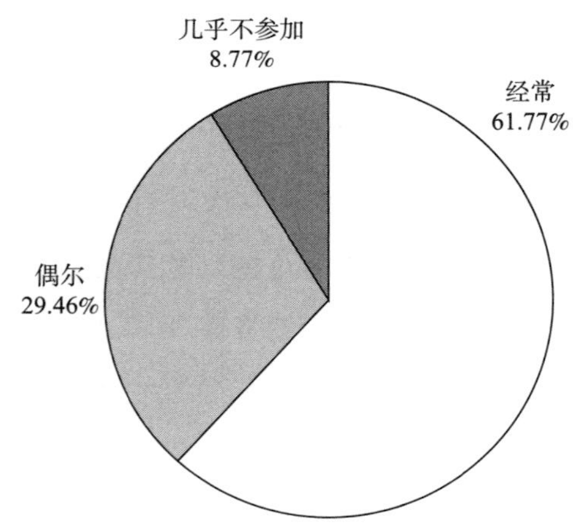

图7－8　科协基层组织会员中软件工程师参与活动的情况

的期待而言，图 7 - 9 显示，响应率位列于前三项的分别是“学术交流机会”（17.65%）、“保障权益”（12.94%）和“政策支持”（10.37%），其次则是“信息、技术服务”（8.55%）、“进修培训服务”（6.20%），以及“就业创业服务”（5.96%）等，而排在最后的两项则分别是“向政府反映意见”（3.39%）和“政策法规咨询服务”（2.76%），这样的结果在一定程度上反映了软件工程师群体对作为专业协会组织的科协存有明显的期待，并侧重于希望其能够为自身的专业技能积累与职业生涯发展提供相应的服务和帮助。

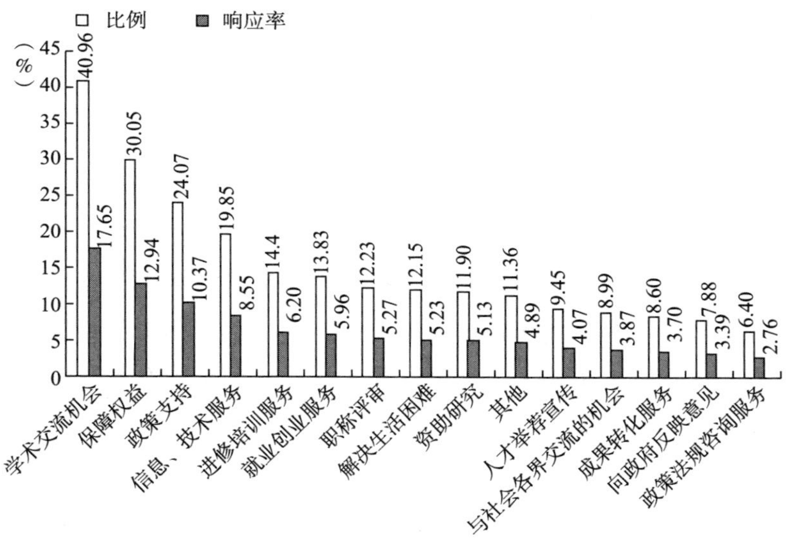

图 7 - 9　软件工程师希望科协提供的帮助或服务情况

附录 1
问卷

尊敬的受访者：

您好！

我们是清华大学社会科学学院中国社会调查与研究中心的研究团队。当前，以软件工程师为代表的软件相关从业者在劳动分工体系中发挥着日渐重要的作用，成为支持数字社会有效运转的基础设施和驱动经济发展的关键引擎。为了深入了解我国软件相关从业者的工作与生活特征，保障其劳动权利，改善其生活条件，受中国科学技术协会组织人事部的委托，本中心诚邀您填写本问卷。

本问卷由本中心编制，通过中心自有平台发放。所有问题的答案没有对错之分，请您根据个人实际情况填写，预计用时为 10～15 分钟。本问卷采用匿名方式，我们将遵守《中华人民共和国统计法》，对您的个人信息进行严格保密。衷心感谢您对本次调查的大力支持！

清华大学社会科学学院中国社会调查与研究中心

2023 年 6 月 30 日

一　工作情况

A1 您从事软件相关工作的累计年份是________。

○ 不足 1 年

○ 1 ~3 年（含 3 年）

○ 4 ~6 年（含 6 年）

○ 7 ~9 年（含 9 年）

○ 10 年及以上

A2 您最初选择从事软件相关工作的主要原因是________。

（注：多选题，最少选 1 个，最多选 3 个）

□ 收入高或待遇好

□ 软件领域发展前景好

□ 个人兴趣

□ 专业或技能对口

□ 工作节奏与个人生活习惯匹配

□ 软件相关工作有较高的社会地位

□ 软件相关工作让我感到崇高或有价值

□ 软件相关工作有更多成长机会

□ 与软件相关工作相比，我更不喜欢其他工作

□ 因工作需要，被迫转岗到软件相关工作

A3 您平均每周工作________天。

（注：所填数字必须介于 0 到 7，只能填写整数）

A4 您平均每天工作________小时。

（注：所填数字必须介于 0 到 24，只能填写整数）

A5 您平均每天在单位工作________小时。

（注：所填数字必须介于 0 到 24，只能填写整数）

A6 您所在的工作机构的类型是________。

○ 国有企业或事业单位

○ 民营企业（上市）

○ 民营企业（未上市）

○ 个体经营

A7 您日常主要在________工作。

○ 单位提供的固定办公地点

○ 单位提供的灵活办公地点（如：根据需要预约的工作室、研讨间或单位不同分部的工作空间等）

○ 居家办公

○ 社会性公共办公空间（如：咖啡厅、图书馆等）

A8 您日常工作的考勤要求是________。

○ 没有要求打卡，也不会主动打卡

○ 没有要求打卡，但通常会主动打卡

○ 要求打卡，有明确的打卡时间

○ 要求打卡，但没有明确的打卡时间

A9 您的主要工作岗位是________。

○ 前端开发岗位（如：前端 Web 框架组件开发、页面研发等）

○ 后端开发岗位（如：系统开发与调试、环境搭建等）

○ 艺术视觉岗位（如：动画建模、图像处理、美工设计等）

○ 运营维持岗位（如：软件安装调试、系统运维、软件或服务器维护与维修等）

○ 统筹架构岗位（如：应用架构搭建与优化、软件工程等）

○ 人工智能岗位（如：机器学习相关的调研和工程等）

○ 测试类岗位（如：项目环境部署与测试、软件性能测试等）

○ 数据类岗位（如：数据采集挖掘、数据分析、数据库维护等）

○ 算法类岗位（如：实证研究、论文复现、算法创新等）

○ 产品经理岗位（如：软件功能梳理、客户需求分析、开发过程跟进等）

○ 其他岗位（如：产品销售、行政管理、市场渠道等）

A10 在过去的 12 个月中，您参与了________个项目的开发。

○ 0 个

○ 1 个

○ 2 个

○ 3 个

○ 4 个

○ 5 个及以上

A11 您的项目团队通常有________人。

○ 1～5 人（含 5 人）

○ 6～10 人（含 10 人）

○ 11～20 人（含 20 人）

○ 21～30 人（含 30 人）

○ 31 人及以上

A12 一般而言，您所在的工作机构组织项目团队的情况是________。

○ 团队成员稳定，不会因新项目改变团队成员

○ 团队成员较稳定，不会因新项目改变团队的核心成员

○ 每个项目开始都会组建全新的团队，但中途很少发生人员变动

○ 每个项目开始都会组建全新的团队，且中途经常出现人员变动

A13 在工作机构中，除了与您属于同一个项目团队或业务组的同事外，和您相互认识的同事（如：碰到会打招呼）大约有________。

○ 5 人以内（含 5 人）

○ 6～10 人（含 10 人）

○ 11～20 人（含 20 人）

○ 21～30 人（含 30 人）

○ 31 人及以上

A14 您工作之外从事副业或兼职的情况是________。

○ 有副业或兼职，与软件相关，有收入（如：有偿解决技术问题、开

设编程课程、经营以软件技术为主题的自媒体等）

○ 有副业或兼职，与软件相关，无收入（如：编写开源软件、参加计算机相关的科普活动等）

○ 有副业或兼职，与软件不相关，有收入（如：开网约车等）

○ 有副业或兼职，与软件不相关，无收入（如：参加与计算机不相关的社会志愿活动等）

○ 没有副业或兼职

A15 对创业而言，您认为重要的条件是________。

（注：多选题，最少选 1 个，最多选 3 个）

□ 人脉关系

□ 技能水平

□ 创意想法

□ 启动资金

□ 合作伙伴或团队

□ 市场环境与行业前景

□ 政策支持

□ 心态性格

□ 数据或相关信息资源

A16 您的专业技能主要是通过________方式获得的。

（注：多选题，最少选 1 个，最多选 3 个）

□ 授予我学位的学校开设的相关课程

□ 社会培训机构的相关课程

□ 在工作实践中自主学习积累

□ 单位提供的制度化培训

□ 日常生活中出于个人兴趣的探索

A17 对于“我的工作机构可以很容易招聘到在技能上取代我的人”这一表述，您认为符合实际的程度是________。

○ 非常不符合

○ 比较不符合

○ 一般

○ 比较符合

○ 非常符合

A18 对您来说，掌握一种新的编程语言或软件系统的困难程度是________。

○ 非常困难

○ 比较困难

○ 一般

○ 比较简单

○ 非常简单

A19 您认为，ChatGPT 等生成式人工智能对您的职业________。

○ 威胁远大于帮助

○ 威胁大于帮助

○ 不好说

○ 帮助大于威胁

○ 帮助远大于威胁

A20 在过去 6 个月中，您因身体不适而影响工作状态的频率是________。

○ 几乎没有

○ 每月不足一次

○ 每月一到两次

○ 每周一到两次

○ 几乎每天都有

A21 在过去 6 个月中，您出现心理问题（如：超过 1 星期的情绪低落等）的情况是________。

○ 未出现心理问题

○ 出现心理问题，但是未采取措施

○ 出现心理问题，自主查阅资料

○ 出现心理问题，在网络上匿名倾诉（如：论坛匿名发帖等）

○ 出现心理问题，在网络上实名倾诉（如：实名发微博、发朋友圈等）
○ 出现心理问题，找现实的朋友倾诉（如：和朋友面对面交流等）
○ 出现心理问题，寻求专业帮助（如：心理咨询、就医等）

二　观念态度

B1 对于以下有关职业的观点，您的态度是________。

	非常不符合	比较不符合	一般	比较符合	非常符合
整体而言，我的工作让我很有成就感和满足感	○	○	○	○	○
我所从事的工作有较好的未来发展前景	○	○	○	○	○
我所在的工作机构里，员工年龄越大，被淘汰的风险就越大	○	○	○	○	○
整体而言，我的工作受到我家人的尊重	○	○	○	○	○
整体而言，我的工作受到我同事的尊重	○	○	○	○	○
整体而言，我的工作受到社会大众的尊重	○	○	○	○	○

B2 对于以下有关技术、思维与社会发展的观点，您的态度是________。

	非常不符合	比较不符合	一般	比较符合	非常符合
技术发展本身不会带来社会问题，它是价值中立的	○	○	○	○	○
日常生活中，如果大家都能按逻辑和理性交往，就不会有争执或冲突	○	○	○	○	○
社会未来的发展完全取决于科学技术的进步	○	○	○	○	○

B3 您认为在软件行业的未来发展中，数据、算法和算力三者的重要性排序是________。

○ 数据 > 算法 > 算力

○ 数据 > 算力 > 算法

○ 算法 > 算力 > 数据

○ 算法 > 数据 > 算力

○ 算力 > 算法 > 数据

○ 算力 > 数据 > 算法

B4 您是否参与过软件的开源项目？最主要的原因是________。

○ 是，制作开源软件可以获得自我满足

○ 是，为了获取关注

○ 是，为了丰富个人履历

○ 是，出于个人兴趣

○ 是，开源是技术发展的内在要求

○ 是，其他原因

○ 否，所在工作机构不允许

○ 否，没有时间或精力

○ 否，没有兴趣

○ 否，其他原因

B5 在过去 12 个月中，当社交媒体上出现与自己日常生活不直接相关的社会公共事件时，您最主要的反应是________。

（注："陌生人社交圈"指微博、论坛等，"熟人社交圈"指微信朋友圈等）

○ 点赞

○ 在陌生人社交圈发表意见或发帖

○ 在陌生人社交圈相关内容下评论或跟帖

○ 在陌生人社交圈转发

○ 在熟人社交圈发表意见或发帖

○ 在熟人社交圈相关内容下评论或跟帖

○ 在熟人社交圈转发

○ 只是看看，通常不采取任何行动

B6 在过去的 6 个月中，您最经常在社交媒体上发声的内容有________。

（注：多选题，最少选 1 个，最多选 3 个；“发声”指发帖、跟帖、评论、留言、提问或回答等有具体文字表达的行为）

□ 时政事件

□ 社会事件

□ 娱乐事件

□ 技术、技能相关的事件

□ 与行业或工作相关的事件

□ 与软件工程师身份相关的事件（如：对程序员的刻板印象等）

□ 与自己兴趣爱好相关的事件

□ 与自己日常生活直接相关的事件（如：物价、房价或通勤交通等）

□ 只是看看，通常不发声

三 社交生活

C1 整体而言，您和朋友聊得最多的话题是________。

（注：多选题，最少选 1 个，最多选 3 个）

□ 软件专业技能

□ 行业或金融市场信息

□ 职场相关内容

□ 时政新闻

□ 娱乐八卦

□ 个人经历见闻

□ 兴趣爱好

□ 感情生活

□ 家庭生活

C2 一般而言，对一个您不了解的事件，您更倾向于相信________的观点。

（注：多选题，最少选 1 个，最多选 3 个）

☐ 有名的科学家

☐ 成功企业家

☐ 国家级官方媒体（如：《人民日报》、中央电视台，以及各中央部委的新媒体账号等）

☐ 事发地的官方媒体

☐ 有影响力的自媒体（如：网络大 V 等）

☐ 朋友

☐ 配偶或伴侣

☐ 家人

☐ 网络媒体上的亲历者

☐ 现实中的亲历者

C3 在工作之外的现实生活中，您更喜欢________的交往方式。

○ 独处

○ 在线社交

○ 线下和朋友一对一

○ 线下三两朋友小聚

○ 线下一群朋友在一起

C4 工作之外的现实生活中，您最喜欢的生活场景是________。

○ 宅在家中

○ 安静的室内公共场所（如：咖啡厅、图书馆等）

○ 热闹的室内公共场所（如：酒吧、商场等）

○ 广场、公园等室外公共场所

○ 自然风光

○ 以上都行，只要是熟悉的地方

○ 以上都行，但更想体验不熟的地方

C5 通常情况下，去往社交活动地点的路程时间如果超过________，您就不愿参加。

○ 5 分钟（含 5 分钟）

○ 15 分钟（含 15 分钟）

○ 30 分钟（含 30 分钟）

○ 45 分钟（含 45 分钟）

○ 60 分钟（含 60 分钟）

○ 无所谓时间

C6 在工作之外，您在互联网上进行最多的活动是________。

（注：多选题，最少选 1 个，最多选 3 个）

□ 社交

□ 选购商品

□ 专业学习

□ 了解时事

□ 消遣娱乐

□ 情感宣泄

□ 从事副业或进行投资

□ 搜索生活实用的信息

C7 除微信与 QQ 外，您经常使用的社交软件的个数是________。

（注："社交软件"包括知乎、抖音、探探、小红书、豆瓣、CSDN、虎扑，以及各类论坛等；不包括淘宝、闲鱼等购物软件和钉钉、飞书等办公软件）

○ 0 个（不进行网络社交）

○ 1～2 个

○ 3～5 个

○ 6～10 个

○ 10 个以上

C8 通常情况下，您每天在工作之外，花费在互联网社交软件的时间是________小时。

（注：所填数字必须介于 0 到 24，只能填写整数）

C9 一般而言，在互联网上进行陌生人社交时，您________。

○ 更愿意与有实名信息的人交流

○ 更愿意与有部分公开信息的人交流（如：IP 地址、职业等）

○ 更愿意与匿名的人交流

○ 不在乎对方是否有公开信息

C10 一般而言，在互联网上进行陌生人社交，您________。

○ 愿意实名与对方交流

○ 可以接受公开自己的部分信息（如：IP 地址、职业等）

○ 要求将自己完全匿名

C11 一般而言，在进行工作交流或解决明确任务时，您认为________。

○ 线下交流更有效；更愿意选择线下交流

○ 线下交流更有效；但更愿意选择线上交流

○ 线上交流更有效；更愿意选择线上交流

○ 线上交流更有效；但更愿意选择线下交流

○ 二者没有明显区别；更愿意选择线下交流

○ 二者没有明显区别；更愿意选择线上交流

○ 二者没有明显区别；没有选择偏好

C12 一般而言，在进行兴趣或情感交流时，您认为________。

○ 线下交流更有效；更愿意选择线下交流

○ 线下交流更有效；但更愿意选择线上交流

○ 线上交流更有效；更愿意选择线上交流

○ 线上交流更有效；但更愿意选择线下交流

○ 二者没有明显区别；更愿意选择线下交流

○ 二者没有明显区别；更愿意选择线上交流

○ 二者没有明显区别；没有选择偏好

四　未来规划与需求

D1 整体而言，您认为中国的软件信息技术水平在全球范围内的水平是________。

○ 非常发达

○ 比较发达

○ 中等

○ 比较不发达

○ 非常不发达

D2 对软件领域的人才培养，您认为最重要的方式是________。

○ 高等院校或科研机构培养

○ 工作机构的职业培训

○ 社会机构的商业培训

○ 软件工作者的自主学习

D3 您目前的职称是________。

○ 初级（程序员、数据标注员等）

○ 中级（软件测评师、软件设计师等）

○ 高级（软件工程师、系统架构设计师等）

○ 没有职称认定

○ 不了解自己的职称认定情况

D4 对于目前软件领域的职级或职称认定体系，您认为应该采取的方式是________。

○ 由政府主导，建立软件领域的统一认定体系

○ 由政府主导，根据具体工作细分多元认定体系

○ 由市场主导，建立软件领域的统一认定体系

○ 由市场主导，根据具体工作细分多元认定体系

○ 维持现状，不需要改变

五　社会人口属性

E1 您的性别是________。

○ 男

○ 女

E2 您的出生年份是________。

（注：本题为下拉年份单选题，分为“1955 年以前”、“1955 ~ 2007 年”和“2008 年及以后”三大类；其中，“1955 ~ 2007 年”中每一年单独设置为一项，从 2007 年开始倒序呈现，“1955 年以前”和“2008 年及以后”直接作为两个选项。此处省略具体选项）

E3 您目前的户口类型是________。

（注：“本地”指您工作所在的城市或城镇）

○ 本地农村户口

○ 本地城镇户口

○ 非本地农村户口

○ 非本地城镇户口

E4 您在工作所在地购置房产和机动车的情况是________。

○ 无房无车

○ 无房有车

○ 有房无车

○ 有房有车

E5 您目前的政治面貌是________。

○ 中共党员（含中共预备党员）

○ 共青团员

○ 民主党派成员

○ 群众

E6 您目前取得的最高学历是________。

○ 初中及以下

○ 普通高中

○ 中专/职高/技校

○ 大专

○ 大学本科

○ 研究生（硕士）

○ 研究生（博士）

E7 您最高学历所学的专业是________。

○ 工程学科（计算机软件相关）（计算机科学与技术、信息与通信工程等）

○ 工程学科（非计算机软件相关）（能源动力、土木机械等）

○ 自然科学（数学、物理、化学、生物等）

○ 人文学科、经济管理和社会科学（历史、经济、金融、管理等）

○ 其他

E8 您目前的婚恋状况是________。

○ 单身

○ 未婚有伴侣

○ 已婚

○ 离异

○ 丧偶

E9 您目前的子女数量（不考虑已怀孕但未出生的情况）是________。

○ 0 个（跳至 E11）

○ 1 个

○ 2 个

○ 3 个及以上

E10 您觉得子女就学存在的最主要的问题是________。

○ 不具备理想学校要求的户口条件

○ 不在理想学校的学区

○ 子女未通过理想学校的入学考试等

○ 不了解相关的就学政策

○ 其他问题

○ 目前有需要就学的子女，但不存在问题

○ 目前没有需要就学的子女

E11 您父亲的最高学历是________。

○ 初中及以下

○ 普通高中

○ 中专/职高/技校

○ 大专

○ 大学本科

○ 研究生（硕士）

○ 研究生（博士）

E12 您母亲的最高学历是________。

○ 初中及以下

○ 普通高中

○ 中专/职高/技校

○ 大专

○ 大学本科

○ 研究生（硕士）

○ 研究生（博士）

E13 2022年，您的个人总收入（包括基本工资、绩效和其他收入）是________元人民币。

○ 6万元及以下

○ 6万～12万元（含12万元）

○ 12万～24万元（含24万元）

○ 24万～36万元（含36万元）

○ 36万～50万元（含50万元）

○ 50 万 ~100 万元（含 100 万元）

○ 100 万元以上

E14 相比于其他行业，您认为 2022 年的个人总收入与您的劳动付出的匹配情况是________。

○ 收入远低于工作量

○ 收入低于工作量

○ 收入与劳动量正好匹配

○ 收入高于工作量

○ 收入远高于工作量

E15 自工作以来，您遇到的最主要的生活问题是________。

（注：多选题，最少选 1 个，最多选 3 个）

☐ 购房经济压力大

☐ 工作强度高或压力大

☐ 子女就学困难

☐ 子女教育费用过高

☐ 自己或家人的医疗资源少，看病难

☐ 自己或家人的医疗支出大，难以负担

☐ 自己和家人之间的冲突

☐ 找不到合适的伴侣

☐ 没有这些生活方面的问题

E16 您目前是不是科协基层组织的个人会员？

［注：科协基层组织包括企业科协、大专院校科协、科研院所科协、开发区科协、乡镇或街道科协（科普协会），以及农村专业技术协会等］

○ 是

○ 不是（跳至 E18）

○ 不知道（跳至 E18）

E17 如果您是科协基层组织的会员，您经常参加该组织的活动吗？

○ 经常

○ 偶尔

○ 几乎不参加

E18 您最希望科协组织为您提供哪些方面的帮助或服务？

（注：多选题，最少选 1 个，最多选 3 个）

□ 学术交流机会

□ 保障权益

□ 政策支持

□ 资助研究

□ 向政府反映意见

□ 人才举荐宣传

□ 成果转化服务

□ 信息、技术服务

□ 政策法规咨询服务

□ 就业创业服务

□ 进修培训服务

□ 职称评审

□ 解决生活困难

□ 与社会各界交流的机会

□ 其他

————本问卷到此结束，感谢您的耐心填答！————

附录 2

问卷发放情况

单位：个

<table>
<tr><th colspan="2">所在地</th><th>机构类型</th><th>企业或园区数</th><th>计划填写数</th></tr>
<tr><td colspan="2" rowspan="4">北京</td><td>国有企业</td><td>6</td><td>3220</td></tr>
<tr><td>民营企业（上市）</td><td>21</td><td>12470</td></tr>
<tr><td>民营企业（未上市）</td><td>7</td><td>2140</td></tr>
<tr><td>软件园、科技园或孵化器</td><td>13</td><td>2000</td></tr>
<tr><td colspan="2" rowspan="3">天津</td><td>民营企业（上市）</td><td>2</td><td>175</td></tr>
<tr><td>民营企业（未上市）</td><td>1</td><td>35</td></tr>
<tr><td>软件园、科技园或孵化器</td><td>1</td><td>1000</td></tr>
<tr><td>山西</td><td>太原</td><td>民营企业（上市）</td><td>1</td><td>40</td></tr>
<tr><td>辽宁</td><td>大连</td><td>软件园、科技园或孵化器</td><td>1</td><td>1000</td></tr>
<tr><td>吉林</td><td>长春</td><td>民营企业（上市）</td><td>1</td><td>60</td></tr>
<tr><td colspan="2" rowspan="4">上海</td><td>国有企业</td><td>1</td><td>200</td></tr>
<tr><td>民营企业（上市）</td><td>14</td><td>3390</td></tr>
<tr><td>民营企业（未上市）</td><td>7</td><td>1565</td></tr>
<tr><td>软件园、科技园或孵化器</td><td>3</td><td>2000</td></tr>
<tr><td rowspan="5">江苏</td><td rowspan="3">南京</td><td>民营企业（上市）</td><td>1</td><td>120</td></tr>
<tr><td>民营企业（未上市）</td><td>1</td><td>85</td></tr>
<tr><td>软件园、科技园或孵化器</td><td>1</td><td>2000</td></tr>
<tr><td>无锡</td><td>民营企业（上市）</td><td>1</td><td>10</td></tr>
<tr><td>苏州</td><td>软件园、科技园或孵化器</td><td>1</td><td>1000</td></tr>
</table>

续表

所在地		机构类型	企业或园区数	计划填写数
浙江	杭州	民营企业（上市）	2	4200
		民营企业（未上市）	3	1120
		软件园、科技园或孵化器	1	2000
	湖州	民营企业（上市）	1	200
安徽	合肥	民营企业（上市）	2	430
		民营企业（未上市）	5	1000
福建	福州	国有企业	1	100
	厦门	国有企业	1	100
		民营企业（上市）	1	180
		软件园、科技园或孵化器	3	1000
江西	南昌	民营企业（上市）	1	60
山东	济南	国有企业	1	35
		民营企业（上市）	1	20
		软件园、科技园或孵化器	1	200
	青岛	软件园、科技园或孵化器	1	800
河南	郑州	民营企业（上市）	1	30
湖北	武汉	国有企业	1	70
		民营企业（未上市）	1	30
		软件园、科技园或孵化器	1	2000
湖南	长沙	国有企业	1	400
		民营企业（上市）	1	30
		软件园、科技园或孵化器	1	1000
广东	广州	民营企业（上市）	8	1100
		民营企业（未上市）	6	1000
		软件园、科技园或孵化器	6	2000
	深圳	国有企业	2	3500
		民营企业（上市）	7	4560
		民营企业（未上市）	8	1000
		软件园、科技园或孵化器	11	3000
	珠海	民营企业（上市）	2	25

续表

所在地		机构类型	企业或园区数	计划填写数
	东莞	民营企业（未上市）	5	2000
	中山	民营企业（未上市）	8	80
		软件园、科技园或孵化器	2	1000
广西	南宁	民营企业（上市）	1	40
四川	成都	国有企业	1	50
		民营企业（上市）	1	30
		软件园、科技园或孵化器	1	2000
贵州	贵阳	国有企业	1	50
		民营企业（上市）	1	120
		民营企业（未上市）	2	150
		软件园、科技园或孵化器	1	1000
西藏	拉萨	民营企业（上市）	2	600
重庆		民营企业（上市）	1	130
		软件园、科技园或孵化器	7	1100
陕西	西安	民营企业（上市）	1	100
		软件园、科技园或孵化器	1	2000
青海	西宁	民营企业（未上市）	1	10
新疆	乌鲁木齐	民营企业（上市）	1	40

注：（1）所在地按照《中华人民共和国行政区划代码》排序；（2）企业上市情况的统计时间截至 2023 年 7 月 25 日 0 时；（3）入选的软件园、科技园或孵化器自行选取园区内的软件企业发放问卷，研究团队仅对园区的计划填写数作总体配额。

图书在版编目(CIP)数据

中国软件工程师：工作、生活与观念 / 王天夫等著. -- 北京：社会科学文献出版社，2024.4
(清华社会调查)
ISBN 978 - 7 - 5228 - 3080 - 3

Ⅰ.①中… Ⅱ.①王… Ⅲ.①软件开发 - 工程技术人员 - 职业选择 Ⅳ.①TP311.52 ②C913.2

中国国家版本馆 CIP 数据核字(2023)第 244709 号

清华社会调查
中国软件工程师：工作、生活与观念

著　　者 / 王天夫　闫泽华　孙百承 等

出 版 人 / 冀祥德
责任编辑 / 孙　瑜　佟英磊
责任印制 / 王京美

出　　版 / 社会科学文献出版社 · 群学分社 (010) 59367002
地址：北京市北三环中路甲 29 号院华龙大厦　邮编：100029
网址：www.ssap.com.cn
发　　行 / 社会科学文献出版社 (010) 59367028
印　　装 / 三河市东方印刷有限公司

规　　格 / 开　本：787mm × 1092mm　1/16
印　张：19.5　字　数：295 千字
版　　次 / 2024 年 4 月第 1 版　2024 年 4 月第 1 次印刷
书　　号 / ISBN 978 - 7 - 5228 - 3080 - 3
定　　价 / 98.00 元

读者服务电话：4008918866